"十四五"职业教育国家规划教材

江苏省"十四五"职业教育规划教材
高等职业院校信息技术应用"十三五"规划教材

计算机应用基础

（Windows 10+ Office 2016）

第2版

U0160567

Basic of Computer Application

李畅｜主编

汪晓璐 鲍洪生｜副主编

人民邮电出版社
北 京

图书在版编目（CIP）数据

计算机应用基础：Windows 10+Office 2016 / 李畅主编. -- 2版. -- 北京：人民邮电出版社，2021.3
高等职业院校信息技术应用"十三五"规划教材
ISBN 978-7-115-55748-3

Ⅰ. ①计… Ⅱ. ①李… Ⅲ. ①Windows操作系统－高等职业教育－教材②办公自动化－应用软件－高等职业教育－教材 Ⅳ. ①TP316.7②TP317.1

中国版本图书馆CIP数据核字（2020）第260896号

内 容 提 要

本书系统讲述了计算机基础知识和基本应用，共分 6 个学习单元。学习单元 1 为计算机认知，学习单元 2 为计算机操作系统——中文版 Windows10 的应用，学习单元 3 为信息处理与编排——Microsoft Word 2016 的应用，学习单元 4 为信息统计与分析——Microsoft Excel 2016 的应用，学习单元 5 为信息展示与发布——Microsoft PowerPoint 2016 的应用，学习单元 6 为计算机网络与应用。全书各学习单元均配有练习，此外，本书还配有上机实验指导教材，以便更好地为读者的上机环节提供指导与帮助。上机实验指导教材中包含大量的练习题，便于读者巩固理论知识的学习。

本书可作为高职高专院校各专业计算机应用基础课程的教材，也可作为计算机等级考试（一级）的培训教材和自学教材。

◆ 主　　编　李　畅
　　副 主 编　汪晓璐　鲍洪生
　　责任编辑　郭　雯
　　责任印制　王　郁　彭志环

◆ 人民邮电出版社出版发行　　北京市丰台区成寿寺路 11 号
　　邮编　100164　　电子邮件　315@ptpress.com.cn
　　网址　https://www.ptpress.com.cn
　　山东华立印务有限公司印刷

◆ 开本：787×1092　1/16
　　印张：19　　　　　　　　　2021 年 3 月第 2 版
　　字数：485 千字　　　　　　2024 年 9 月山东第 16 次印刷

定价：59.80 元

读者服务热线：(010)81055256　印装质量热线：(010)81055316
反盗版热线：(010)81055315
广告经营许可证：京东市监广登字 20170147 号

第 2 版 前 言

我国高等职业教育正蓬勃发展。高等职业教育培养的是职业技术技能型人才，也就是培养生产一线的高级实用型人才。为此，高等职业教育的教材要着眼于实际应用能力的培养，使学生能够从中获取某种技能。本书全面贯彻党的二十大精神，以社会主义核心价值观为引领，坚定文化自信，使内容更好体现时代性，把握规律性，富于创造性，为建设社会主义文化强国添砖加瓦。

"计算机应用基础"这门课程对于高等职业教育的学生来说，既是公共基础课，又是一门基本技能培养与训练的课程，是通过掌握计算机工作原理与各部件性能指标信息，运用计算机软件解决实际问题的课程。此课程注重专业思维方法的培养，既能够为学生专业课的学习奠定坚实的基础，又能够为学生获取资格证书夯实基础。

本书采用以"任务"为导向的编写模式，按照"工序"组织教学内容，每个学习单元以几个任务引导与促进学生的动手实践和知识探究，能够实现实践技能与理论知识的整合。本书内容简明扼要、结构清晰、讲解细致，突出可操作性和实用性，并辅以丰富的实训和课后练习，使学生得到训练，充分体现了"学中做、做中学、理实一体化"的职业教育理念。

本书着重介绍了以下内容。

（1）计算机认知，具体内容包括计算机的产生与发展、信息的数字化表示，以及计算机系统的基本构成。

（2）计算机操作系统——中文版 Windows 10 的应用，具体内容包括 Windows 10 初体验、管理和使用 Windows 10 的文件及文件夹、设置个性化的工作环境、应用多媒体技术，以及输入汉字。

（3）信息处理与编排——Microsoft Word 2016 的应用，具体内容包括初识 Microsoft Word 2016、编排简单文档、排版长文档、制作表格，以及建立编辑图形。

（4）信息统计与分析——Microsoft Excel 2016 的应用，具体内容包括初识 Microsoft Excel 2016、创建和编辑简单表格、Microsoft Excel 2016 进阶功能，以及创建和编辑复杂表格。

（5）信息展示与发布——Microsoft PowerPoint 2016 的应用，具体内容包括初识 Microsoft PowerPoint 2016、基于模板制作 PPT 相册、基于主题制作 PPT 演示文稿，以及 PPT 动画和放映设置。

（6）计算机网络与应用，具体内容包括计算机网络构建、计算机网络应用、网络安全防护，以及网络相关新技术。

本书的编写人员均是从事高等职业教育的教师，对计算机应用基础教学具有丰富的教学经验。本书由李畅教授任主编，由汪晓璐、鲍洪生任副主编，方鹏参与编写。

由于编者水平有限，书中难免存在疏漏和不足之处，敬请读者批评指正。

编　者

2020 年 4 月

目　录

学习目标

【知识目标】

识记：计算机的发展、类型。

领会：计算机的应用领域；计算机中数据的表示、存储与处理；计算机的系统组成。

【技能目标】

能够综合运用计算机硬件的技术指标来选购配置计算机并验机。

能够进行数制及不同数制之间、不同编码的数据转换。

【素质目标】

通过学习计算机的发展历程，提高学生的"四个意识"，增加民族自豪感，爱国主义情操。

通过了解计算机的体系结构与信息化表示，培养学生分析问题和解决问题的能力。

任务 1 　计算机的产生与发展

任务引述

在人类文明发展的历史长河里，电子计算机是 20 世纪人类最伟大的技术发明之一。计算机的产生是一系列历史演变的产物，是许许多多科学家经过不断努力创造的结晶。现在计算机已经变成了我们生活中不可或缺的一部分，它既可以进行数值计算，又可以进行逻辑计算，还具有存储记忆功能，甚至可以模拟人类思维。本任务旨在了解计算机的产生和发展历程，以及分类、特点和应用。

任务实施

工序 1.1　计算机的产生

计算工具的演化经历了从简单到复杂、从低级到高级的不同阶段。

1-1　视频：计算机的产生

上古时期的中国就有"结绳记事"（结绳记事是文字发明前人们所使用的一种记事方法，即在一条绳子上打结，用于记事）的习惯，直到近代，一些没有文字的民族仍然采用结绳记事来传播信息。

至春秋战国时期，中国出现了算筹。中国著名科学家祖冲之以算筹为计算工具，计算出圆周率在 3.1415926 和 3.1415927 之间，成了世界上最早把圆周率数值推算到七位数字以上的科学家。骨质算筹如图 1-1 所示。

公元前 5 世纪，北宋时期，中国人发明了算盘，它被认为是最早的计算机，并被广泛应用于商业贸易中，一直使用至今，如图 1-2 所示。

图 1-1　骨质算筹

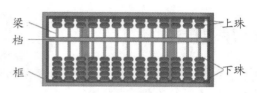
图 1-2　算盘

直到 17 世纪，计算设备才有了第二次重要的进步。1623 年，德国科学家威廉·契克卡德（William Schickard）制造了人类有史以来第一台机械计算机，这台机器能够进行六位数的加减乘除运算。1642 年，法国科学家布莱士·帕斯卡（Blaise Pascal）发明了著名的帕斯卡加法器，首次确立了计算机的概念。帕斯卡加法器如图 1-3 所示。1822 年，英国科学家查尔斯·巴贝奇（Charles Babbage）制造出了第一台差分机，它可以处理 3 个不同的 5 位数，计算精度达到 6 位小数。差分机如图 1-4 所示。

图 1-3　帕斯卡加法器

图 1-4　差分机

1946 年 2 月，世界上第一台通用电子数字计算机（Electronic Numerical Integrator and Computer，ENIAC）在美国研制成功，如图 1-5 所示。ENIAC 由美国宾夕法尼亚大学摩尔学院电气工程系为美国陆军军械部阿伯丁弹道研究实验室研制，用于炮弹弹道轨迹的计算。这台计算机的主要元件是电子管，它包含 18 000 个电子管和 86 000 个其他电子元件，占地面积为 167m²，总重量达 30t，耗电总量超过 174kW/h，俨然是一个庞然大物，但运算速度却只有每秒 400 次乘法运算或 5000 次加法运算，其功能还不如在掌上使用的每台售价仅几十元的可编程序计算器。但是，在当时的历史条件

图 1-5　ENIAC

下，ENIAC 的诞生确实是一件了不起的大事。ENIAC 堪称人类伟大的发明之一，从此开创了人类社会的信息时代。

工序 1.2 计算机的发展历程

电子计算机在 70 多年的发展历程中，经历了四代变更，每一阶段在技术上都是一次新的突破，在性能上都是一次质的飞跃。下面就为大家介绍每一代的主要特点。

1-2 视频：电子计算机的发展历程

第一代（1946～1957 年）是电子管计算机，始于 ENIAC 及离散变量电子自动计算机（Electronic Discrete Variable Automatic Computer，EDVAC）的设计方案。这一代计算机的主要特点如下：用电子管作为逻辑元件，体积大、耗电量大、使用寿命短、可靠性大、成本高。由于一部计算机需要几千个电子管，每个电子管都会散发大量的热量，因此，电子管的使用寿命最长只有 3000 小时；受当时电子技术限制，运算速度在千次/秒和万次/秒之间；没有系统软件，只有机器语言和汇编语言；主要用于科学研究和工程计算。这一代计算机不仅造价高，体积大，耗能多，而且故障率高。

第二代（1958～1964 年）是晶体管计算机。这一代计算机的主要特点如下：采用晶体管代替电子管，晶体管比电子管小得多，处理速度更迅速、更可靠，速度在 1 万次/秒和 10 万次/秒之间；普遍采用磁芯作为存储器，采用磁盘或磁带作为外存储器；开始有了系统软件，提出了操作系统的概念，出现了高级语言；程序语言从机器语言发展到汇编语言；主要用于科学计算、数据处理和事物处理。这一代计算机主要用于商业、大学教学和政府机关。

第三代（1965～1970 年）是中小规模集成电路计算机。这一代计算机的主要特点如下：用中、小规模集成电路代替了分立元件晶体管，是做在晶片上的一个完整的电子电路，这个晶片比手指甲还小，却包含了几千个晶体管元件，从而使计算机体积更小、重量更轻、耗电更省、使用寿命更长、成本更低、运算更快，运算速度在几百万次/秒和几千万次/秒之间；采用半导体存储器作为主存，取代了原来的磁芯存储器，使存储器容量的存取速度有了大幅度的提高，增加了系统的处理能力；系统软件有了很大发展，出现了分时操作系统、会话式语言和各种高级语言，用户可以共享计算机软/硬件资源，在程序设计方面采用了结构化程序设计，为研制更加复杂的软件提供了技术上的保证；主要用于科学计算、数据处理、事物处理和工业控制等。这一代计算机的代表是 IBM 公司花了 50 亿美元开发的 IBM 360 系列。

第四代（1971 年至今）是大规模集成电路计算机。这一代计算机的物理器件采用了超大规模集成电路。计算机体积减小，成本大幅度降低，稳定性提高，出现了微型机，运算速度达上百亿次/秒，外存储器除广泛使用的软/硬磁盘外，还引进了光盘等。操作系统、编译程序等系统软件更趋完善，各种使用方便的输入/输出设备相继出现。这一阶段，计算机图像识别、语音处理和多媒体技术有了很大发展。这一代计算机在各种性能上都得到了大幅度提高，随着计算机网络的出现，其应用已经涉及国民经济的各个领域。其代表是 1975 年美国 IBM 公司推出的个人计算机（Personal Computer，PC）。从此，使用计算机对人们来说再也不是望尘莫及的事情了。

此阶段的软件产业高度发达，各种实用软件层出不穷，极大地方便了用户。计算机技术与通信技术相结合，使得计算机网络把世界紧密地联系在一起。多媒体技术崛起，计算机集图形、图像、音频、视频、文字处理功能于一体，在信息处理领域掀起了一场革命，与之对应的信息高速公路正在紧锣密鼓地实施当中。

1-3 小知识：我国计算机的发展历程

工序 1.3　计算机的分类

按照不同的分类依据，计算机可被分为多种类型。以下是几种类型的简单介绍。

1. 按照其用途分类

按照其用途，可分为通用计算机和专用计算机。

（1）通用计算机用于科学计算、数据处理、过程控制、解决各类问题。

（2）专用计算机是最有效、最经济和最快速的计算机，是针对某一任务设计的计算机，具有针对性强、特定服务、专门设计等特点。

2. 按照运算速度分类法分类

按照 1989 年由 IEEE（电气电子工程师学会）科学巨型机委员会提出的运算速度分类法，可分为巨型机、大型机、小型机和微型计算机。

（1）巨型机又称超级计算机。巨型机有极高的速度、极大的容量，用于国防尖端技术、空间技术、大范围长期性天气预报、石油勘探等方面。目前，这类机器的运算速度可达百亿次/秒。这类计算机在技术上朝着两个方向发展：一是开发高性能器件，特别是缩短时钟周期，提高单机性能；二是采用多处理器结构，构成超并行计算机，通常由 100 台以上的处理器组成超并行巨型计算机系统，它们同时解算一个课题，来达到高速运算的目的。

（2）大型机又称主机，具有通用性极强的综合处理能力和极大的性能覆盖面。在一台大型机中，可以使用几十台微机或微机芯片，用以完成特定的操作。大型机主要应用于科研、金融、公司、政府部门等。

（3）小型机又称桌上型超级计算机。其机器规模小、结构简单、设计周期短，便于及时采用先进工艺技术，软件开发成本低，易于操作维护。小型机主要应用于商业或科研机构。

（4）微型计算机又称个人计算机，包括台式机和便携机两种类型。微型计算机具有体积小、功耗低、结构简单、集成度高、使用方便灵活、价格便宜、对环境要求低、对电源要求低等特点。近 10 年来，微型计算机发展迅猛，平均每 2～3 个月就有新产品出现，每 1～2 年产品就会更新换代一次。微型计算机主要应用于办公自动化、数据库管理、多媒体技术等领域。

3. 按照所处理的数据类型分类

按照所处理的数据类型来划分，可分为模拟计算机、数字计算机和混合型计算机等。

（1）模拟计算机参与运算的数值用模拟量作为运算量，速度快、精度差，应用范围较窄，目前已很少生产。

（2）数字计算机参与运算的数据用不连续的数字量表示，具有速度快、精度高、自动化、通用性强的特点。

（3）混合型计算机集中了前两者的优点，正处于发展阶段。

4. 按照工作模式分类

按照工作模式来划分，可分为服务器和工作站。

（1）服务器是计算机的一种，它比普通计算机运行更快、负载更高、价格更贵。服务器在网络中为其他客户机（如 PC、智能手机、ATM 等终端，甚至火车系统等大型设备）提供计算或者应用服务。服务器具有高速的 CPU 运算能力、长时间的可靠运行能力、强大的 I/O 外部数据吞吐能力以及更好的扩展性。根据服务器所提供的服务，一般来说，服务器具备承担响应服务请求、承担服务、保障服务的能力。服务器主要有网络服务器（DNS、DHCP）、打印服务器、终端服务器、磁盘服务器、邮件服务器、文件服务器等。

（2）工作站是一种高端的通用微型计算机，方便单用户使用并提供比个人计算机更强大的性能，尤其是在图形处理、任务并行方面的能力。其通常配有高分辨率的大屏、多屏显示器及容量很大的内存储器和外存储器，并且具有极强的信息处理能力和高性能的图形、图像处理功能。另外，连接到服务器的终端机也可被称为工作站。工作站的应用领域有：科学和工程计算、软件开发、计算机辅助分析、计算机辅助制造、工程设计和应用、图形和图像处理、过程控制和信息管理等。

工序 1.4　计算机的特点

1. 运算速度快

运算速度是计算机的一个重要性能指标。计算机的运算速度通常用每秒执行定点加法的次数或平均每秒执行指令的条数来衡量。运算速度快是计算机的一个突出特点。计算机的运算速度已由早期的每秒几千次（如 ENIAC）发展到现在的每秒千亿次乃至亿亿次。

2. 计算精度高

科学技术的发展，特别是尖端科学技术的发展，需要高度精确的计算。计算机控制的导弹之所以能准确地击中预定目标，是与计算机的精确计算分不开的。一般而言，计算机可以有十几位甚至几十位（二进制）有效数字，计算精度可达到千分之几到百万分之几，是任何计算工具所望尘莫及的。

3. 存储容量大

计算机的存储器可以存储大量数据，这使计算机具有了"记忆"功能。目前，计算机的存储容量越来越大，已达到吉比特数量级甚至更高。计算机具有的"记忆"功能是其与传统计算工具的一个重要区别。

4. 具有逻辑运算功能

计算机的运算器除了能够完成基本的算术运算外，还具有比较、判断等逻辑运算功能。逻辑运算功能是计算机处理逻辑推理问题的前提。

5. 自动化程度高

由于计算机的工作方式是将程序和数据先存放在机内，工作时按程序规定的操作，一步一步地自动完成，一般无须人工干预，因而自动化程度高。这一特点是一般计算工具所不具备的。

6. 网络与通信功能发达

计算机技术发展至今，互联网将全球 200 多个国家和地区的数亿台各种类型的计算机连接起来，改变了人类交流的方式和信息获取的途径，真正将世界变成了地球村。

7. 通用性强

计算机的通用性使它无所不能，几乎能求解自然科学和社会科学中各种类型的问题，广泛地应用于各个领域。

工序 1.5　计算机的应用领域

计算机应用涉及人类生活的各个领域，在科学计算、信息处理、过程控制、计算机辅助工程、多媒体应用、网络通信、电子商务、人工智能、计算思维、在线学习等方面都有着举足轻重的作用。

1. 科学计算

科学研究和工程技术中存在大量的各类数值计算问题，其特点是数据计算量大、计算工作复杂，人工计算已无法解决这些复杂的计算问题。例如，导弹试验、卫星发射、天气预报、大型建筑和工程技术理论问题的求解等，现在已采用计算机得到了很好的解决。

另外，建筑设计中为了确定构件尺寸，通过弹性力学导出一系列复杂方程，长期以来由于传统的计算方法跟不上而一直无法求解。而计算机不仅能求解这类方程，还引起了弹性理论上的一次突破，出现了有限单元法。

2. 信息处理

信息处理又称数据处理，指在计算机上加工、管理和操纵各种形式的数据资料。在现实社会生活中，信息处理就是对大量的数据进行收集、分类、合并、排序、存储、计算、传输、制表等操作，用于人事管理、库存管理、财务管理、情报检索等。据统计，全世界计算机用于数据处理的工作量占全部计算机应用的80%以上，大大提高了工作效率，提高了管理水平。

3. 过程控制

过程控制也称实时控制，是通过专用的、预置了程序的计算机自动采集各种数据，实时监控相应设备工作状态的一种控制方式，在钢铁工业、石油化工业、医药工业等生产中广泛应用。过程控制还在国防和航空航天领域中起着决定性作用。例如，在汽车工业方面，利用计算机控制机床及整个装配流水线，不仅可以实现精度要求高、形状复杂的零件加工自动化，还可以使整个车间或工厂实现自动化。

4. 计算机辅助工程

计算机辅助工程的应用包括以下方面。

计算机辅助设计（Computer Aided Design，CAD），即用计算机帮助设计人员进行设计。CAD技术可用于力学计算、结构计算、绘制建筑图纸等，这样不但提高了设计速度，而且可以大大提高设计效率，提高产品质量。

计算机辅助制造（Computer Aided Manufacturing，CAM），即用计算机对生产设备进行管理、控制和操作的过程。使用CAM技术可以提高产品质量，降低成本，缩短生产周期，提高生产率和改善劳动条件。

计算机辅助教学（Computer Aided Instruction，CAI），即利用计算机系统使用课件来进行教学。课件可以用著作工具或高级语言来开发制作，它能引导学生循环渐进地学习，使学生轻松自如地从课件中学到所需要的知识。

计算机集成制造系统（Computer Integrated Manufacture System，CIMS），指以计算机为中心的现代化信息技术应用于企业管理与产品开发制造的新一代制造系统，它将企业生产的各个环节视为一个整体，以充分地进行信息共享，促进制造系统和企业组织的优化运行。

5. 多媒体应用

自20世纪90年代以来，多媒体应用技术已遍及国民经济与社会生活的各个角落。因为多媒体本身具有图、文、声并茂的特点，所以计算机具有数字化全动态、全视频的播放、编辑和创作多媒体信息的功能，具有控制和传输多媒体电子邮件、电视会议等视频传输功能。

6. 网络通信

通过计算机实现资源共享、信息交换，加速信息传播的速度，人们很容易就可以实现地区间、国际的通信和数据传输。

7. 电子商务

电子商务是一种贸易形式，可以使各种具有商业活动能力和需求的实体（生产企业、商贸企业、金融企业、政府机构、个人消费者）跨越时空限制，并能利用计算机网络、通信技术和数字化传媒技术等电子方式实现商品交易和服务交易。

8. 人工智能

利用计算机模拟人类智力活动，以替代人类部分脑力劳动，这是一个很有发展前途的学科方向。第五代计算机的开发，将成为智能模拟研究成果的集中体现，具有一定"学习、推理和联想"能力的机器人的不断出现，正是智能模拟研究工作取得进展的标志。智能计算机作为人类智能的辅助工具，将被越来越多地用到人类社会的各个领域。

9. 计算思维

计算机科学与技术的发展已经深刻地影响和改变了人们的思维方式。2006 年 3 月，美国卡内基梅隆大学的周以真（Jeannette M. Wing）教授在美国计算机权威期刊 *Communication of ACM* 上发表了一篇题为《计算思维》（*Computational Thinking*）的论文，明确提出了计算思维的概念。周以真认为：计算思维是指运用计算机科学的基础概念去求解问题、设计系统和理解人类行为，包含一系列广泛的计算机科学的思维方法。在信息社会，计算机已经与人们的生活密不可分，计算思维不应只被计算机科学家特有，了解计算机解决问题的方法和步骤，已成为人们应用计算机解决实际问题所必须具备的基本技能。

10. 在线学习

近年来，随着信息网络时代的到来，广大教师积极探索新的教学模式和教学方法，网络教学开始作为一种全新的教学形式而出现，它在更快、更大限度地传播文明和知识，简化学习进程，推进全民学习、终身教育等方面具有更大的优势和潜力，如现在比较流行的在线开放课程。

工序 1.6　计算机历史名人认知

在计算机发展历程中，有一些我们无法忘记的英雄，他们的名字就像一颗颗璀璨的星辰在计算机这条历史长空中闪闪发光。他们对计算机业的兴起、对计算机技术的蓬勃发展有着不可磨灭的功劳。

1.6.1　图灵——计算机科学之父

阿兰 • 图灵（Alan Turing，1912 年 6 月 23 日～1954 年 6 月 7 日），英国数学家、逻辑学家，被称为计算机科学之父、人工智能之父，如图 1-6 所示。1931 年，图灵进入剑桥大学国王学院，毕业后到美国普林斯顿大学攻读博士学位，

1-4　视频：阿兰•图灵

第二次世界大战爆发后回到剑桥，后曾协助军方破解德国的著名密码系统 Enigma，帮助盟军取得了第二次世界大战的胜利。

1936 年，图灵提出了一种抽象的计算模型——图灵机（Turing Machine），如图 1-7 所示。图灵的基本思想是，用机器来模拟人用纸笔进行数学运算的过程。图灵机是一种思想模型，由三部分组成：一个控制器，一条两端可无限延长的带子和一个在带子上左右移动且可以读写 0、1 的读写头。图灵机能够识别运算过程中的每一步并获得答案，使计算机通过执行程序来完成任何设定好的任务。图灵把这样的过程看作下列两种简单的动作。

1-5　视频：图灵机的工作原理

① 在纸上写上或擦除某个符号。

② 把注意力从纸的一个位置移动到另一个位置。

在每个阶段，一个人要决定下一步的动作，依赖于此人当前所关注的纸上某个位置的符号和此人当前思维的状态。为了模拟人的这种运算过程，图灵构造出一台假想的机器，该机器由以下几部分组成。

（1）一条无限长的纸带。纸带被划分为一个接一个的小格子，每个格子上包含一个来自有限

字母表的符号，字母表中有一个特殊的符号表示空白。纸带上的格子从左到右依次被编号为 0、1、2……纸带的右端可以无限伸展。

图 1-6　阿兰·图灵

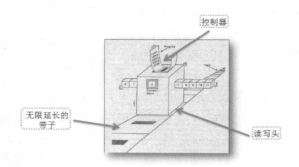

图 1-7　图灵机

1-6　小知识：阿兰·图灵事迹扩展

1-7　小知识：克劳德·艾尔伍德·香农事迹扩展

（2）一个读写头。该读写头可以在纸带上左右移动，它能读出当前所指的格子上的符号，并能改变当前格子上的符号。

（3）一个状态寄存器（即图灵机思想模型中的控制器），用来保存图灵机当前所处的状态。图灵机的所有可能状态的数目是有限的，并且有一个特殊的状态，即停机状态。

（4）一套控制规则。它根据当前机器所处的状态以及当前读写头所指的格子上的符号来确定读写头下一步的动作，并改变状态寄存器的值，令机器进入一个新的状态。

1.6.2　香农——现代信息论创始人

克劳德·艾尔伍德·香农（Claude Elwood Shannon，1916 年 4 月 30 日～2001 年 2 月 24 日）是美国数学家、信息论的创始人。其于 1936 年获得密歇根大学学士学位，1940 年在麻省理工学院获得硕士和博士学位，1941 年进入贝尔实验室工作。1956 年，香农成为麻省理工学院客座教授，并于 1958 年成为终身教授，1978 年成为名誉教授。香农于 2001 年 2 月 24 日去世，享年 85 岁。贝尔实验室和麻省理工学院发表的讣告都尊崇香农为信息论及数字通信时代的奠基人，如图 1-8 所示。

图 1-8　香农

1.6.3　冯·诺依曼——电子计算机之父

冯·诺依曼（Johnvon Neumann，1903 年 12 月 28 日～1957 年 2 月 8 日，见图 1-9），美籍匈牙利数学家、计算机科学家、物理学家，是 20 世纪最重要的数学家之一。他是普林斯顿大学、宾夕法尼亚大学、哈佛大学、伊斯坦布尔大学、马里兰大学、哥伦比亚大学和慕尼黑高等技术学院等学校的荣誉博士，是美国国家科学院、秘鲁国立自然科学院等学院的院士，是现代计算机、博弈论、核武器和生化武器等领域内的科学全才之一，被后人称为"现代电子计算机之父""博弈论之父"。他制定的计算机工作原理直到现在还被各种计算机使用着。

图 1-9　冯·诺依曼

 小思考

你还知道哪些计算机名人？可以整理他们的生平事迹，展现给大家吗？

工序 1.7　计算机的发展趋势

新一代计算机普遍认为应该是智能型的，以知识处理为基础，具有智能

1-8　小知识：冯·诺依曼事迹扩展

接口，能进行逻辑推理，完成判断和决策任务；可以模拟或部分替代人的智能活动，并具有自然的人机通信能力；具有推理、联想、判断、决策、学习等功能。未来计算机的主体将是神经网络计算机，用线路结构模拟人脑的神经元之间的联系，用光材料和生物材料制造具有模糊化和并行化的处理器，可以在知识库的基础上处理不完整的信息。例如，它能像孩子一样认出母亲的不同表情。

计算机的发展将在什么时候进入第五代?什么是第五代计算机?对于这样的问题，并没有一个明确统一的说法。日本在 1981 年宣布要在 10 年内研制"能听会说、能识字、会思考"的第五代计算机，投资千亿日元并组织了一大批科技精英进行"会战"。这一宏伟计划曾经引起世界瞩目，现在来看，日本原来的研究计划只能说是部分地实现了。到了今天，还没有哪一台计算机被宣称是第五代计算机。

但有一点可以肯定，在未来社会中，计算机、网络、通信技术将会三位一体化。计算机将把人从重复、枯燥的信息处理中解脱出来，从而改变人们的工作、生活和学习方式，将给人类和社会拓展更大的生存和发展空间。

1-9　小知识：计算机发展趋势

任务 2　信息的数字化表示

任务引述

信息的表示有两种形态：一种是经过收集、整理和组织的数据，是人类可识别和理解的信息形态；另一种是输入计算机中的数字、字母和符号，即能够被计算机识别和理解的信息形态。人们使用电子计算机进行信息处理，就会想知道计算机如何识别和转化这些信息。本任务旨在学习计算机如何用 0 和 1 来进行数字化编码，进行数据的存储、传输和处理等操作。

任务实施

工序 2.1　数制转换

2.1.1　数据在计算机中的存储单位

位（bit），又叫比特，是计算机最小的容量存储单位，通常用"b"来表示，存放一位二进制数，即 0 或 1。

字节（Byte，B），计算机最基本的容量存储单位。1Byte 等于 8bit，1 个字节可以存储一个字母，2 个字节可以存储一个汉字。存储容量的基本单位还有 KB、MB、GB、TB、PB、EB、ZB、YB、BB、NB、DB。每级为前一级的 1024 倍，如 1KB=1024B，1MB=1024KB。

字（Word），计算机中，不同计算机系统中占据一个单独的地址（内存单元的编号）并作为一个单元（由一个或多个字节组合而成）处理的一组二进制数。

字长，字的位数，由若干个字节组成，即 CPU 在单位时间内（同一时间）能一次处理的二进制数的位。例如，8 位的 CPU 字长为 8 位，一次只能处理一个字节，而 32 位的 CPU 字长为 32 位，一个字等于 4 个字节，一次能处理 4 个字节。同理，字长为 64 位的 CPU 一次可以处理 8 个字节，一个字等于 8 个字节。

2.1.2 数制的概念

数制，也称为"计数制"，是用一组固定的符号和统一的规则来表示数值的方法。在计算机系统中，数是以数值来表示的。在日常生活中表现出来的数叫作十进制数。而在计算机系统中采用二进制来进行计算，主要原因是其运算简单、工作可靠、逻辑性强。计算机系统中除了前面说的两种数制外，还包括八进制数和十六进制数。任何一个数制都包含两个基本要素：基数和位权。

1. 基数

基数是指数制所使用数码的个数。例如，二进制的基数为 2，十进制的基数为 10。

2. 位权

位权是指数制中某一位上的 1 所表示数值的大小（所处位置的价值）。例如，十进制数 123，1 的位权是 100，2 的位权是 10，3 的位权是 1。又如，二进制数 1011（一般从左向右开始），第一个 1 的位权是 8；0 的位权是 4；第二个 1 的位权是 2；第三个 1 的位权是 1。对于 N 进制数，整数部分第 i 位的位权为 N^{i-1}，而小数部分第 j 位的位权为 N^{-j}。

位权与基数的关系：各进位制中位权的值恰好是基数的若干次幂，因此，任何一种数制表示的数都可以写成按位权展开的多项式之和。

例如，在十进制数中，$(3058.72)_{10}$ 可表示为 $3 \times 10^3 + 0 \times 10^2 + 5 \times 10^1 + 8 \times 10^0 + 7 \times 10^{-1} + 2 \times 10^{-2}$。

2.1.3 常用计数制及表示法

1. 十进制

由 0～9 数字组成，位权为 10^{i-1}，计数时按逢十进一的规则进行，D(Decimal)表示十进制数。

表示法：$(345.59)_{10}$ 或 54.11D。

2. 二进制

由 0、1 数字组成，位权为 2^{i-1}，计数时按逢二进一的规则进行，B(Binary)表示二进制数。

表示法：$(10110.11)_2$ 或 10110.11B。

3. 十六进制

由 0～9、A、B、C、D、E、F 数字组成，位权为 16^{i-1}，计数时按逢十六进一的规则进行，H(Hexadecimal)表示十六进制数。

表示法：$(1A3F.CF)_{16}$ 或 1A3F.16H。

4. 八进制

由 0、1、2、3、4、5、6、7 数字组成，位权为 8^{i-1}，计数时按逢八进一的规则进行，O(Octal)/Q 表示八进制数。

表示法：$(34.76)_8$ 或 34.76O/Q。

常用的数制表示法如表 1-1 所示。

表 1-1 常用的数制表示法

十进制	二进制	八进制	十六进制
0	0	0	0
1	1	1	1
2	10	2	2
3	11	3	3

续表

十进制	二进制	八进制	十六进制
4	100	4	4
5	101	5	5
6	110	6	6
7	111	7	7
8	1000	10	8
9	1001	11	9
10	1010	12	A
11	1011	13	B
12	1100	14	C
13	1101	15	D
14	1110	16	E
15	1111	17	F

2.1.4　常用数制转换

对于任何一个数，都可以用不同的进制来表示。例如，十进制数$(57)_{10}$可以用二进制表示为$(111001)_2$，也可以用八进制表示为$(71)_8$，或用十六进制表示为$(39)_{16}$，它们所代表的数值都是一样的。

计算机是数字信息处理的工具，虽然计算机与外部交往通常采用人们熟悉的形式，如十进制、文字、图形、图像、声音等，但在计算机内部，数据是以二进制形式存在的。所以，任何信息最终都必须转换成二进制形式的数据由计算机进行处理、存储和传输，如图 1-10 所示。

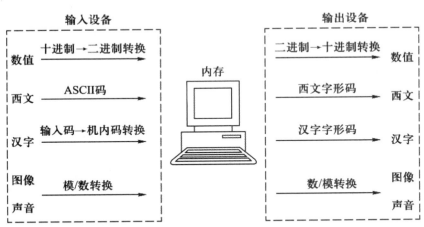

图 1-10　数据在计算机中的转换

在数制转换中，有不同的转换方法，可根据位权表中的结果和位置来算出对应的数值，如表 1-2 所示。如果十进制的数值或者二进制的位数再增加，则可继续往前或往后添加数字。

表 1-2　位权表

位权	……	2^8	2^7	2^6	2^5	2^4	2^3	2^2	2^1	2^0	2^{-1}	2^{-2}	2^{-3}	……
十进制数	……	256	128	64	32	16	8	4	2	1	0.5	0.25	0.125	……

1．二进制数转换为十进制数

可以按位权展开的多项式求和，即各位二进制数码乘以与其对应的位权之和，即为与该二进制数相对应的十进制数。

例 1：求$(100101.101)_2$的等值十进制数。

解：首先可以看出，此二进制数对应的最高位权是 25，根据位权对应关系，得到表 1-3。

表 1-3　二进制数转换为十进制数的位权对应关系

位权	2^5	2^4	2^3	2^2	2^1	2^0	2^{-1}	2^{-2}	2^{-3}
十进制数	32	16	8	4	2	1	0.5	0.25	0.125
二进制数	1	0	0	1	0	1	1	0	1

可以得出以下算式：

$$(100101.101)_2=1 \times 2^5 + 0 \times 2^4 + 0 \times 2^3 + 1 \times 2^2 + 0 \times 2^1 + 1 \times 2^0 + 1 \times 2^{-1} + 0 \times 2^{-2} + 1 \times 2^{-3}$$
$$=32 + 0 + 0 + 4 + 0 + 1 + 0.5 + 0.125=(37.625)_{10}$$

故：$(100101.101)_2=(37.625)_{10}$。

2．十进制数转换为二进制数

十进制数转换为二进制数有两种计算方法。

第一种，可以使用位权相减法，即用十进制数逐一减去 2 的位权的和，对应到的位权位置标 1，没有对应到的位权位置标 0。

例 2：求$(66.63)_{10}$的等值二进制数，二进制数保留三位小数。

解：根据表 1-2 得知，66 可以含有二进制数的最大值是从 $2^6=64$ 开始的，即 64 对应的位权下标 1；十进制数 66-64=2，十进制数 2 对应到位权里为 2^1，其他位数没有对应关系的标 0。同理，小数位 0.63 可以含有的数是从 0.5 开始的，则 0.5 对应的位权位置标 1；0.63-0.5=0.13，0.13 也可含有 0.125，即 0.125 下标 1（见表 1-4）。这里要说明的是，虽然 0.13-0.125=0.005，后面还有数字，但题目要求保留三位小数，所以只要算到小数位第三位即可。十进制小数不一定都能转换成完全等值的二进制小数，所以有时要取近似值。

表 1-4　十进制数转换为二进制数的位权转换

位权	2^6	2^5	2^4	2^3	2^2	2^1	2^0	2^{-1}	2^{-2}	2^{-3}
十进制	64	32	16	8	4	2	1	0.5	0.25	0.125
二进制	1	0	0	0	1	0	1	1	0	1

故：$(66.63)_{10} \approx (1000010.101)_2$。

第二种，整数的转换可采用除 2 取余法，即把要转换的十进制数的整数部分不断除以 2，并记下每次结果的所得余数，直到商为 0 为止；将所得余数，从最后一位余数开始从后往前读起，就是这个十进制整数所对应的二进制整数。小数部分的转换采用乘 2 取整法，将十进制数的小数部分每次乘 2，直到积为零或转换位数达到要求为止，所得乘积的整数部分即为对应的十进制数；将所得小数从第一次乘得的整数读起，就是这个十进制小数所对应的二进制小数。

例 3：求$(66.63)_{10}$的等值二进制数，二进制数保留三位小数。

解：先求$(66)_{10}$的等值二进制数。

2	66	0
2	33	1
2	16	0
2	8	0
2	4	0
2	2	0
2	1	1
	0	

即 $(66)_{10}=(1000010)_2$。

再求 $(0.63)_{10}$ 的等值二进制数。

0.63×2=1.36　　　　1

0.36×2=0.72　　　　0

0.72×2=1.44　　　　1

即 $(0.63)_{10}≈(0.101)_2$。

故：$(66.63)_{10}=(1000010.101)_2$。

3.　二进制数与八进制数、十六进制数间的相互转换

在编写计算机的程序时，通常将二进制数写成八或十六进制数。由表 1-2 可见，3 位二进制数恰好是一位八进制数，4 位二进制数恰好是一位十六进制数。因此，把二进制数转换成为八进制数时，可将整数部分自右向左和小数部分自左向右分别按每 3 位一组进行分组，不够 3 位用 0 补齐，用表中对应的八进制数写出，即为其对应的八进制数。反之，将八进制数转换为二进制数时，只要把每位八进制数用对应的 3 位二进制数表示即可。

二进制数与十六进制数的转换同二进制数与八进制数的转换相仿，只是按 4 位进行分组。

例 4：将 $(741.566)_8$ 转换为二进制数。

解：$(741.566)_8=(111100001.101110110)_2$。

例 5：将 $(1011010.10111)_2$ 转换为十六进制数。

解：$(1011010.10111)_2=(01011010.10111000)_2=(5A.B8)_{16}$。

例 6：将十六进制数 $(3AF.C8)_{16}$ 和 $(78)_{16}$ 转换为等值的二进制数。

解：$(3AF.C8)_{16}=(001110101111.11001000)_2=(1110101111.11001)_2$。

　　　　$(78)_{16}=(01111000)_2=(1111000)_2$。

2.1.5　机器数的 3 种表示法

在计算机中，对带符号数的表示方法有原码、补码和反码 3 种形式。

原码表示法规定，符号位用数码 0 表示正号，用数码 1 表示负号，数值部分按一般二进制形式表示。

例 7：N1=+1000100，N2=−1000100。

解：$[N1]_原=01000100$，$[N2]_原=11000100$。

反码表示法规定，正数的反码和原码相同，负数的反码是对该数的原码除符号位外各位求反。

例 8：N1=+1000100，N2=−1000100。

解：$[N1]_反=01000100$，$[N2]_反=10111011$。

补码表示方法规定，正数的补码和原码相同，负数的补码是先对该数的原码除符号位外各位

取反，然后末位加 1。

例 9：N1= + 1000100，N2=−1000100。

解：[N1]原=01000100，[N1]反=01000100，[N1]补=01000100。

[N2]原=11000100，[N2]反=10111011，[N2]补=10111100。

2.1.6 数制的基本运算

1. 算术运算

计算机中常用的算术运算有加（+）、减（−）、乘（*）、除（/）四则运算，其他的运算，如函数运算、指数运算、对数运算及一些复杂运算，都可以转化为四则运算，再进行计算。算术运算的核心是加法运算，通过加法器（全加器）实现。

（1）二进制的加法运算的规则是"逢二进一"。

例 10：1101B+1011B=11000。

```
    1101    加数
+   1011    被加数
   11000    和
```

（2）八进制的加法运算的规则是"逢八进一"。

例 11：645+354=1221。

```
    645
+   354
   1221
```

（3）十六进制的加法运算的规则是"逢十六进一"（在此要注意，A 要换为 10，C 要换为 12，才可以进行加法运算）。

例 12：1A+CC=E6。

```
    1A
+   CC
    E6
```

2. 关系运算

所谓关系运算，就是比较两个数据是否相同，若不相同，则区分孰大孰小。关系运算包括"大于（>）""小于（<）""等于（=）""不等于（<>）"等。

3. 逻辑运算

常用的逻辑运算有"与"运算（逻辑乘"AND"或"∧"）、"或"运算（逻辑加"OR"或"∨"）、"非"运算（逻辑非"NOT"或"~"）及"异或"运算（逻辑异或"XOR"或"⊕"）。

（1）逻辑"或"运算。

逻辑"或"又称逻辑加，可用符号"+"或"∨"来表示。

例 13：1+0=1 或 1∨0=1；1+1=1 或 1∨1=1。

（2）逻辑"与"运算。

逻辑"与"又称逻辑乘，可用符号"×"或"∧"来表示。

例 14：1×0=0 或 1∧0=0；1×1=1 或 1∧1=1。

（3）逻辑"非"运算。

逻辑"非"又称逻辑否定，实际上就是将逻辑变量求反。

例 15：～0=1；～1=0。

（4）逻辑"异或"运算。

逻辑"异或"又称半加运算，其运算法则相当于不带进位的二进制加法，可用符号"⊕"来表示。

例 16：1⊕0=1 或 1⊕0=1；0⊕0=0 或 1⊕1=0。

工序 2.2 汉字编码

现在我们已经知道计算机系统中的数据都是以二进制形式表示的，那么不能用二进制编码表示的数据怎么办呢？接下来将介绍 3 种类型的编码：数字编码、字符编码和汉字编码。

2.2.1 数字编码

数字编码最常见的就是 BCD 编码（Binary Coded Decimal Notation），指的是向计算机输入的数或从输出设备显示的数，通常是人们习惯的十进制数。不过，这样的十进制数在计算机中要用二进制编码来表示。由于一位十进制数所用的符号只有 0～9 共 10 位数字，可以从具有 16 种不同组合的 4 位二进制数编码中取 1 种表示一位十进制数，称之为二进制编码的十进制数。

例 17：(010010010001.01100010)$_{BCD}$。

解：它所对应的十进制数是 491.62。

表 1-5 中列出的是十进制数对应的 BCD 编码。

表 1–5　十进制数对应的 BCD 编码

十进制数	BCD 编码	十进制数	BCD 编码
0	0000	8	1000
1	0001	9	1001
2	0010	10	00010000
3	0011	11	00010001
4	0100	12	00010010
5	0101	13	00010011
6	0110	14	00010100
7	0111	15	00010101

2.2.2 字符编码

计算机中用二进制表示字母、数字、符号及控制符号，目前主要用美国标准信息交换代码（American Standard Code for Information Interchange，ASCII）。ASCII 已被国际标准化组织（International Organization for Standardization，ISO）定为国际标准，所以又称为国际 5 号代码。

ASCII 有 7 位 ASCII 和 8 位 ASCII 两种。

7 位 ASCII 被称为基本 ASCII，是国际通用的。8 位 ASCII 被称为扩充 ASCII，是 8 位二进制字符编码。

7 位 ASCII 即 7 位二进制字符编码，可表示 128 个字符，每个字符编码占一个字节。其中包括 34 种控制字符、52 个英文大小写字母、10 个阿拉伯数字、32 个字符和运算符。用一个字节（8 位二进制）表示 7 位 ASCII 时，最高为 0，它的范围为 00000000B～01111111B。

数字的 ASCII 是连续的，为了方便记忆，可将数字 0～9 对应的编码记为 48～57；字母 A～Z 对应的编码记为 65～90；a～z 对应的编码记为 97～122，对应的大小写字母的 ASCII 相差 32。基本 ASCII 如表 1-6 所示。

表 1–6　基本 ASCII

低 4 位　　高 3 位 3210 位	654 位							
	000	001	010	011	100	101	110	111
0000	NUL	DLE	空格	0	@	P	`	p
0001	SOH	DC1	!	1	A	Q	a	q
0010	STX	DC2	"	2	B	R	b	r
0011	ETX	DC3	#	3	C	S	c	s
0100	EOT	DC4	$	4	D	T	d	t
0101	ENQ	NAK	%	5	E	U	e	u
0110	ACK	SYN	&	6	F	V	f	v
0111	BEL	ETB	,	7	G	W	g	w
1000	BS	CAN	(	8	H	X	h	x
1001	HT	EM	)	9	I	Y	i	y
1010	LF	SUB	*	:	J	Z	j	z
1011	VT	ESC	+	;	K	[	k	{
1100	FF	FS	'	<	L	\	l		
1101	CR	GS	-	=	M	]	m	}
1110	SO	RS	.	>	N	^	n	~
1111	SI	US	/	?	O	_	o	DEL

小思考

你有没有想过，为什么平时我们在键盘上按下"A"，屏幕上一定会出现"A"，而不是"B"呢？

2.2.3　汉字编码

汉字的输入、处理和输出的过程，实际上是汉字的各种代码之间转换的过程。汉字编码主要分为输入码、国标码、机内码、地址码和字形码，图 1-11 表示了这些汉字代码在汉字信息处理系统中的位置以及它们之间的关系。汉字处理系统对每种汉字输入方法都规定了汉字输入计算机的代码，即汉字输入码，由键盘输入汉字时输入的是汉字的外部码。计算机识别汉字时，要把汉字的外部码转换成汉字的内部码（汉字的机内码）以便进行处理和存储。为了将汉字以点阵的形式输出，计算机还要将汉字的机内码转换成汉字的字形码，确定汉字的点阵，并且在计算机和其他系统或设备需要信息、数据交换时必须采用交换码。

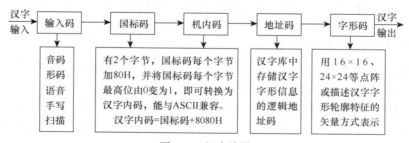

图 1-11　汉字编码

1. 外部码

所有汉字系统需要有自己的输入码体系，使汉字与键盘能建立对应关系。目前，常用的输入码有拼音码、五笔字型码、自然码等。一种好的编码应有编码规则简单、易学好记、操作方便、重码率低、输入速度快等优点，每个人可根据自己的需要进行选择。

2. 机内码

机器接收到外部码后，要转换成机内码进行存储、运算和传送。汉字的机内码通常用两个字节来表示。为了和西文符号区分，机内码的最高位设为"1"。机内码通常用汉字在字库中的物理位置表示，可以是汉字在字库中的序号，也可以是汉字在字库中的存储位置。

汉字的机内码、国标码和区位码之间的关系如下。

（汉字机内码前两位）=（国标码前两位）+80H=（区位码）+A0H

（汉字机内码后两位）=（国标码后两位）+80H=（区位码）+A0H

把用十六进制表示的机内码的前两位和后两位连起来，即可得到完整的用十六进制表示的机内码。在微机内部，汉字代码都用机内码，在磁盘上记录汉字代码时也使用机内码。

3. 交换码

计算机内部处理的信息都是用二进制代码表示的，汉字也不例外。而二进制代码使用起来不太方便，于是需要采用信息交换码。我国国家标准总局 1981 年制定了国家标准 GB 2312—1980《信息交换用汉字编码字符集——基本集》，即国标码。国标码字符集中收集了常用汉字和图形符号 7445 个，其中图形符号 682 个，汉字 6763 个，按照汉字的使用频度将汉字分为两级，第一级为常用汉字 3755 个，第二级为次常用汉字 3008 个。为了避开 ASCII 字符中的不可打印字符 0100001～1111110（十六进制为 21～7E），国标码表示汉字的范围为 2121～7E7E（十六进制）。

4. 区位码

区位码是国标码的另一种表现形式，把国家标准 GB 2312—1980 中的汉字、图形符号组成一个 94×94 的方阵，分为 94 个"区"，每区包含 94 个"位"，其中"区"的序号为 01～94，"位"的序号为 01～94。94 个区中的位置总数 = 94×94 = 8836 个，其中 7445 个汉字和图形字符中的每一个占一个位置后，还剩下 1391 个空位，这 1391 个空位用于备用。所以给定"区"值和"位"值，用四位数字就可以确定一个汉字或图形符号，其中前两位是"区"号，后两位是"位"号，如"普"字的区位码是"3853"，"通"字的区位码是"4508"。区位码编码的最大优点是没有重码，但编码缺少规律，很难记忆。使用区位码主要是为了输入一些中文符号或无法用其他输入法输入的汉字、制表符以及日语字母、俄语字母、希腊字母等。94 个区可以分为以下四组。

（1）01～15 区：包含各种图形符号、制表符和一些主要国家的语言字母，其中，01～09 区为标准符号区，共有 682 个常用符号；10～15 区为自定义符号区，可留作用户自己定义。

（2）16～55 区：一级汉字区，共有 3755 个常用汉字，以拼音为序排列。

（3）56～87 区：二级汉字区，共有 3008 个次常用汉字，以部首为序排列。

（4）88～94 区：自定义汉字区，可留作用户自己定义。

5. 字形码

人们在显示或打印汉字时，通常会用到字形码，又称输出码。汉字字形是指原来铅字排版汉字的大小和形状，在计算机中指组成汉字的点阵。尽管汉字字形有多种变化，笔画繁简不一，但都是方块字且大小相同，都可以写在同样的方块中。把一个方块看作 m 行 n 列的矩阵，共有 $m×n$ 个点，称为汉字点阵。例如，16×16 点阵的汉字共有 256 个点。

汉字点阵和字形的对应关系是，有笔画处的点为 1，无笔画处的点为 0。这样，汉字的点阵可以对应若干字节长的字形码。这种表示汉字点阵的方法称为汉字字形的数字化表示法。例如，"口"字的 16×16 点阵字形图如图 1-12 所示。

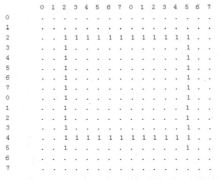

图 1-12　"口"字的 16×16 点阵字形图

🧠 小思考

现在在大街小巷和互联网上，到处可见二维码图案。二维码是什么，你知道吗？

任务 3　计算机系统的基本构成

任务引述

一个完整的计算机系统包括硬件系统和软件系统两个组成部分。硬件是软件的载体，软件是硬件的灵魂。如果只有软件，则没有运行的基础；如果只有硬件，则无法完成任何工作。硬件构成了一台计算机的物理框架，软件实现了计算机的实际运行。本任务旨在掌握计算机的硬件系统和软件系统的工作原理、基本组成，以及它们是如何相辅相成、并肩合作的。

任务实施

工序 3.1　计算机系统的组成

计算机系统是由硬件系统和软件系统两大部分组成的，如图 1-13 所示。硬件系统是指一台计算机的物理设备。软件系统是指在硬件设备上运行的各种程序及文档。它们之间相互存储，相互配合，协同工作。图 1-14 阐述了软件、硬件和用户的关系。

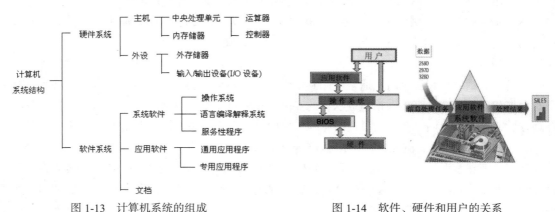

图 1-13　计算机系统的组成　　　　　图 1-14　软件、硬件和用户的关系

工序 3.2　冯·诺依曼体系结构

冯·诺依曼提出的 EDVAC 方案明确奠定了机器由 5 个部分组成，包括运算器、控制器、存储器、输入设备和输出设备，并描述了这 5 部分的职能和相互关系。冯·诺依曼大胆地提出，抛弃十进制数，采用二进制数作为数字计算机的数制基础。另外，冯·诺依曼提出以下构想：预先编制计算程序，然后由计算机按照人们事前制定的计算顺序来执行数值计算工作，即计算机应该按照程序顺序执行。这就是著名的冯·诺依曼理论。从 ENIAC 到当前最先进的计算机采用的都是冯·诺依曼体系结构。EDVAC 确立了现代计算机硬件的基本结构，即冯·诺依曼体系结构，如图 1-15 所示。该体系结构体现了现代计算机最基本的工作原理。

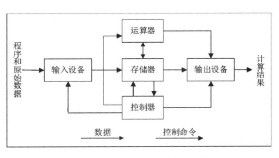

图 1-15　冯·诺依曼体系结构

（1）计算机硬件系统由输入数据和程序的输入设备、记忆程序和数据的存储器、完成数据加工处理的运算器、控制程序执行的控制器、输出处理结果的输出设备组成，这是计算机五大基本元件。

（2）存储器采用二进制数形式存储指令和数据。

（3）人们将需要执行的程序和数据预先存入存储器中，使计算机能自动高速地按顺序取出存储器中的指令加以执行，能够按照要求将处理结果输出给用户。

工序 3.3　计算机硬件系统

计算机的硬件系统由以下 5 个部分组成。

1. 运算器

运算器又称算术逻辑单元，负责数据的算术运算和逻辑运算，即数据的加工处理，是在计算机中相当于算盘功能的部件，其结构示意图如图 1-16 所示。

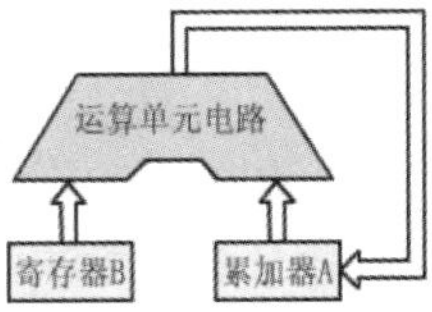

2. 存储器

存储器用于保存或"记忆"题目的原始数据和程序，是实现记忆功能的部件，负责存储程序和数据。在存储器中保存一个数的 16 个触发器，称为一个存储单元。每个存储单元的编号称为地址。存储所有存储单元的总数称为存储容量，通常用 KB、MB、GB、TB 表示。存储容量越大，表示计算机存储的信息越多。

图 1-16　运算器的结构示意图

3. 控制器

控制器是整个计算机的控制指挥中心，是发号施令的部件，负责将任务从内存中取出进行分析、控制并协调输入、输出操作或内存访问。

4. 输入设备

输入设备负责把用户的程序和数据输入计算机的存储器中，如文字、图形、图像、声音等，将其转变为二进制数信息，然后按顺序把它们送入存储器中。计算机中常用的输入设备有键盘和鼠标，以及扫描仪、手写输入设备、触摸屏、条形码阅读器等。

5. 输出设备

输出设备负责从计算机中取出程序执行结果或其他信息，供用户查看，即将计算机存储器中的二进制数信息转换为人们习惯接受的形式。计算机中常用的输出设备有显示器、打印机、绘图仪等。

计算机工作流程：写该任务的执行程序；通过输入设备将程序和原始数据输入存储器；运行时，CPU 根据内部程序从存储器中取出指令，同时改变程序计数器，使其成为下一条指令地址，然后送到控制器中进行分析、识别；控制器根据指令的含义发出相应的命令，CPU 根据指令分析结果，执行命令，通过输出设备输出结果，如图 1-17 所示。

3.3.1 运算控制设备

1. CPU

判断一台计算机性能的好坏，首先要看中央处理器（Central Processing Unit，CPU），它是一台计算机的运算核心和控制核心。其功能主要是解释计算机指令及处理计算机软件中的数据。CPU 从存储器或高速缓冲存储器中取出指令，放入指令寄存器，并对指令译码。它把指令分解成一系列的微操作，然后发出各种控制命令，执行一系列的微操作，从而完成一条指令的执行，如图 1-18 所示。

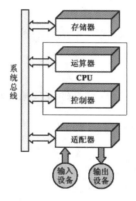

图 1-17　计算机硬件系统

图 1-18　CPU

（1）CPU 的功能

当用计算机解决某个问题时，人们首先必须为其编写程序。程序是一个指令序列，这个序列能明确告诉计算机应该执行什么操作，在什么地方找到用来操作的数据。一旦把程序装入内存储器，就可以由计算机来自动完成取出指令和执行指令的任务。专门用来完成此项工作的计算机部件称为 CPU。CPU 对整个计算机系统的运行是极其重要的，它具有以下 4 个方面的基本功能。

① 指令控制：程序的顺序控制称为指令控制。程序是一个指令序列，这些指令的相互顺序不能任意颠倒，必须严格按程序规定的顺序进行。

② 操作控制：一条指令由若干操作信号的组合实现，CPU 产生并管理这些信号，把各种操作信号送往相应的部件，从而控制这些部件按指令的要求进行动作。

③ 时间控制：对各种操作实施时间上的定时称为时间控制。在计算机中，各种指令的操作信号及一条指令的整个执行过程都受到时间上的严格控制。

④ 数据加工：数据加工就是对数据进行算术运算和逻辑运算处理。

（2）CPU 的性能指标

在选择 CPU 的过程中，我们需要考虑以下性能指标。

① 主频：也称时钟频率，单位是兆赫兹（MHz）或吉赫兹（GHz），用来表示 CPU 的运算、处理数据的速度。系统的主频越高，表明 CPU 的运算速度越快。运算速度的单位是百万次/秒

（MIPS）。

② 外频：指系统总线的工作频率，即 CPU 的基准频率，是 CPU 与主板之间同步运行的速度。外频速度越高，CPU 就可以同时接收更多来自外围设备的数据，从而使整个系统的速度进一步提高。

③ 倍频：指 CPU 主频与外频之间的相对比例关系。在相同的外频下，倍频越高，CPU 的频率就越高。

④ 字长：指 CPU 在单位时间内（同一时间）能一次处理的二进制数的位数。能处理字长为 8 位的二进制数据的 CPU 通常称为 8 位的 CPU。同理，32 位的 CPU 能在单位时间内处理字长为 32 位的二进制数据。早期的 CPU 字长为 8 位、16 位、32 位。现如今，市面上的 CPU 字长都为 64 位。

⑤ 缓存：缓存是 CPU 的重要指标之一，缓存的结构和大小对 CPU 速度的影响非常大。CPU 内缓存的运行频率极高，一般和处理器同频运作。缓存容量越大，CPU 处理速度越快。

2．主板

主板又叫主机板（Main Board）、系统板（System Board）和母板（Mother Board），是计算机的核心，处理器是附着在主板上面的，如图 1-19 所示。

1-10　小知识：购买 CPU 的注意事项

主板的性能决定了整台计算机的性能。主板安装在机箱内，是计算机最基本的部件，是安装所有计算机配件的平台，是微处理器与其他部件连接的桥梁。一块主板性能优越与否，很大限度上取决于 BIOS 程序的管理功能是否合理、先进。BIOS 的全称是 ROM-BIOS，意思是只读存储器基本输入/输出系统，是一组固化到计算机主板 ROM 芯片上的程序，它保存着计算机最重要的基本输入/输出程序、系统设置信息、开机上电自检程序和系统启动自举程序。现在市面有近千种主板，要想选择一款合适的主板，首先要考虑以下原则。

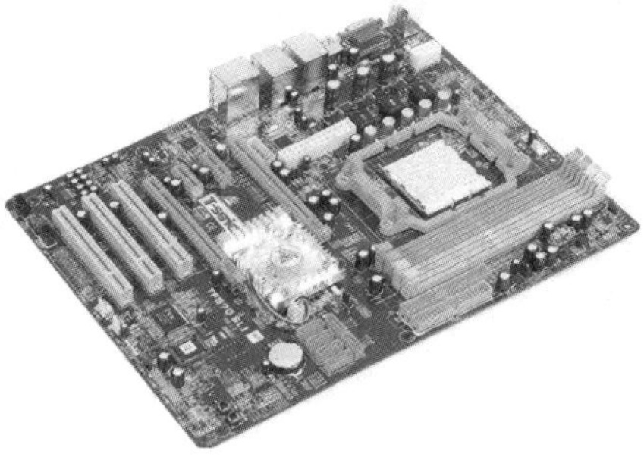

- 工作稳定，兼容性好。
- 功能完善，扩充力强。
- 使用方便，可以在 BIOS 中对尽量多的参数进行调整。
- 厂商有更新及时、内容丰富的网站，维修方便快捷。

图 1-19　主板

以下组件的优劣也是体现主板性能优越与否的关键因素。

（1）芯片组

一个主板上最重要的部分就是主板的芯片组。主板的芯片组一般由北桥芯片和南桥芯片组成，北桥芯片主要负责实现与 CPU、内存、AGP 接口之间的数据传输，同时通过特定的数据通道和南桥芯片相连接；南桥芯片主要负责和 IDE 设备、PCI 设备、声音设备、网络设备及其他 I/O 设备的沟通。

（2）总线扩展插槽

总线扩展插槽的种类主要有 ISA、PCI、AGP、CNR、AMR、ACR 和比较少见的 Wi-Fi、VXB，以及笔记本电脑专用的 PCMCIA 等。历史上出现过，现早已经被淘汰的还有 MCA、EISA 及 VESA 等。未来的主流总线扩展插槽是 PCI Express 插槽。

（3）内存插槽

内存插槽是指主板上用来插内存条的插槽。主板所支持的内存种类和容量都是由内存插槽来决定的。内存插槽通常最少有两个，常见的有 4 个、6 个或 8 个。内存插槽可以插几根内存条，某些芯片组+系统可以支持 32GB 或者更多容量的内存。

（4）接口

① 硬盘接口，用来连接硬盘、光盘驱动器，分为 IDE 接口和 SATA 接口。

② COM 接口（串口），目前大多数主板提供了两个 COM 接口，分别为 COM1 和 COM2，作用是连接串行鼠标和外置 Modem 等设备。

③ USB 接口，是现在最为流行的接口，最多可以支持 127 个外设，并且可以独立供电，其应用非常广泛。USB 接口可以从主板上获得 500mA 的电流，支持热插拔，真正做到了即插即用。

④ LPT 接口（并口），一般用来连接打印机或扫描仪。

3. 显卡

显示接口卡（Video Card）又称显示适配器（Video Adapter），简称显卡，如图 1-20 所示。显卡的作用是将计算机系统所需要的显示信息进行转换驱动，并向显示器提供行扫描信号，控制显示器的正确显示。显卡作为计算机主机中的一个重要组成部分，承担着输出显示图形的任务。对于喜欢玩网络游戏和从事专业图形设计的人来说，显卡非常重要。

图 1-20　显卡

购买显卡时需要考虑的性能指标如下。

（1）显卡频率

显卡频率主要指显卡的核心频率和显存频率，均以 MHz（兆赫兹）为单位。核心频率是指显示核心的工作频率，其工作频率在一定程度上可以反映出显示核心的性能。显存频率在一定程度上反映着该显存的速度，显存频率的高低和显存类型有着非常大的关系。

（2）显存

显存又称显示存储器，也称帧缓存，由一块块的显存芯片构成。其主要功能是暂时存储显示芯片处理过或即将提取的渲染数据。显存类似于主板的内存，是衡量显卡的主要性能指标之一。

主流显卡基本上具备 6GB 容量，一些中高端显卡则配备了 8GB 容量。

（3）显存类型

显存类型即显卡存储器采用的存储技术类型，市场上主要的显存类型有 SDDR2、GDDR2、GDDR3 和 GDDR5 等几种，但主流的显卡大都采用了 GDDR3 的显存类型，也有一些中高端显卡采用的是 GDDR5。与 GDDR3 相比，GDDR5 类型的显卡拥有更高的频率，性能也更加强大。

3.3.2　存储设备

1. 内存

衡量计算机性能的第三个重要的部件是内存。图 1-21 所示为 DDR4 内存条。内存用来存储运行的程序和数据，可方便 CPU 直接访问，是与 CPU 沟通的桥梁。计算机中所有程序的运行都是在内存中进行的，因此内存的性能对计算机的影响非常大。内存的作用是暂时存放 CPU 中的运算数据，以及与

图 1-21　DDR4 内存条

硬盘等外部存储器交换的数据。只要计算机在运行中，CPU 就会把需要运算的数据调到内存中进行运算，当运算完成后，CPU 再将结果传送出来。内存的运行也决定了计算机的稳定运行。按工作原理分类，内存可以分为随机存储器（Random Access Memory，RAM）、只读存储器（Read Only Memory，ROM），以及高速缓冲存储器（Cache），RAM 是其中最重要的存储器。

（1）ROM

在制造 ROM 时，信息（数据或程序）就被存入并永久保存，这些信息只能读出，一般不能写入，即使机器掉电，这些数据也不会丢失。ROM 一般用于存放计算机的基本程序和数据，如 BIOS，其物理外形一般是双列直插式封装的集成块。

（2）RAM

RAM 表示既可以从中读取数据，又可以写入数据。当机器电源关闭时，存于其中的数据就会丢失。常见的计算机中的内存条就是将 RAM 集成块集中在一起的一小块电路板，它插在计算机的内存插槽上，以减少占用的空间。

（3）Cache

Cache 也是经常遇到的概念，即平常看到的一级缓存（L1 Cache）、二级缓存（L2 Cache）、三级缓存（L3 Cache）等数据。Cache 位于 CPU 与内存之间，是一个读写速度比内存更快的存储器。当 CPU 向内存中写入或读出数据时，这个数据也被存储到 Cache 中。当 CPU 再次需要这些数据时，CPU 就从 Cache 中读取数据，而不是访问速度较慢的内存。当然，如果需要的数据在 Cache 中没有，CPU 会再去读取内存中的数据。

2. 硬盘

硬盘是个人计算机非常重要的外存储器，它由一个盘片组和硬盘驱动器组成，被固定密封在一个盒内，如图 1-22 所示。

图 1-22　硬盘

（1）硬盘的使用方法

在硬盘工作的时候，千万不要强行关掉电源，否则会导致硬盘的物理损坏，且会丢失数据。另外，硬盘中有高速运转的部件，一旦强行关机，高速运转的碟片就会突然停止，若在关机后又马上开机，则更有可能造成硬盘的损坏。所以，关机后不要马上再次启动计算机，至少要半分钟以后再启动。

在硬盘工作的时候，要尽量避免震荡，因为磁头与磁片的距离非常近，如果硬盘遭到剧烈的震荡就会导致磁头敲打磁片，磁头有可能会划伤磁片，也可能会导致磁头的彻底损坏，使整个硬盘无法使用。

在使用硬盘的过程中，经常有很多用户使用磁盘空间管理程序对磁盘进行压缩。用此程序对硬盘进行压缩时，会导致压缩卷文件不断增大。这将导致硬盘的读取速度减慢，读写次数增多，最终引起硬盘的发热和稳定性变差，从而导致硬盘使用寿命的减少。所以，如果硬盘够用，没有必要使用磁盘空间管理程序。

（2）硬盘的性能指标

① 容量：指硬盘存储信息量的大小，以兆字节（MB）或吉字节（GB）为单位，目前市面上的硬盘容量一般为 500GB～2TB。有些人可能已经注意到，新购买的硬盘格式化之后显示的存储容量与硬盘上实际标称的存储容量并不符合。其主要原因是，硬盘上的标称容量是用十进制给出的，而计算机内部实际上是用二进制来表示存储容量的。

② 转速：指硬盘内主轴的转动速度，即硬盘盘片在一分钟内所能完成的最大转数。转速的快慢是标示硬盘档次的重要参数之一，也是决定硬盘内部传输速度的关键因素之一。硬盘的转速越快，硬盘寻找文件的速度就越快，相对地，硬盘的传输速度也就得到了提高。硬盘转速以每分钟多少转来表示，单位为 rpm。rpm 值越大，内部传输速度就越快，访问时间就越短，硬盘的整体性能也就越好。家用的普通硬盘转速一般为 5400rpm、7200rpm。服务器用户对硬盘性能要求最高，服务器中使用的 SCSI 硬盘的转速基本上是 10000rpm，甚至有 15000rpm 的。笔记本电脑的硬盘转速低于台式机的硬盘，一般会采用转速相对较低的 4200rpm 硬盘。

③ 缓存：指硬盘控制器上的一块内存芯片，具有极快的存取速度，它是硬盘内部存储和外界接口之间的缓冲器。当硬盘存取零碎数据时，需要不断地在硬盘与内存之间交换数据，如果有大缓存，那么那些零碎数据可暂存在缓存中，从而减小外系统的负荷，提高数据的传输速度。

④ 传输速率：指硬盘读写数据的速度，单位为兆字节每秒（MB/s）。目前，Fast ATA 接口硬盘的最大外部传输速率为 16.6MB/s，而 Ultra ATA 接口的硬盘可达到 33.3MB/s 的传输速率。

⑤ 平均访问时间：指磁头从起始位置到达目标磁道位置，并且从目标磁道上找到要读写的数据扇区所需的时间。平均寻道时间通常为 8～12ms，而 SCSI 硬盘的平均寻道时间应小于或等于 8ms。

3. 固态硬盘

固态硬盘由控制单元和存储单元组成，简单来说，其就是用固态电子存储芯片阵列而制成的硬盘，如图 1-23 所示。固态硬盘的接口规范、定义、功能和使用方法与普通硬盘完全相同，在产品外形和尺寸上也完全与普通硬盘一致，广泛应用于军事、车载、工控、视频监控、网络监控、网络终端、电力、医疗、航空、导航设备等领域。

4. 光驱

光盘驱动器简称光驱，是一种结合光学、机械及电子技术的产品，如图 1-24 所示。在光学和电子结合方面，激光光源来自一个激光二极管，它可以产生波长为 0.54～0.68μm 的光束。经过处理后，光束更集中且能精确控制，光束首先打在光盘上，再由光盘反射回来，经过光检测器捕捉信号。如果需要通过读取光盘来进行一些操作，如安装操作系统，安装应用软件，刻录音乐、软件、图片等，就需要购买光驱。光驱可分为 CD-ROM 驱动器、DVD 光驱（DVD-ROM）、康宝（COMBO）和刻录机等。选购一个性能高的光驱，需要关注下面几个性能指标。

图 1-23　固态硬盘

图 1-24　光驱

（1）数据传输速率

数据传输速率是 CD-ROM 驱动器最基本的性能指标，该指标直接决定了光驱的数据传输速度，通常以 KB/s 为单位来计算。最早出现的 CD-ROM 的数据传输速率只有 150KB/s，当时有关国际组织将该速率定为单速，而随后出现的光驱速度与单速标准是一个倍率关系，例如，2 倍速光驱的数据传输速率为 300KB/s，4 倍速光驱的数据传输速率为 600KB/s，8 倍速光驱的数据传输速率为 1200KB/s，12 倍速光驱的数据传输速率已达到 1800KB/s，依此类推。CD-ROM 主要有 CLV（恒定线速度）、CAV（恒定角速度）及 P-CAV（局部恒定角速度）3 种读盘方式。

（2）CPU 占用时间

CPU 占用时间（CPU Loading）指 CD-ROM 光驱在维持一定的转速和数据传输速率时占用 CPU 的时间。该指标是衡量光驱性能的一个重要指标，从某种意义上讲，CPU 的占用率可以反映光驱的 BIOS 编写能力。优质产品可以尽量减少 CPU 占用率，这实际上是一个编写 BIOS 的软件算法问题，当然，这只能在质量比较好的盘片上才能反映出来。如果碰上一些磨损非常严重的光盘，CPU 占用率就会直线上升，如果用户想节约时间，就必须选购那些读"磨损严重光盘"的能力较强、CPU 占用率较低的光驱。从测试数据可以看出，在读质量较好的盘片时，最好的与最差的光驱的读盘成绩相差不会超过 2%，但是在读质量不好的盘片时，它们的读盘成绩的差距会增大。

（3）CPU 占用率

CPU 占用率是指维持一定的转速和数据传输速率时占用 CPU 的时间。CPU 占用率越小越好。

（4）高速缓存

这个指标通常会用 Cache 表示，也有些厂商用 Buffer Memory 表示。它的容量大小直接影响了光驱的运行速度。其作用是提供一个数据缓冲，先将读出的数据暂存起来，再一次性进行传送，目的是解决光驱与 CPU 速度不匹配的问题。

（5）平均访问时间

平均访问时间（Average Access Time）即"平均寻道时间"，作为衡量光驱性能的一个标准，其指从检测光头定位到开始读盘这个过程所需要的时间，单位是 ms，该参数与数据传输速率有关。

5．U 盘和移动硬盘

虽然 U 盘和移动硬盘在配置个人计算机时不是必备的，但是随着现在对数据存储容量和要求的不断提高，基本上每个人都会配备一个 U 盘或者一个移动硬盘，所以这里对其做一些介绍。

U 盘全称为"USB 闪存盘"，如图 1-25 所示。它是一个 USB 接口的无须物理驱动器的微型高容量移动存储产品，可以通过 USB 接口与计算机连接，实现即插即用。由于 U 盘具有存储容量大（目前市场主流的 U 盘容量为 64GB 到 128GB 不等）、体积小、存取速度快、携带方便等特点，是目前市面上最理想的移动产品。

移动硬盘用于计算机之间交换大容量数据，是一种强调便携性的存储产品，如图 1-26 所示。市场上绝大多数的移动硬盘是以标准硬盘为基础的。为了采用硬盘作为存储介质，移动硬盘的数据读写模式与标准 IDE 硬盘是相同的。

图 1-25　U 盘

图 1-26　移动硬盘

移动硬盘具有以下特点。

（1）容量大

移动硬盘可以提供相当大的存储容量，是一种性价比较高的移动存储产品。在大容量"闪盘"价格还无法被用户接受的情况下，移动硬盘能在用户可以接受的价格范围内，提供给用户较大的存储容量和较大的便利性。市场上的移动硬盘容量最高可达 5TB，可以说是 U 盘、磁盘等闪存产品的升级版。

（2）体积小

移动硬盘的尺寸有 1.8 英寸（1 英寸=2.54cm）、2.5 英寸和 3.5 英寸 3 种。

（3）数据传输速率高

移动硬盘能提供较高的数据传输速率，但也和其接口有关。主流的 2.5 英寸品牌移动硬盘的读取速度为 15～25Mbit/s，写入速度为 8～15Mbit/s。如果以 10Mbit/s 的写入速度复制一部 4GB 的 DVD 电影到移动硬盘中，则耗费的时间约为 6 分 40 秒；如果以 20Mbit/s 的读取速度从移动硬盘中复制一部 4GB 的 DVD 电影到计算机主机硬盘中，则需要耗费的时间约为 3 分 20 秒。

（4）使用方便

现在主流移动硬盘使用的都是 USB 接口，即插即用。

（5）可靠性高

移动硬盘还具有防震功能，在剧烈震动时，盘片自动停转并将磁头复位到安全区，防止盘片损坏。

3.3.3 输入设备

输入设备用于将人们要告诉计算机的信息（如数据、命令等）转换成计算机所能接收的电信号。键盘和鼠标是目前计算机中最为普及和通用的两种输入设备，下面介绍鼠标、键盘、触摸屏、扫描仪、语音输入设备和其他输入设备。

1. 鼠标

鼠标是计算机必不可少的输入设备，分为有线鼠标和无线鼠标两种，如图 1-27 和图 1-28 所示。有线鼠标按其工作原理及其内部结构的不同可以分为机械式、光电式和光学式。机械式鼠标已经逐渐退出市场，现在市场上的鼠标一般是光学式鼠标。无线鼠标是时下比较流行的鼠标，它没有电线连接，鼠标本身装有两节七号电池，可无线遥控，在计算机的 USB 接口上插上一个小型接收器即可，接收范围在 3m 左右。

图 1-27　有线鼠标　　　　　图 1-28　无线鼠标

还有一种是蓝牙鼠标，其最大的特点就是具有通用性，反映在实际中的优点就是，如果计算机携带蓝牙，那么蓝牙鼠标不需要蓝牙适配器即可与计算机直接连接，可以节约一个 USB 插口。

2. 键盘

键盘是用于操作设备运行的一种指令和数据输入装置，如图 1-29 所示，是个人计算机最基本的配置之一。早期的键盘大多是 89 个键，后来发展到 101 个键，现在在原有的基础上增加了 3 个 Windows 功能键。选购键盘时要考虑键盘的触感、键盘的外观、键盘的做工、键盘键位的布局、键盘的噪声、键盘的键位冲突问题等。此外，在键盘的右上角还有 3 个指示灯：Num Lock（数字键盘锁指示灯）、Caps Lock（大小写字母转换指示灯）和 Scroll Lock（屏幕滚动锁指示灯）。键盘内部装有一块微处理器，它控制着整个键盘的工作。当某个键被按下时，处理器立即执行键盘扫描功能，并将扫描到的按键信息代码送到主机键盘接口卡的数据缓冲区中；当 CPU 发出接收键盘输入命令后，键盘缓冲区中的信息被送到内部系统数据缓冲区中。

按照应用形式，键盘可以分为台式机键盘、笔记本电脑键盘、手机键盘、工控机键盘、速录机键盘、双控键盘和超薄键盘七大类。

3. 触摸屏

触摸屏是一种附加在显示器上的辅助输入设备。借助这种设备，用手指直接触摸屏幕上显示的某个按钮或某个区域，即可达到相应的选择目的。触摸屏为人机交互提供了更简单、更直观的输入方式。按触摸原理的不同，触摸屏大致可分为 5 类：电阻式、电容式、表面超声波式、扫描红外线式和压感式。任何一种触摸屏都是通过某种物理现象来测得人触及屏幕某点的位置，从而通过 CPU 对此做出反应，由显示屏再现所需的位置的。但是由于物理原理不同，它们适用的场合也不同。例如，电阻式触摸屏能防尘、防潮并可戴手套触摸，适用于饭店、医院等；电容式触摸屏亮度高、清晰度好，也能防尘、防潮，但不可戴手套触摸，并且易受温度、湿度变化的影响，因此适用于游戏机及公共信息查询系统；表面超声波式触摸屏透明、坚固、稳定，不受温度、湿度变化的影响，是一种抗恶劣环境的设备。

4. 扫描仪

扫描仪通过光学识别系统从数据源直接捕获数据，利用它可以迅速地将图形、图像、照片、文本从外部环境输入计算机中，如图 1-30 所示。目前使用最普遍的是由线性电荷耦合器件（Charge-Coupled Device，CCD）阵列组成的电子式扫描仪。CCD 扫描仪按扫描方式可分为平板式扫描仪和手持式扫描仪两类；按接口又可分为并口、USB 口和 SCSI 接口等扫描仪。此外，还有大幅面扫描仪和普通幅面扫描仪之分。扫描仪除了可扫描图像外，还可扫描文字并进行文字识别。扫描人员扫描时先把带有文字的印刷品放入扫描仪进行扫描，再用扫描仪专用的文字识别软件将其识别出来，识别出来的文字可放入编辑软件中（如 Word）。

图 1-29　键盘

图 1-30　扫描仪

扫描仪的技术指标有以下几项。

（1）分辨率：指每英寸扫描的点数。现在常见的扫描仪分辨率一般为 600～1200dpi。需注意的是，某些设备提供的分辨率指标是采用软件方法模拟的。

（2）灰度层次：指灰度扫描仪可达到的灰度级别，分别有 16 层、64 层及 256 层。

（3）扫描速度：依赖于每行感光的时间，一般扫描时间为 3～30ms。

（4）扫描幅面：对原稿尺寸的要求，台式扫描仪幅面一般为 A4，扫描区域可以由用户自己设定。目前，A4 幅面、600dpi×1200dpi、USB 接口的扫描仪已逐渐进入了家庭。

5. 语音输入设备

语音输入设备（Voice-Input Device）能直接将人们的语言转换成数字信号并输入计算机中。最广泛使用的语音识别系统由麦克风、声卡和语音输入软件系统组成，这些系统使得用户能用语言命令进行文档处理和操作计算机。

6. 其他输入设备

常见的输入设备还有手写笔（用来输入汉字）、游戏杆（游戏中使用）、数字化仪（用来输入图形）、数字摄像机（可输入动态视频数据）、条形码阅读器、磁卡阅读器、光笔输入器等。条形码阅读器是通过光电传感器把条形码信息转换成数字代码后传入计算机中的。条形码阅读器按其结构可分为手持式和卡槽式两种；按其工作原理又可分为 CCD 式和激光枪式两种。磁卡阅读器通过磁头阅读磁性材料表面中存储的二进制信息，优点是可以重新写入，所以修改方便。光笔输入器由手写板和光笔组成，它通过光电传感器把要写入的信息输入计算机，可用来在屏幕上画图或写入字符，并实现图形的编辑。光笔输入器按其工作方式可分为指点式和跟踪式两种，其中，指点式又称为定标式，用于取出光标所指亮点的坐标信息；跟踪式使用光笔带动光标在屏幕上移动作图。

3.3.4 输出设备

1. 液晶显示器

液晶显示器（Liquid Crystal Display，LCD）如图 1-31 所示，为平面超薄的显示设备，它由一定数量的彩色或黑白像素组成，

图 1-31 液晶显示器

放置于光源或者反射面前方。液晶显示器功耗很低，因此备受工程师青睐，适用于使用电池的电子设备。它的主要原理是以电流刺激液晶分子产生点、线、面，配合背部灯管构成画面。

下面介绍液晶显示器的优点。

（1）机身薄，节省空间

与比较笨重的 CRT 显示器相比，液晶显示器只占用前者三分之一的空间。

（2）省电，不产生高温

液晶显示器属于低耗电产品，可以做到完全不发热（主要耗电和发热部分存在于背光灯管或 LED），而 CRT 显示器使用的显像技术会不可避免地出现高温现象。

（3）低辐射，益健康

液晶显示器的辐射远低于 CRT 显示器（仅仅是低，并不是完全没有辐射，电子产品都有辐射），这对于整天在计算机前工作的人来说是一个福音。

（4）画面柔和不伤眼

不同于 CRT 技术，液晶显示器画面不会闪烁，可以减少显示器对眼睛的伤害，眼睛不容易疲劳。

1-11 小知识：购买液晶显示器时需要参考的技术指标

2. 打印机

打印机是计算机的输出设备之一，用于将计算机的处理结果打印在相关介质上。市面上比较常见的打印机品牌有 HP（惠普）、EPSON（爱普生）、CANON（佳能）、LENOVO（联想）、FOUNDER（方正）等。

（1）打印机的分类

按照工作方式，打印机可分为喷墨打印机、激光打印机、针式打印机和其他打印机。

① 喷墨打印机（见图 1-32）。喷墨打印机通过喷墨管将墨水喷射到普通打印纸上，实现字符或图形的输出。因其有着良好的打印效果与较低价位的优点，喷墨打印机占领了广大中低端市场。其主要优点如下：打印精度较高，噪声低，价格便宜。其缺点如下：打印速度慢，由于墨水消耗量大，使得日常维护费用高。此外，喷墨打印机还具有更为灵活的纸张处理能力，在打印介质的选择上，喷墨打印机也具有一定的优势——既可以打印信封、信纸等普通介质，又可以打印各种胶片、照片纸、光盘封面、卷纸、T恤转印纸等特殊介质。

② 针式打印机（见图 1-33），又称点阵式打印机，在打印机历史上占据着重要的地位。针式打印机之所以在很长的一段时间内流行不衰，与它极低的打印成本、极佳的易用性，以及单据打印的特殊用途是分不开的。当然，很低的打印质量、很大的工作噪声也是它无法适应高质量、高速度的商用打印需要的症结，所以现在只有在银行、超市、税务等用于票单打印的很少地方还可以看见它的踪迹。

图 1-32 喷墨打印机

图 1-33 针式打印机

③ 激光打印机（见图 1-34），利用激光扫描主机送来的信息，将要输出的信息在磁鼓上形成静电并转换成磁信号，使炭粉吸附在纸上，经显影后输出。激光打印机是高科技发展的一种新产物，也是有望代替喷墨打印机的一种机型，分为黑白和彩色两种。由于其具有精度高、打印速度快、噪声低等优点，并能提供更高质量、更快速、更低成本的打印方式，激光打印机已成为办公自动化的主流产品。其中低端黑白激光打印机的价格已经降到了几百元，达到了普通用户可以接受的水平。

图 1-34 激光打印机

（2）安装和使用打印机

① 将打印机的信号线与计算机的对应端口相连（一般是 LPT1 或 USB 接口），并接通电源。

② 安装打印机相对应的型号的驱动程序。

③ 打开"控制面板"窗口，选择"查看设备和打印机"选项；在打开的"设备和打印机"窗口（见图 1-35）中单击"添加打印机"按钮，选择"添加本地打印机"选项，单击"下一步"按钮，在弹出的"选择打印机端口"对话框中选择"使用现有端口"选项卡，在弹出的"安装打印机驱动程序"对话框中，选择打印机型号、厂商名称等内容，按提示逐步完成。

1-12 小知识: 其他型号打印机

④ 安装好打印机后，在要设置为默认打印机的图标上右键单击，在弹出的快捷菜单中选择"设置为默认打印机"选项。

⑤ 选择"打印测试页"选项，以确定打印机安装是否正确。

⑥ 设置打印机属性。可在"设备和打印机"窗口中单击安装后的打印机，选择"打印服务器属性"选项，在弹出的打印机属性对话框中对纸张和样式、纸张来源、打印质量进行设置，如图 1-36 所示。

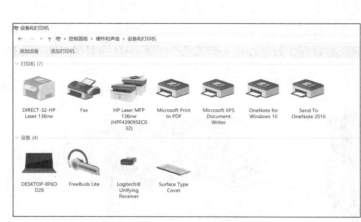

图 1-35　"设备和打印机"窗口　　　　　　　　图 1-36　打印机属性对话框

⑦ 打开"打印机和传真"窗口，双击要管理的打印机，打开该打印机窗口（如果此打印机有打印作业，则会显示打印作业列表），如图 1-37 所示。

图 1-37　打印机窗口

⑧ "打印机"选项卡中有"连接""设置为默认打印机""暂停打印""取消所有文档""共享""脱机使用打印机""属性"等按钮。

⑨ 如果打印机中有作业正在运行，则可单击"暂停"按钮来暂时停止打印工作，单击"取消所有文档"按钮可将打印机中的作业删除，如图 1-38 所示。

1-13　小知识：选购打印机的性能指标

图 1-38　管理打印作业

3．绘图仪

图形输出工具主要有绘图仪和打印机两种。目前常用的绘图仪有 4 种：笔式绘图仪、喷墨绘图仪、静电式绘图仪和直接成像式绘图仪。

1-14　小知识：几种绘图仪的简单介绍

小思考

如今，家用电脑的用途越来越广泛，看电影、网上冲浪及游戏等娱乐项目成为家用电脑的主要用途。其中，网络游戏最为热门，许多上班族喜欢用网游打发自己的闲暇时间。但游戏对机器配置的要求越来越高，性能不错的独立显卡和大容量内存已是必不可少的配置。下面看一台计算机配置，如图 1-39 所示。

操作系统	正版 Windows® 7 家庭高级版　64位
处理器	英特尔® 酷睿™ i7 处理器740QM
规格	1.73GHz主频(可睿频加速至 2.93GHz)，6MB缓存
显卡	HD5650 128bit 高性能独立显卡
显存	独立显存1GB，最大共享显存2783MB
内存	4G DDR3
硬盘	2TB7200转高速SATAII防震硬盘
光驱	Slot-in Blue-ray Combo蓝光刻录光驱
显示器	23寸＋多点触摸＋16:9全高清＋LED屏＋可壁挂＋内置数字模拟双模电视卡
摄像头	动感高清晰摄像头
音响	内置高保真多媒体音箱
麦克风	内置麦克
键盘鼠标	蓝牙超薄无线键盘，三合一空中鼠标(互动游戏＋空中鼠标＋桌面鼠标)
智能感应	魔幻追踪摄像/智能测光测距
蓝牙	内置蓝牙模块，支持最新蓝牙2.1＋EDR标准
无线传输	内置无线网卡，支持802.11n无线传输
数据传输	1394接口/集成麦克/5合一读卡器/HDMI-OUT高清视频输出接口/SPDIF-OUT数字音频输出接口/ESATA接口/AV-IN音视频输入接口

图 1-39　联想一体机 IdeaCentre A700 至尊型规格参数

现在，请你配置一台属于自己的电脑，并列出它的配置清单吧。

工序 3.4　计算机软件系统

软件是用户与硬件的接口，是用户与计算机进行交互的重要工具。计算机软件系统是为运行、维护、管理、应用计算机所编制的所有程序和支持文档的总和，包括程序和程序运行时所需的数据，以及与这些程序和数据有关的文档资料。计算机软件可以分为系统软件、应用软件和文档。

3.4.1　系统软件

系统软件是负责管理、控制、维护、开发计算机的软/硬件资源，可向用户提供便利的操作界面，也可提供编制应用软件的资源环境。系统软件主要包括操作系统、语言处理程序、数据库管理程序、实用程序与工具软件等。

1．系统软件的特点

（1）通用性。系统软件的功能不局限于特定的用户，无论哪个应用领域的用户都能用到它。

（2）基础性。其他软件的编写和运行必须有系统软件的支持。

2．常用的系统软件

常用的系统软件主要包括操作系统、语言处理程序、数据库管理系统等。

（1）操作系统

操作系统是最基本、最重要的系统软件，其他软件必须在操作系统的支持下才能运行。操作系统位于硬件层之上，是管理计算机软/硬件资源、控制程序运行、改善人机界面和为应用软件提供支持的系统软件。其功能包括，负责对计算机的各类资源进行统一控制、管理、调度和监督，合理地组织计算机的工作流程。其目的是提高各类资源的利用率，并能方便用户使用。在计算机的发展历程中，出现过 5 种操作系统：DOS、OS/2、Windows、Linux 和 UNIX。

① Windows 操作系统。现在 DOS 系统已经淡出历史舞台，只能在 Windows 操作系统中的"菜单"、附件栏的"命令提示符"中看到一点它的影子。OS/2 是在 DOS 的基础上由 IBM 和微软共同研制和推出的具有图形化界面的操作系统。最初它主要是由微软开发的，由于在很多方面存在差别，微软最终放弃了 OS/2，于 1983 年开始研制 Windows 操作系统。

Windows 1.0 于 1985 年问世，它是一个具有图形用户界面的系统软件。1987 年推出了 Windows 2.0，其最明显的变化是采用了相互叠盖的多窗口界面形式。但这些都没有引起人们的关注。直到 1990 年推出的 Windows 3.0，它以压倒性的商业成功确定了 Windows 操作系统在 PC 领域的垄断地位。现今流行的 Windows 窗口界面的基本形式也是从 Windows 3.0 开始基本确定的。

2009 年 10 月 22 日于美国、2009 年 10 月 23 日于中国，Windows 7 正式发布。2011 年 2 月 22 日发布了 Windows 7 SP1，Windows 7 同时发布了其服务器版本——Windows Server 2008 R2。Windows 7 可供家庭及商业工作环境、笔记本电脑、平板电脑、多媒体中心等使用。

微软于北京时间 2013 年 10 月 17 日晚上 7 点发布了 Windows 8.1 正式版。Windows 8.1 具有承上启下的作用，为 Windows 10 的推出奠定了基础。

2015 年 7 月 29 日，微软正式发布了计算机和平板电脑操作系统 Windows 10，这也是目前使用的主流操作系统。

此外，Windows 还有服务器版（Windows Server）和移动版（Windows Mobile）。目前最新的 Windows 服务器版是 Windows Server 2019，是长期服务频道客户的内部部署客户端的重要版本。在此操作系统中，创新的四大主题是混合云、安全性、应用平台和超融合基础架构。微软的 Windows Mobile 已在相当一部分手机终端中得到了使用，其中包括 HTC、东芝、惠普、Mio（神达）、华硕、三星、LG、联想、斯达康、夏新、魅族（M8）等。

② Linux 操作系统。Linux 操作系统是一套免费使用和自由传播的类 UNIX 操作系统，是由芬兰赫尔辛基大学的大学生 Linus B. Torvolds 在 1991 年首次编写的，用户可以免费获得其源代码，并能够随意修改。目前，市场上存在许多不同版本的 Linux 操作系统，但它们都使用了 Linux 内核。Linux 可安装在各种计算机硬件设备中，从手机、平板电脑、路由器和视频游戏控制台，到台式计算机、大型机和超级计算机。Linux 是一个领先的操作系统，世界上运算速度最快的 10 台超级计算机运行的都是 Linux 操作系统。

Linux 不仅系统性能稳定，还是开源软件。其核心防火墙组件性能高效、配置简单，保证了系统的安全性。在很多企业网络中，为了追求速度和安全，Linux 不仅能被网络运维人员当作服务器使用，还可以当作网络防火墙使用。这种多用途特性是 Linux 的一大亮点。

③ UNIX 操作系统。UNIX 是多用户多任务的操作系统，最早于 1969 年在 AT&T 的贝尔实验室开发，于 1971 年由美国 AT&T 公司的肯·汤普逊、丹尼斯·里奇和道格拉斯·麦克罗伊在一台 PDP-11/24 的机器上完成。这台计算机只有 24KB 的物理内存和 500KB 的磁盘空间。UNIX 占用了 12KB 的内存，剩下的一半内存可以支持两名用户进行 Space Travel 的游戏，其可以在个

人计算机上使用，也可以在小型机上使用。因具有功能强大的网络通信和网络服务功能，因此UNIX 操作系统具有多用户、多任务的特点，支持多种处理器架构，是在很多分布式系统中的服务器上广泛使用的一种网络操作系统，目前主要用于工程应用和科学计算等领域。

🔊小思考

Windows 10 操作系统的手机可以安装和电脑一样的软件吗？

（2）语言处理程序

语言处理程序是供程序员编制软件、实现数据处理的特殊语言，它对程序进行编译、解释、连接，主要包括机器语言、汇编语言和高级语言。

① 机器语言是计算机发展初期使用的语言，是第一代计算机语言采用的二进制代码形式，是计算机唯一可以直接识别、直接运行的语言。它由 "1" "0" 组成一组代码指令，如 10001010。机器语言依赖于计算机的指令系统，因此不同型号的计算机，其机器语言是不同的。机器语言不易被记忆和理解，编写程序也难以被修改和维护，所以基本上不能用来编写程序。

② 汇编语言是一种面向机器的程序设计语言，是为特定的计算机或计算机系统设计的。由一组与机器语言指令一一对应的符号指令和简单语法组成，可以用来代替机器语言的操作数、操作码，例如，ADDA 表示加上 A。因为汇编语言也是在机器语言的机器上存在的，所以也是一种比较难被理解的低级语言。

③ 高级语言是一种独立于机器，面向过程或对象的语言。例如，要将两个变量相加并赋值给第三个变量，用高级语言表达为 var3=var1+var2。这种语言与自然语言接近，规则明确，通用易懂，对机器的依赖性较低，因此已经取代了机器语言和汇编语言。表 1-7 中列举了几种常见的高级语言。

表 1-7　几种常见的高级语言

名称	特点
C 语言	C 语言是所有语言的基础，可以作为工作系统的设计语言来编写系统的应用程序，也可以作为应用程序的设计语言来编写不依赖计算机硬件的应用程序
Java 语言	Java 语言是一种简单的、跨平台的、面向对象的、分布式的、解释的、健壮的、安全的、结构的、中立的、可移植的、性能很优异的、多线程的、动态的语言
Fortran 语言	Fortran 语言是世界上第一个被正式推广使用的高级语言，是一种适用于工程设计的计算机语言
Python 语言	Python 语言是一种跨平台的计算机程序设计语言，是一个高层次的结合了解释性、编译性、互动性和面向对象的脚本语言。其最初被设计用于编写自动化脚本，随着版本的不断更新和语言功能的不断添加，越来越多地被用于独立的、大型项目的开发

④ 第四代语言。第四代语言（Fourth-Generation Language，4GL）的出现出于商业需要。高级语言进一步发展，就是目前我们都在使用的计算机语言（如 LISP、Prolog、CLIP、Python、PHP、Ruby、Lua 等）。第四代语言学习起来更为容易，有大量成熟稳定的函数、子程序、封装对象可以直接引用，模块化架构更为清晰，对硬件的适应性远超过前三代计算机语言，且这一代计算机语言已经有一定的 "智能性"。

（3）数据库管理系统

数据库管理系统是 20 世纪 60 年代后期才产生并发展起来的，它把具有相关性的数据以一定的组织方式集合起来，用数据库管理系统对它进行管理、维护和使用，有效地进行数据存储、共享和处理。其主要用于档案管理、财务管理、图书管理及仓库管理等。这类数据的特点是数据量比较大。目前，常用的数据库管理系统有 Access、Oracle、SQL Server、Informix 等。

3.4.2 应用软件

应用软件是为了解决某些具体问题而开发和研究的各种软件，是针对某一应用领域的、面向用户的软件。应用软件的使用范围很广，可以说，哪里有计算机应用，哪里就有应用软件。下面简要介绍几类应用软件。

1. 办公自动化软件

应用较为广泛的办公自动化软件有微软公司开发的 MS Office，它由几个软件组成，如文字处理软件 Word、电子表格处理软件 Excel、电子演示文稿软件 PowerPoint 等。国内优秀的办公自动化软件有 WPS 等。

2. 多媒体应用软件

多媒体应用软件包括文字处理软件、绘图软件、图像处理软件、动画制作软件、声音编辑软件及视频编辑软件。多媒体是计算机应用的一个主要方向，其应用软件有很多，如图像处理软件 Photoshop、动画设计软件 Flash、音频处理软件 Audition、视频处理软件 Premiere、多媒体制作软件 Authorware 等。

3. 计算机辅助设计软件

计算机辅助设计（Computer Aided Design，CAD）软件是近 20 年来最具成效的工程技术软件之一。由于计算机具有快速的数值计数、较强的数据处理及模拟能力，因此，在汽车、船舶、超大规模集成电路（Very Large Scale Integrated Circuits，VLSIC）等设计和制造过程中，CAD 软件占据着非常重要的地位。常用的计算机辅助设计软件有建筑辅助设计软件 AutoCAD、网络拓扑设计软件 Visio、电子电路辅助设计软件 Protel 等。

4. 实时控制软件

如今，计算机已经普遍用于生产过程的自动化控制。用于控制的计算机，其输入信息往往是电压、温度、压力、流量等模拟量，要先将模拟量转换成数字量，计算机才能进行处理或计算；处理或计算后，以此为依据，根据预先设定的方案对生产过程进行控制。这类软件一般统称为监视控制与数据采集（Supervisory Control And Data Acquisition，SCADA）软件。目前，个人计算机上比较流行的 SCADA 软件有 FIX、Intouch、Lookout 等。

3.4.3 文档

文档是使整个计算机系统正常运行所必需的操作手册、用户指南、程序手册及其他各种文档资料。文档是为了便于用户了解程序所需的说明性资料，一般包括技术文档、用户文档和管理文档等。程序必须装入机器才能运行，文档的作用一般是给人启示，不一定装入机器。

任务4 练习

工序 4.1 选择题

1. 世界上第一台电子计算机是在（   ）年诞生的。

    A. 1943   B. 1946   C. 1936   D. 1948

2. 新一代计算机最突出的特点是（   ）。

    A. 采用大规模集成电路   B. 具有智能

    C. 具有超高速   D. 能理解自然语言

3. 计算机能够直接运行的程序是（　　　）。

    A. 应用软件程序　　　　　　　　　　B. 机器语言程序

    C. 源程序　　　　　　　　　　　　　D. 汇编语言程序

4. 计算机数据处理指的是（　　　）。

    A. 数据的录入和打印

    B. 数据的计算

    C. 数据的收集、加工、存储和传送的过程

    D. 数据库

5. 在微型计算机系统中，数据存取速度最快的是（　　　）。

    A. 硬盘　　　　　　B. 内存　　　　　　C. 软盘　　　　　　D. CD-ROM

6. 最先实现存储程序的计算机是（　　　）。

    A. ENIAC　　　　　B. ADVAC　　　　　C. EDSAC　　　　　D. UNIVAC

7. 计算机用于水电站厂房的设计属于计算机（　　　）应用。

    A. 自动控制　　　　B. 辅助设计　　　　C. 数值计算　　　　D. 人工智能

8. 根据计算机所采用的逻辑部件，目前计算机所处的时代是（　　　）。

    A. 电子管　　　　　B. 集成电路　　　　C. 晶体管　　　　　D. 超大规模集成电路

9. 计算机应用最早的领域是（　　　）。

    A. 辅助设计　　　　B. 实时处理　　　　C. 信息处理　　　　D. 数值计算

10. 下列软件中只有（　　　）属于系统软件。

    A. C++　　　　　　B. Windows XP　　　C. Access　　　　　D. IE 浏览器

11. 下列软件不是操作系统的是（　　　）。

    A. Word　　　　　　B. Windows XP　　　C. MS DOS　　　　　D. UNIX

12. 就其工作原理而论，当代计算机都基于匈牙利数学家（　　　）提出的存储程序控制原理。

    A. 图灵　　　　　　B. 牛顿　　　　　　C. 布尔　　　　　　D. 冯·诺依曼

13. 计算机目前应用于财务管理、数据统计、办公自动化、情报检索等领域，这些领域可归结为（　　　）领域。

    A. 辅助设计　　　　B. 实时控制　　　　C. 科学计算　　　　D. 数据处理

14. 计算机的发展经历了四代，"代"的划分主要依据的是计算机的（　　　）。

    A. 运算速度　　　　B. 应用范围　　　　C. 功能　　　　　　D. 主要逻辑器件

15. 计算机辅助设计英文缩写为（　　　）。

    A. CAD　　　　　　B. CAM　　　　　　C. CAX　　　　　　D. CAT

16. 计算机能直接处理的语言是由 0 和 1 所汇编而成的语言，属于（　　　）。

    A. 汇编语言　　　　B. 公共语言　　　　C. 机器语言　　　　D. 高级语言

17. 二进制数 10100101 转换为十六进制数是（　　　）。

    A. 105　　　　　　B. 95　　　　　　　C. 125　　　　　　D. A5

18. 将十进制数 215 转换为八进制数是（　　　）。

    A. 327　　　　　　B. 268.75　　　　　C. 353　　　　　　D. 326

19. 将二进制数 000101101101.111101 转换成十六进制数为（　　　）。

    A. 16D.F　　　　　B. 16.F4　　　　　C. 16D.F4　　　　　D. 323.22

20. 若用 8 位二进制数补码方式表示整数，则可表示的最大整数是（　　　）。

    A. 256　　　　　　B. 127　　　　　　C. 255　　　　　　D. 128

工序 4.2　填空题

1. 在计算机应用领域中，CAM 是指（　　　）。

2. 财务处理属于计算机（　　　）应用领域。

3. 世界上公认的第一台电子计算机诞生在（　　　）（国家）。

4. 世界上公认的第一台电子计算机的逻辑元件是（　　　）。

5. 十进制数 241 转换为二进制数是（　　　），转换为十六进制数是（　　　）。

6. 计算机的时钟频率单位为（　　　）。

7. 十进制数 512 转换为八进制数是（　　　）。

8. 符号数的原码、补码和反码表示中，能唯一表示正零和负零的是（　　　）。

9. 在微型计算机中，汉字内码采用高位置 1 的双字节方案，主要是为了避免与（　　　）码混淆。

10. 在计算机存储系统中，CPU 只取不存的存储器是（　　　）。

11. 打印机属于（　　　）设备。

工序 4.3　是非题

1. 第二代计算机以电子管为主要逻辑元件，体积大、电路复杂且易出故障。（　　　）

2. 第二代计算机以晶体管取代电子管作为其主要的逻辑元件。（　　　）

3. ENIAC 计算机是第一台使用内存储程序的计算机。（　　　）

4. 冯·诺伊曼是内存储程序控制观念的创始者，其结构的核心部分是 CPU。（　　　）

5. UNIX 操作系统是一个功能强大、安全可靠、免费使用的操作系统。（　　　）

6. DOS 操作系统是一个功能强大、多用户的操作系统。（　　　）

7. 为解决各类应用问题而编写的程序，如人事管理系统，被称为应用软件。（　　　）

8. 一般而言，中央处理器（CPU）是由控制器、外部设备及存储器组成的。（　　　）

9. 计算机的存储器可以分为主存储器与辅助存储器两种。（　　　）

10. 计算机外部设备是除 CPU、内存以外的设备。（　　　）

11. DDR 内存条是随机存储器（RAM）的一种。（　　　）

12. RAM 所存储的数据只能读取，但无法将新数据写入其中。（　　　）

13. 控制器能理解、翻译、执行所有的指令存储结果。（　　　）

14. 程序必须送到主存储器内，计算机才能够执行相应的指令。（　　　）

15. 计算机的所有计算都是在内存中进行的。（　　　）

工序 4.4　实训题

配置一台个人计算机。

【实训目的】

（1）了解一台计算机的配置参数。

（2）熟悉台式机的各个部件及其功能。

【实训内容】

（1）配置一台完整的个人笔记本电脑，并记录配置内容及参数。

（2）独立完成一台个人台式机的组装。

计算机操作系统——中文版Windows 10的应用

学习目标

【知识目标】

识记：Windows 操作系统的基本概念和常用术语；Windows 10 操作系统的桌面、图标、任务栏；鼠标、键盘的功能；中文输入法的种类。

领会：Windows 10 操作系统的窗口、对话框；Windows 10 操作系统的文件和文件夹的管理；Windows 10 操作系统控制面板；Windows 10 操作系统多媒体技术的概念与应用。

【技能目标】

能够对 Windows 10 操作系统进行基本操作和应用。

能够对 Windows 10 操作系统的文件与文件夹进行管理。

能够操作 Windows 10 操作系统控制面板。

能够熟练应用 Windows 10 操作系统的多媒体技术。

能够熟练操控键盘输入汉字。

【素质目标】

通过对 Windows 操作系统的运用，培养学生的敬业精神，热爱自己的岗位。

通过对文件和文件夹的管理，培养学生实事求是的工匠精神。

任务 1 Windows 10 初体验

任务引述

操作系统是计算机软件系统的重要组成部分，是软件的核心。一方面，它是计算机硬件功能面向用户的首次扩充，它把硬件资源的潜在功能用一系列命令的形式公布于众，从而使用户可通过操作系统提供的命令直接使用计算机,成为用户与计算机硬件的接口。另一方面，它又是其他软件的开发基础，即其他系统软件和用户软件都必须通过操作系统才能合理组织计算机的工作流程，调用计算机系统资源为用户服务。

Windows 10 是由美国微软公司开发的应用于计算机和平板电脑的操作系统，于 2015 年 7 月 29 日正式发布。它在易用性和安全性方面比以前的版本有了极大的提升，其除了对云服务、智能移动设备、自然人机交互等新技术进行融合外，还对固态硬盘、生物识别设备、高分辨率屏幕等硬件的支持进行了优化完善。

掌握 Windows 10 的基本操作是我们工作、学习、生活中必不可少的基本技能之一。本任务旨在带领读者了解 Windows 10 的新功能以及掌握系统启动与退出、系统桌面的使用、系统的常用操作等内容。

任务实施

工序 1.1 Windows 10 新功能

1. 生物识别技术

Windows 10 所新增的 Windows Hello 功能带来了一系列对于生物识别技术的支持。除了常见的指纹扫描之外，系统还能通过面部或虹膜扫描来进行登录。当然，用户需要使用新的 3D 红外摄像头来配合使用这些新功能。

2. 语音助手 Cortana

语音助手 Cortana 位于底部任务栏"开始"按钮的右侧，可以用语音来搜索硬盘内的文件、系统设置、安装的应用，甚至互联网中的其他信息。作为一款私人助手服务，Cortana 还能像在移动平台那样帮助用户设置基于时间和地点的备忘，如图 2-1 所示。

3. 平板模式

微软在照顾老用户的同时，也没有忘记习惯使用触控屏幕的新一代用户。Windows 10 提供了针对触控屏设备优化的功能，同时提供了专门的平板电脑模式。在这种模式下，"开始"菜单和应用都将以全屏模式运行。如果设置得当，系统会自动地在平板电脑与桌面模式间切换。

4. 虚拟桌面

如果用户没有多显示器配置，但依然需要对大量的窗口进行重

图 2-1 语音助手 Cortana

新排列，那么 Windows 10 的虚拟桌面可以帮助用户。在该功能的帮助下，用户可以将窗口放进不同的虚拟桌面中，并在其中进行轻松切换，使原本杂乱无章的桌面变得整洁起来，如图 2-2 所示。

5. 通知中心

在任务栏的最右端有操作中心图标 。通知中心可以让用户方便地查看来自不同应用的通知。此外，通知中心底部还提供了一些系统功能的快捷开关，如平板模式、便签和定位等，如图 2-3 所示。

6. CMD 窗口升级

在 Windows 10 中，用户不仅可以对 CMD 窗口的大小进行调整，还能使用复制粘贴等组合键，如图 2-4 所示。

7. 文件资源管理器升级

Windows 10 的文件资源管理器会在主页面上显示出用户常用的文件和文件夹，让用户可以快速地获取到自己需要的内容，如图 2-5 所示。

图 2-2　虚拟桌面

图 2-4　CMD 窗口

图 2-3　通知中心

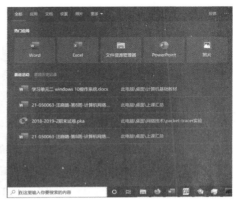

图 2-5　文件资源管理器

8.　新的 Edge 浏览器

为了追赶 Chrome 和 Firefox 等热门浏览器，微软淘汰了 IE 浏览器，带来了 Edge 浏览器，如图 2-6 所示。Edge 浏览器虽然尚未发展成熟，但是它的确带来了诸多的便捷功能，如和 Cortana 的整合及快速分享功能。

图 2-6　Edge 浏览器

9.　分屏功能

Windows 10 的分屏功能可以将多个不同的应用窗口展示在一个屏幕中。具体操作：按住鼠标左键，将桌面上的应用程序窗口向左（或向右）拖至屏幕边缘，此时窗口会出现灰色透明蒙版，松开鼠标左键，即可实现图 2-7 所示的分屏窗口。

图 2-7　分屏窗口

10．计划重新启动

Windows 10 会询问用户希望在多长时间之后进行重启。

11．安全性增强

除了继承旧版 Windows 操作系统的安全功能之外，Windows 10 还引入了 Windows Hello、Microsoft Passport、Device Guard 等安全功能。

12．新技术融合

Windows 10 在易用性、安全性等方面进行了深入的改进与优化，将云服务、智能移动设备、自然人机交互等新技术进行了融合应用。

2-1　小知识：Windows 10 的版本介绍

工序 1.2　启动与关闭 Windows 10

（1）先按下主机上的电源（Power）开关，再打开显示器电源。启动 Windows 10，屏幕上会弹出一个登录对话框，需要输入注册时输入的用户名和密码。用户名和密码输入正确则会正式进入操作系统。

（2）当计算机使用完毕后，可单击 ▦ 按钮，再单击 ⏻ 按钮，关闭计算机，如图 2-8 所示。

工序 1.3　认识桌面

桌面是打开计算机并登录到 Windows 10 之后看到的主屏幕区域。就像实际的桌面一样，它是工作的平面。打开程序或文件夹时，它们便会出现在桌面上。可以将一些项目（如文件和文件夹）放在桌面上，并且随意排列它们。如图 2-9 所示，这个界面就是 Windows 10 桌面，桌面的组成元素主要有桌面背景、"开始"菜单、图标和任务栏等。

图 2-8　关机界面

图 2-9　Windows 10 桌面

在 Windows 10 中，用户能对自己的桌面进行更多的操作和个性化设置。屏幕背景可以是个人收集的数字图片、Windows 10 提供的图片、纯色或带有颜色框架的图片，也可以显示幻灯片图片。Windows 10 自带了很多漂亮的背景图片，用户可以从中选择自己喜欢的图片作为桌面背景。除此之外，用户还可以把自己收藏的精美图片设置为桌面背景。

1.3.1　图标和快捷图标

有人说："Windows 是用户的天堂，它充满了美丽的图标、画面和菜单。"图标是系统资源的符号，操作系统在显示一个图标时，会按照一定的标准选择图标中最适合当前显示环境和状态的图像。

桌面图标是位于工作桌面上的应用软件（如腾讯课堂、腾讯 QQ 等）、文件（如 Word 文档、Excel 文档、图形等）、文件夹、打印机和计算机信息等的图形表示。

图标有普通图标和快捷图标之分，如图 2-10 所示。

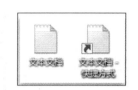

图 2-10　普通图标和快捷图标

添加到桌面上的大多数图标是快捷图标，但也可以将文件或文件夹保存到桌面上。如果删除存储在桌面上的文件或文件夹，则它们会被移动到"回收站"中，可以在"回收站"中将它们永久删除。如果删除其快捷方式，则会将快捷图标从桌面上删除，但不会删除快捷图标链接到的文件、程序或位置。

1.3.2　任务栏的组成

任务栏是位于桌面最底部的长条，主要由"开始"菜单、搜索框、语音助手、快速启动区、系统提示区、语言工具区和通知区域几部分组成。在 Windows 10 的任务栏中，新增了语音助手 Cortana 和任务视图按钮。与此同时，系统提示区的标准工具也匹配上了 Windows 10 的设计风格，可以查看到可用的 Wi-Fi 网络，或是对系统音量和显示器亮度进行调节。Windows 10 中的任务栏设计得更加人性化，使用更加方便、灵活，功能更加强大，如图 2-11 所示。

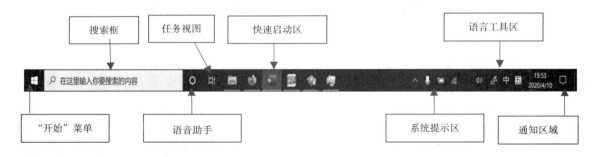

图 2-11　Windows 10 的任务栏

"开始"菜单是计算机操作一切的开始，可以进行组织和自定义以适应个人偏好。搜索框可以直接输入想要搜索的任务内容，包括本地和网络中的任务内容（前提是计算机已接入网络）。语音助手 Cortana 是 Windows 10 操作系统新增的功能，可以帮助用户在计算机上查找资料、管理日历、跟踪程序包、查找文件等。使用 Cortana 的次数越多，用户的体验就越个性化。快速启动区包括"任务视图"和 Microsoft Edge 浏览器等图标。单击 Microsoft Edge 图标可以打开 Microsoft Edge 窗口，单击"浏览器"图标可以打开浏览器窗口。快速启动区的右侧是当前已经打开的程序或文件的图标，单击这些图标可以在程序或文件间进行切换。任务栏的右侧是语言工具区和系统提示区，语言工具区用来选择和设置输入法，系统提示区用于显示系统音量、网络及系统时间等。通知区域用于显示和管理系统的各种通知信息。

1.3.3 "开始"菜单的使用

微软在 Windows 10 中设置了用户期盼已久的"开始"菜单功能，并将其与 Windows 8 开始屏幕的特色相结合。单击屏幕左下角的"Windows"按钮，打开"开始"菜单，可在左侧看到系统关键设置和应用列表，标志性的动态磁贴也会出现在右侧。

"开始"菜单主要由"常用程序"区、"用户"图标、"设置"图标、"退出系统"图标和"磁贴"区 5 部分组成，如图 2-12 所示。

图 2-12　"开始"菜单

1. "常用程序"区

其中主要存放系统常用程序，包括一些应用软件、系统软件、工具软件和系统自带的程序和工具等。它是随着时间动态分布的，其中的常用程序会按照时间的先后顺序依次替换。

2. "用户"图标

单击该图标，可以进行"更改账户设置""锁定""注销"等操作，如图 2-13 所示。

图 2-13　账户操作

3. "设置"图标

单击该图标，可以进行整个系统的设置，而不需要再通过控制面板进行操作，在操作上更加快捷，如图 2-14 所示。

4. "退出系统"图标

单击该图标，可进行"睡眠""关机""重启"等操作，如图 2-15 所示。

5. "磁贴"区

在"开始"菜单右侧区域的图标就是磁贴，而其中内容会动态变化的那些被称为动态磁贴。不同磁贴的动态模式功能是不一样的，例如，照片的动态模式就是动态地显示之前用计算机拍摄的照片，就像是一个电子相框。磁贴位置是可以调整的，直接用鼠标左键拖动即可，如果拖动到其他图标所在区域，则其他图标会自动移开。磁贴的大小也是可以调整的，右键单击磁贴，在弹出的快捷菜单中可以调整磁贴大小，有小、中、宽、大 4 个模式，如图 2-16 所示。

图 2-14　Windows 设置

图 2-15　退出系统操作

6. "开始"菜单的右键菜单

右键单击田按钮，会弹出"开始"菜单的右键菜单，如图 2-17 所示。在这里可以执行一些常用的程序和计算机的辅助功能。

图 2-16　调整磁贴大小

图 2-17　"开始"菜单的右键菜单

工序 1.4　鼠标的基本操作

鼠标是计算机显示系统纵横坐标定位的指示器，用于确定光标在屏幕上的位置。在应用软件的支持下，鼠标可以快速、准确地完成某个任务。鼠标的操作主要有指向、单击、右键单击、双击、拖动、与键盘组合使用等。

（1）指向：移动鼠标，让鼠标指针停留在某对象上。

（2）单击：鼠标指针指向某对象，快速按下鼠标左键。

（3）右键单击：快速按下并松开鼠标右键。右键单击一般用于打开一个与操作相关的快捷菜单。

（4）双击：连续两次快速按下并松开鼠标左键。双击一般用于打开窗口，启动应用程序。

（5）拖动：按下鼠标左键，移动鼠标指针到指定位置，再松开按键的操作。拖动一般用于选择多个操作对象、复制或移动对象等。

（6）与键盘组合使用：当要选中一个或多个文件时，需要鼠标与键盘组合使用。假如要选中多个文件，可在按住"Ctrl"键的同时，单击需要选定的文件。例如，在浏览网页时，想再打开一个新的浏览页，可先按"Shift"键，再进行鼠标操作。

要想对鼠标进行个性化设置，可在控制面板的输入框中输入"鼠标"，以显示所有"鼠标"的相关设置，如图 2-18 所示。

图 2-18　"鼠标"的相关设置

工序 1.5　认识窗口

窗口是 Windows 图形界面最显著的外观特征。大部分窗口是由一些相同的元素组成的，最主要的元素包括标题栏、地址栏、搜索框、工具栏、导航窗格、详细信息窗格、库窗格和滚动条等。

打开任务栏上的快速启动图标"资源管理器"，就会看到 Windows 10 下的一个标准窗口，如图 2-19 所示。

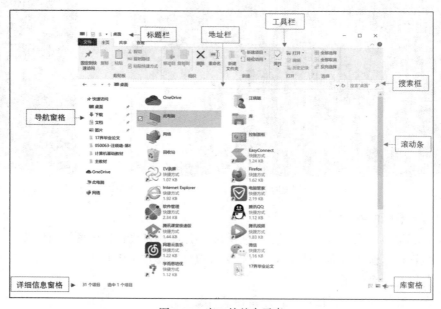

图 2-19　窗口的基本元素

1. 标题栏

标题栏显示了当前文件夹所访问的目录。标题栏最右边的 3 个按钮为改变窗口尺寸按钮。它们的功能分别如下：第 1 个按钮可将窗口最小化；第 2 个按钮可以使窗口在最大和中等大小间转换；第 3 个按钮可关闭窗口。另外，把鼠标指针定位在标题栏的空白处，并单击右键，会弹出其快捷菜单。用户可以选择对窗口进行移动、改变大小、最大化、最小化和关闭等操作。

2. 地址栏

地址栏类似于网页中的地址栏，用于显示和输入当前窗口的地址（在地址栏中输入网址时，可在联网的情况下直接打开网页）。

3. 搜索框

搜索框用于搜索计算机中的各种文件和文件夹。

4. 工具栏

标题栏的下方是工具栏，提供了一些基本工具。

5. 导航窗格

导航窗格中提供了文件夹列表，它们以树状结构显示给用户，从而方便用户迅速定位所需的目标。

6. 详细信息窗格

详细信息窗格用于显示当前操作的状态提示信息，或当前用户选定对象的详细信息。

7. 库窗格

仅当用户在某个库时才会出现库窗格。使用库窗格可按不同的属性排列文件。

8. 滚动条

若当前窗口不能显示所有的文件内容，可以将鼠标指针定位在窗口的滚动条上，拖动鼠标以查看当前视图处的窗口内容。

工序 1.6　利用对话框进行任务操作

在图形用户界面中，对话框（又称对话方块）是一种特殊的视窗，用来在用户界面中向用户显示信息，或者在需要的时候获得用户的输入响应。之所以称之为"对话框"，是因为它们使计算机和用户之间构成了一个对话——或者通知用户一些信息或者请求用户的输入，或者两者皆有。

（1）选择"开始"→"Word"选项，打开 Word 窗口，单击"文件"→"打开"按钮。

（2）选择一个文档，单击以打开该文档。

（3）在 Word 窗口中，单击"开始"→"字体"组中的对话框启动器，弹出"字体"对话框，如图 2-20 所示。

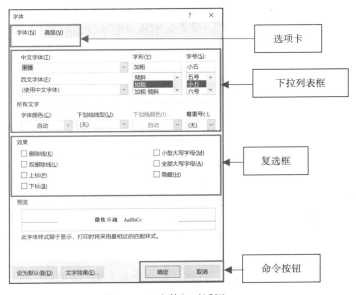

图 2-20　"字体"对话框

（4）对话框常见控件。

① 对话框一般包括选项卡、复选框、文本框、下拉列表框、单选按钮和命令按钮。

② 选项卡是设置选项的模块，每个选项卡代表一个区域。图 2-20 所示的"字体"对话框中就包括"字体""高级"两个选项卡。

③ 复选框通常是一个小正方形，后面跟有选项内容，选中后，在小正方形中会显示为☑。

④ 单选按钮的作用与复选框一样，只是单选按钮是一个小圆圈，选中后，在小圆圈中会出现一个蓝色的小圆点。

图 2-21　"应用样式"对话框

⑤ 下拉列表框类似于菜单栏选项的下拉列表，下拉列表中显示了可从中选择的选项。

⑥ 文本框中可手动输入某项内容。一般在其右侧会带有下拉按钮，可以单击下拉按钮，在展开的下拉列表中查看曾经输入过的内容，如图 2-21 所示。

⑦ 命令按钮（本书简称为按钮）是以按钮形式出现的，单击它，可执行相应的操作，一般是"确定""取消"，"是""否"。

工序 1.7　使用计算器

计算器是 Windows 10 中自带的小程序。Windows 10 中的计算机器相对于以往版本有了很大的突破，它提供了标准、科学、程序员和日期计算 4 种模式。

1. 运行"计算器"程序

选择"开始"→"所有程序"→"附件"→"计算器"选项即可。

2. 计算器的运算模式

对于不同的用户，"计算器"设计了不同的计算模式，单击"查看"按钮，选择一种模式即可。

（1）标准模式：当初次打开计算器时，呈现给我们的是标准模式，其包括加、减、乘、除等简单的四则运算，如图 2-22 所示。

（2）科学模式：在使用标准模式时，可能会发现，它不能进行诸如"开方"等操作，此时可以使用科学模式。它的功能包括乘方、开方、指数、对数、三角函数、统计等运算，计算结果会精确到 32 位数，如图 2-23 所示。

（3）程序员模式：当要进行数值转换等功能时，需要进入程序员模式，它的功能包括数值的转换、编程、把较复杂的运算步骤保存起来、进行多次重复的运算等，计算结果最多可精确到 64 位，如图 2-24 所示。

（4）日期计算模式：在 Windows 10 操作系统中，计算器增加了计算日期模式，如图 2-25 所示。

3. 单位转换

计算器提供了货币、容量、长度、重量、温度等多种度量单位之间相互转换的功能，使用户可方便快捷地进行各种度量单位的转换，如图 2-26 所示。

工序 1.8　浏览系统信息

（1）在搜索框中输入"控制面板"，打开"控制面板"窗口。

（2）选择"系统和安全"→"系统"选项，即可查看系统的基本信息，包括操作系统版本、计算机名、计算机处理器以及内存信息，如图 2-27 所示。

图 2-22　标准模式

图 2-23　科学模式

图 2-24　程序员模式

图 2-25　计算日期模式

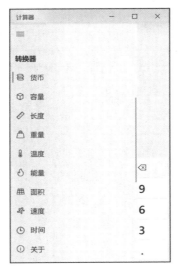

图 2-26　单位转换

（3）打开"设备管理器"窗口，可显示与使用的计算机连接的所有硬件设备，如图 2-28 所示。

工序 1.9　磁盘碎片整理和清理

磁盘是计算机系统中用于存储数据的重要设备，操作系统和应用程序的运行必须依赖于磁盘的支持。磁盘中存储的东西多了，有时打开文件比较慢，这是文件物理存储不连续导致的，此时就需要进行磁盘碎片的整理和清理。

1.9.1　磁盘碎片整理

磁盘碎片整理操作步骤如下。

图 2-27 "系统"窗口

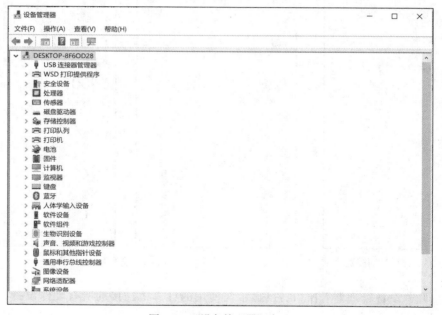

图 2-28 "设备管理器"窗口

（1）选择"开始"→"Windows 管理工具"→"碎片整理和优化驱动器"选项，打开"优化驱动器"窗口，如图 2-29 所示。

（2）在当前状态选中要整理的磁盘，单击"分析"按钮，系统就会对选中的磁盘进行分析。分析完毕后，在磁盘信息右侧显示磁盘碎片整理完成情况。

1.9.2 磁盘碎片清理

用户在使用操作系统一段时间后，会产生一些临时文件，这些文件占用了一部分硬盘空间。

Windows 不会自动删除这些文件，需要手动操作，操作步骤如下。

（1）选择"开始"→"Windows 管理工具"→"磁盘清理"选项，弹出磁盘清理对话框，如图 2-30 所示。

图 2-29　"优化驱动器"窗口

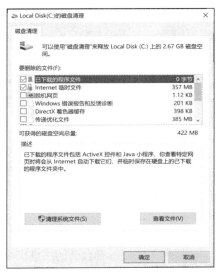

图 2-30　磁盘清理对话框

（2）在"要删除的文件"列表框中勾选要删除的文件，可以看到能够回收的磁盘空间。如要删除 Windows 创建的文件，则需单击"清理系统文件"按钮，从而释放更多的磁盘空间。

任务 2　管理和使用 Windows 10 的文件及文件夹

任务引述

计算机操作或处理的对象是数据，而数据是以文件的形式存储在计算机的磁盘上的。文件是数据的最小组织单位，而文件夹是存放文件的组织实体。文件和文件夹是 Windows 的重要组成部分，在 Windows 操作系统中，用户可以很轻松地管理文件和文件夹。管理和使用文件及文件夹，要从文件与文件夹的概念开始学习。

任务实施

工序 2.1　文件与文件夹的概念

1. 文件

文件是 Windows 存取磁盘信息的基本单位，用于保存计算机中的所有数据。一个文件是磁盘上存储的信息的一个集合，可以是文字、图片、影片或一个应用程序等。

2. 文件夹

文件夹是用于管理和存放文件的一种结构，是存放文件的容器，如图 2-31 所示。在过去的计算机操作中，习惯上称文件夹为目录，目前最流行的文件管理模式为树状结构。

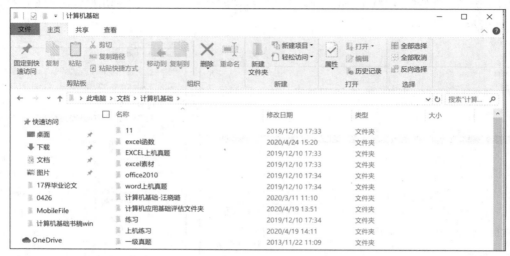

图 2-31　文件夹

每个文件夹都有自己的文件夹名，其命名规则与文件名的命名规则相同。

3．文件及文件夹命名规则

（1）文件种类是由主名和扩展名两部分来标示的，文件和文件夹名的长度不超过256个字符，1个汉字相当于2个字符。

（2）在文件和文件夹名中不能出现"\""/"":""*""?""<"">""|"等字符。

（3）文件和文件夹名不区分字母大小写。

（4）每个文件都有扩展名（通常为3个字符），用来表示文件类型。文件夹名没有扩展名。

（5）同一个文件夹中的文件、文件夹名不能重复。

（6）Windows 10 的文件名中可以使有通配符"?""*"表示具有某些共性的文件。"?"代表任意位置的任意一个字符，"*"代表任意位置的任意多个字符。例如，"*"表示所有文件，"*.txt"代表扩展名为.txt 的所有文件。

一般情况下，文件分为文本文件、图像文件、压缩文件、音频文件和视频文件等。现给出一些常用文件扩展名，如表2-1 所示。

表 2-1　常用文件扩展名

扩展名	文件类型	例子
.com	可执行文件	Command.com
.exe	可执行文件	Explorer.exe
.txt	纯文本文件	Readme.txt
.doc/.docx	Word 文档	计算机教程.doc
.xls	Excel 文档	工资表.xls
.ppt	PowerPoint 演示文稿文件	计算机基础知识.ppt
.dll	动态链接库	Hdk3ct32.dll
.bmp	位图文件	Bliss.bmp

续表

扩展名	文件类型	例子
.htm	网页文件	Index.htm
.pdf	Adobe Acrobat 文档	网络.pdf
.wma	声音文件	123.wma
.mp3	音频格式	爱.mp3
.rar 或.zip	压缩文件格式	计算机.rar 或计算机.zip
.wmv	视频文件	电影.wmv

小思考

你知道磁盘、文件和文件夹的关系吗？文件与文件夹有几种显示方式呢？

工序 2.2　新建文件和文件夹

（1）打开资源管理器，即可看到窗口工具栏中的"新建文件夹"按钮。单击该按钮，在主界面中就会出现新建的文件夹，如图 2-32 所示。

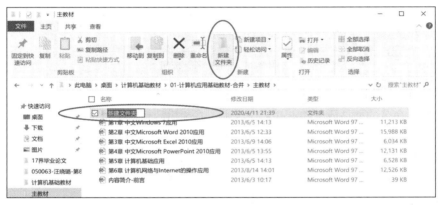

图 2-32　新建文件夹

（2）创建文件和文件夹的其他方法。在窗口工作区的空白处右键单击，在弹出的快捷菜单中显示可以新建的文件和文件夹。选择"新建"→"文件夹"选项即可创建新的文件夹，选择"新建"→"快捷方式"选项即可创建新的快捷方式；选择"新建"→"Microsoft Word 文档"选项即可创建新的 Word 文件，如图 2-33 所示。

图 2-33　创建新的文件和文件夹

工序 2.3　重命名文件和文件夹

当用户创建完文件或文件夹后，可以随时修改文件或文件夹的名称，以满足管理的需要。重命名文件或文件夹有以下 4 种方法。

1. 通过工具栏重命名文件或文件夹

选择需要重命名的文件或文件夹，单击"主页"→"组织"→"重命名"按钮，如图 2-34 所示。文件名或文件夹名呈现出反显状态（可编辑状态），重新键入新的名称，按"Enter"键即可。

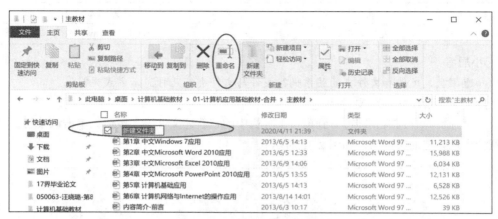

图 2-34　"重命名"按钮

2. 通过快捷键菜单重命名文件或文件夹

选中需要重命名的文件或文件夹并右键单击，在弹出的快捷菜单中选择"重命名"选项，文件名或文件夹名呈现反显状态，输入新的名称即可。

3. 通过单击重命名文件或文件夹

选中需要进行重命名的文件或文件夹，单击文件名或文件夹名，可看到其呈现反显状态，输入新的名称即可。

4. 批量重命名

如果用户需要重命名相似的多个文件或文件夹，则可以使用批量重命名的方法，具体操作如下。

（1）在窗口中选中所有需要重命名的文件夹，单击"主页"→"组织"→"重命名"按钮，如图 2-35 所示。

图 2-35　批量重命名

（2）此时，所选文件夹中的第一个文件夹名会呈现反显状态，如图 2-36 所示。

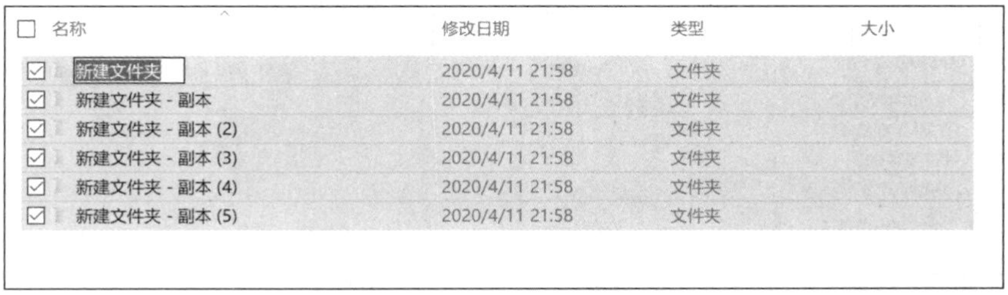

□ 名称	修改日期	类型	大小
☑ 新建文件夹	2020/4/11 21:58	文件夹	
☑ 新建文件夹 - 副本	2020/4/11 21:58	文件夹	
☑ 新建文件夹 - 副本 (2)	2020/4/11 21:58	文件夹	
☑ 新建文件夹 - 副本 (3)	2020/4/11 21:58	文件夹	
☑ 新建文件夹 - 副本 (4)	2020/4/11 21:58	文件夹	
☑ 新建文件夹 - 副本 (5)	2020/4/11 21:58	文件夹	

图 2-36　文件夹名反显状态

（3）直接输入新文件夹名，如"计算机基础"，如图 2-37 所示。

□ 名称	修改日期	类型	大小
☑ 计算机基础	2020/4/11 21:58	文件夹	
☑ 新建文件夹 - 副本	2020/4/11 21:58	文件夹	
☑ 新建文件夹 - 副本 (2)	2020/4/11 21:58	文件夹	
☑ 新建文件夹 - 副本 (3)	2020/4/11 21:58	文件夹	
☑ 新建文件夹 - 副本 (4)	2020/4/11 21:58	文件夹	
☑ 新建文件夹 - 副本 (5)	2020/4/11 21:58	文件夹	

图 2-37　输入新文件夹名

（4）在窗口空白处单击即可完成所选文件夹的批量重命名操作，如图 2-38 所示。

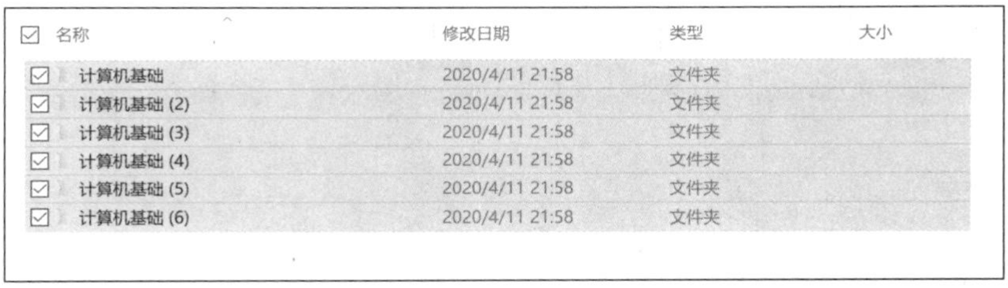

□ 名称	修改日期	类型	大小
☑ 计算机基础	2020/4/11 21:58	文件夹	
☑ 计算机基础 (2)	2020/4/11 21:58	文件夹	
☑ 计算机基础 (3)	2020/4/11 21:58	文件夹	
☑ 计算机基础 (4)	2020/4/11 21:58	文件夹	
☑ 计算机基础 (5)	2020/4/11 21:58	文件夹	
☑ 计算机基础 (6)	2020/4/11 21:58	文件夹	

图 2-38　批量处理完成

工序 2.4　复制文件和文件夹

在工作中，为了防止文件损坏、系统问题或计算机中毒等原因造成的文件丢失，需要对文件数据进行备份。

复制文件和文件夹有以下 4 种方法。

1. 使用快捷键菜单

（1）选择要复制的文件和文件夹并右键单击，在弹出的快捷菜单中选择"复制"选项，如图 2-39 所示。

（2）为被复制的文件或文件夹选定一个新的位置并右键单击，在弹出的快捷菜单中选择"粘贴"选项，原文件或文件夹的一个副本就出现在新位置的窗口中。

2. 使用工具栏

（1）选中要复制的文件或文件夹，单击"主页"→"组织"→"复制到"按钮。

（2）为被复制的文件或文件夹选定一个新的位置（见图 2-40），原文件或文件夹的一个副本就出现在新位置的窗口中。

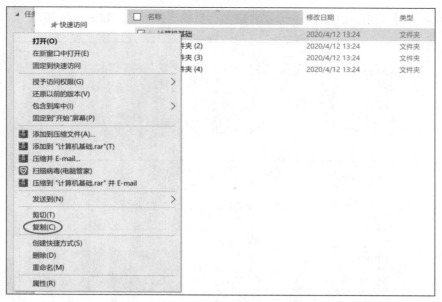

图 2-39　在快捷键菜单中选择"复制"选项

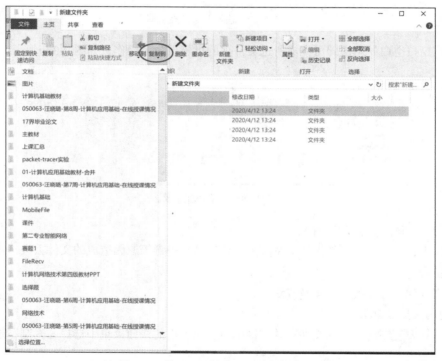

图 2-40　使用工具栏中的"复制到"按钮

3．使用组合键

（1）选中要复制的文件或文件夹，按"Ctrl+C"组合键可以进行复制操作。

（2）为被复制的文件或文件夹选定一个新的位置，按"Ctrl+V"组合键粘贴文件或文件夹。

4．使用鼠标拖动

选中要复制的文件或文件夹，按住"Ctrl"键的同时按住鼠标左键不放，将其拖动到目标区域后松开鼠标左键即可。

工序 2.5　移动文件和文件夹

移动文件和文件夹主要有以下 4 种方法。

1. 使用快捷键菜单

（1）选择要移动的文件和文件夹并右键单击，在弹出的快捷菜单中选择"剪切"选项。

（2）为被移动的文件或文件夹选定一个新的位置并右键单击，在弹出的快捷菜单中选择"粘贴"选项，原文件或文件夹就会出现在新位置的窗口中。

2. 使用工具栏

（1）选择要移动的文件或文件夹，单击"主页"→"组织"→"移动到"按钮。

（2）为被移动的文件或文件夹选定一个新的位置（见图 2-41），则原文件或文件夹就出现在新位置的窗口中。

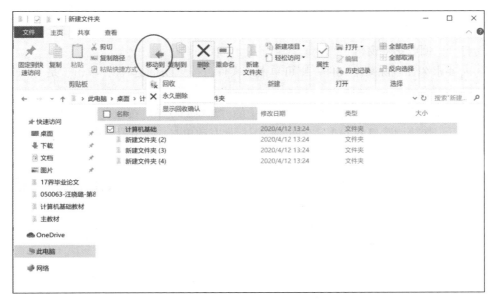

图 2-41　使用工具栏中的"移动到"按钮

3. 使用组合键

（1）选中要移动的文件或文件夹，按"Ctrl+X"组合键可以进行剪切操作。

（2）为被剪切的文件或文件夹选定一个新的位置，按"Ctrl+V"组合键粘贴文件。

4. 使用鼠标拖动

选中要移动的文件或文件夹，按住鼠标左键不放，将其拖动到目标区域后松开鼠标左键即可。

工序 2.6　删除文件和文件夹

为了保持计算机中文件系统的整洁，节约磁盘空间，可以做一些清理工作，如删除一些无用的文件或文件夹。删除文件或文件夹主要有以下 4 种方法。

1. 使用工具栏

（1）选中要删除的文件或文件夹，单击"主页"→"组织"→"删除"下拉按钮，弹出其下拉列表，询问是否对文件或文件夹进行"回收""永久删除""显示回收确认"操作。

（2）如选择"永久删除"选项，则会弹出"删除文件夹"对话框，单击"是"按钮，可将该文件夹发送到回收站中。

2. 使用快捷键菜单

（1）将鼠标指针移动到目标文件或文件夹的图标上。

（2）在此图标上右键单击，弹出其快捷菜单。

（3）选择"删除"，选项，即可删除文件或文件夹。

3. 使用"Delete"键

选中要删除的文件或文件夹，按"Delete"键，将直接弹出删除对话框，单击"是"按钮，可将该文件或文件夹发送到回收站中。

4. 直接拖动法

将鼠标指针移动到要删除的文件或文件夹上，按住鼠标左键拖动到回收站的图标上，松开鼠标左键即可。

工序 2.7　使用回收站

1. 删除回收站中的文件

（1）打开"回收站"窗口。

（2）若要永久性删除某个文件，则可单击该文件，按"Delete"键，单击"是"，如图 2-42 所示。

（3）若要删除所有文件，则可单击工具栏中的"清空回收站"按钮，单击"是"按钮。

（4）也可用快捷键菜单的方式，在回收站图标上右键单击，弹出图 2-43 所示的快捷菜单，选择"清空回收站"选项，单击"是"按钮。

图 2-42　"删除文件夹"对话框

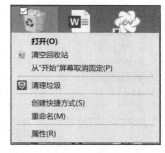

图 2-43　快捷菜单

2. 撤销删除

向回收站中发送文件并不是单向的，每个人都可能因为误操作而删除了很重要的文件。回收站可以帮助用户挽回这类错误。

（1）双击"回收站"图标，以显示回收站中的内容。

（2）选中文件并右键单击，在弹出的快捷菜单中选择"还原"选项，选定的文件即被还原到原来的位置。

3. 设置回收站的最大存储大小

如果想将回收站作为安全屏障，在其中保留所有删除的文件，则可以增加回收站的最大存储大小。

（1）在桌面上右键单击"回收站"图标，在弹出的快捷菜单中选择"属性"选项。

（2）弹出"回收站属性"对话框，选择要更改的回收站位置（可能是 C 驱动器）。

（3）选中"自定义大小"单选按钮，在"最大值（MB）"文本框中输入回收站最大存储大小

（以兆字节为单位），单击"确定"按钮。

工序 2.8　保存文件

（1）双击 Edge 浏览器图标，打开浏览器窗口。

（2）在地址栏中输入网页地址，打开网页，网页内容如图 2-44 所示。

图 2-44　网页内容

（3）单击浏览器窗口右侧的 ≡ 按钮，选择"另存页面为"选项，如图 2-45 所示，弹出"另存为"对话框，如图 2-46 所示。文件保存位置为"网络技术>网络技术课程"。文件名称为"全新华为 MatePad 海报曝光 专属教育中心 2K 护眼全面屏-CNMO"。文件类型为"网页，全部"。

（4）单击"保存"按钮，完成该网页的保存操作。

图 2-45　"另存页面为"选项

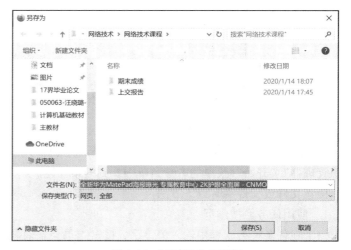

图 2-46　"另存为"对话框

工序 2.9　保存图片

（1）右键单击"笔记本电脑"图片，在弹出的快捷菜单中选择"另存图像为"选项，如图 2-47 所示，弹出"保存图像"对话框。

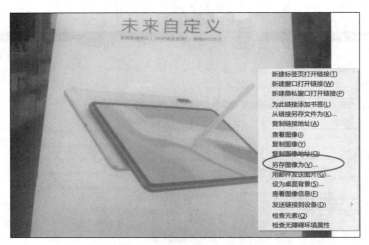

图 2-47　"另存图像为"选项

（2）具体操作与工序 2.8 类似，选择保存路径为"此电脑>图片>"，文件名为"华为手机"，如图 2-48 所示。

图 2-48　"保存图像"对话框

工序 2.10　查找文件

Windows 10 的搜索功能十分强大，搜索界面也更加人性化，用户可以在"任务栏""Windows 资源管理器""开始"菜单的右键菜单中找到搜索功能。

搜索文件或文件夹有以下方法。

1. 使用任务栏搜索框

（1）在任务栏搜索框中输入关键字，搜索结果会立刻显示在搜索窗口中，根据需求选择搜索内容是在"应用""文档""设置""照片""文件夹"还是"更多"中，如图 2-49 所示。

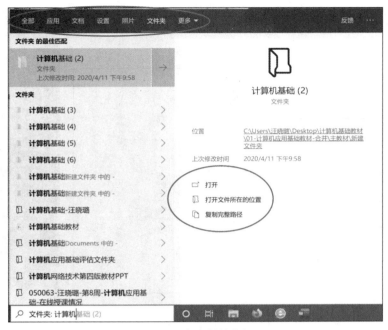

图 2-49　任务栏搜索框

（2）找到相应的文件和文件夹后即可选择"打开""打开文件所在的位置"或"复制完整路径"等选项。

2.　使用资源管理器搜索

（1）打开资源管理器，在窗口右上角的搜索框中输入查询的关键字即可进行搜索，如图 2-50 所示。如果想在某个特定的文件夹下进行搜索，则必须先进入此文件夹目录。

图 2-50　使用资源管理器搜索

（2）单击搜索框后，会弹出隐藏的"搜索工具"栏，用户可以在其中选择具体选项，以此来缩小搜索范围，如图 2-51 所示。

3.　"开始"菜单的右键菜单

右键单击"开始"按钮，弹出其右键菜单。如图 2-52 所示，选择"搜索"选项，会弹出和任务栏一样的搜索框，再进行搜索操作即可。

图 2-51 "搜索工具"栏　　　　　　　　　图 2-52 "开始"菜单的右键菜单

工序 2.11　隐藏与显示文件和文件夹

在实际使用计算机的过程中，用户希望有些文件夹不被别人看到，这时可以隐藏文件。当用户想看时，再将其显示出来。具体操作步骤如下。

1. 隐藏文件夹

（1）打开"计算机基础"文件夹的属性对话框，勾选"隐藏"复选框，单击"应用"按钮，如图 2-53 所示。

（2）此时，弹出"确认属性更改"提示框，选中"将更改应用于此文件夹、子文件夹和文件"单选按钮，单击"确定"按钮，如图 2-54 所示。

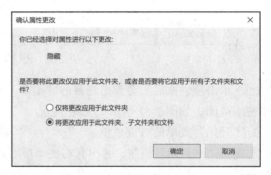

图 2-53　文件夹的属性对话框　　　　　　　图 2-54　"确认属性更改"提示框

（3）返回文件夹的属性对话框，单击"确定"按钮即可完成设置。

（4）单击"查看"→"选项"按钮，弹出"文件夹选项"对话框，选择"查看"选项卡，选中"不显示隐藏的文件、文件夹或驱动器"单选按钮，如图 2-55 所示。单击"应用"按钮，再单击"确定"按钮即可。此时，"计算机基础"文件夹不见了。

2．查看隐藏的文件夹

查看隐藏的文件夹有以下两种方法。

（1）勾选"查看"→"显示/隐藏"→"隐藏的项目"复选框，即可看到刚刚隐藏了的文件夹，但该文件夹呈淡化状态。

（2）单击"查看"→"选项"按钮，弹出"文件夹选项"对话框，选择"查看"选项卡，选中"显示隐藏的文件、文件夹和驱动器"单选按钮。单击"应用"按钮，再单击"确定"按钮即可。此时，"计算机基础"文件夹将显示出来，但仍呈淡化状态，如图 2-56 所示。

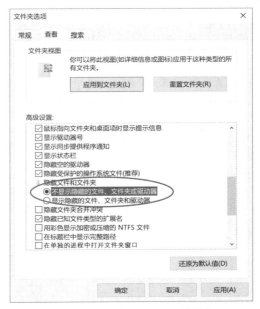

图 2-55　"文件夹选项"对话框

图 2-56　目标文件夹呈淡化状态

3．显示文件夹

右键单击"计算机基础"文件夹，在弹出的快捷菜单中选择"属性"选项，弹出文件夹的属性对话框，取消勾选"隐藏"复选框，单击"应用"按钮，此时，弹出"确认属性更改"提示框，选中"将更改应用于此文件夹、子文件夹和文件"单选按钮，单击"确定"按钮，此时，"计算机基础"文件夹将正常显示。

工序 2.12　更改文件和文件夹的只读属性

如果需要用户只能访问此文件或文件夹，而不能对文件或文件夹进行修改，则涉及文件或文件夹的"只读"属性。具体操作步骤如下。

（1）打开所选文件或文件夹的属性对话框，勾选"只读（仅应用于文件夹中的文件）"复选框，单击"应用"按钮即可，如图 2-57 所示。

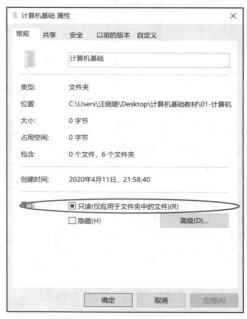

图 2-57　属性对话框

（2）此时，弹出"确认属性更改"对话框，选中"将更改应用于此文件夹、子文件夹和文件"单选按钮，单击"确定"按钮即可。

🖝 小提示

如需将"只读"属性去掉，则按照以上设置过程取消勾选"只读（仅应用于文件夹中的文件）"复选框即可。

任务 3　设置个性化的工作环境

任务引述

Windows 10 对桌面个性化设置进行了很大的改造，看起来设置更简单了。但表面的简单不代表其内涵的减少，个性化就是有独特的风格，自己使用或者操作比较舒适。现在来深入学习使用 Windows 10（不同版本的 Windows 10，其个性化设置显示的方式和样式略有区别，本书以 Windows 10 家庭版为例进行介绍）。

任务实施

工序 3.1　Windows 设置"个性化"

Windows 10 设置的个性化可以适应用户日常使用计算机的习惯，这样可以提高日常效率。

Windows 10 个性化设置包含了"背景""颜色""锁屏界面""主题""字体""开始""任务栏"等设置类别。

3.1.1 "背景"个性化设置

桌面"背景"是桌面的一个元素，设置桌面背景的使用频率较高，具体操作步骤如下。

（1）打开计算机，进入 Windows 10，选择"开始"→"设置"选项，如图 2-58 所示。

（2）进入设置界面，选择"个性化"选项，如图 2-59 所示。

图 2-58　"设置"选项

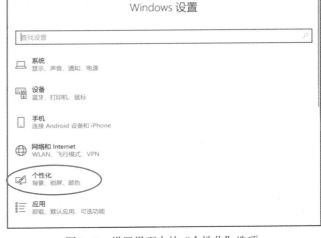

图 2-59　设置界面中的"个性化"选项

（3）进入个性化设置界面，如图 2-60 所示，选择"背景"选项，进入背景设置界面，如图 2-61 所示。

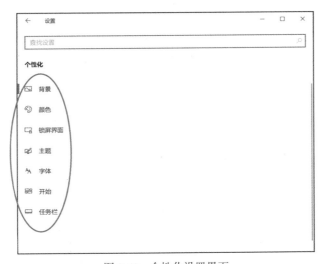

图 2-60　个性化设置界面

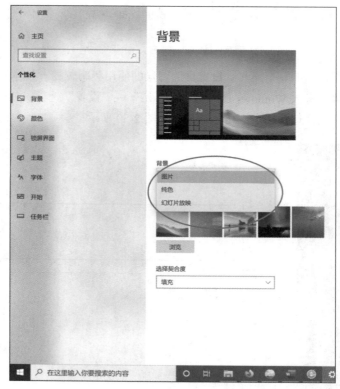

图 2-61　背景设置界面

（4）Windows 10 桌面背景默认为图片形式，除了可以使用单一图片外，还可以采用"纯色""幻灯片放映"两种方式的桌面。在纯色模式下，系统桌面以用户选择的纯色背景来显示。而在幻灯片放映模式下，要为幻灯片指定相册文件夹，这样相册中的照片就可以自动轮番出现在桌面背景当中。桌面幻灯片可指定自动更换照片的频率和设定是否启动无序播放。幻灯片放映模式需要选择图片的存放路径，可以自己定义文件夹和图片。

（5）设定了幻灯片放映模式的桌面背景之后，照片以设定的时间间隔改变，但用户可通过右键单击桌面空白处并在弹出的快捷菜单中选择"下一个桌面背景"选项来随时手动更换桌面背景。这非常适用于展示自己的数码照片，即只需将幻灯片文件夹指定为硬盘中的一个固定文件夹，并存入每次拍摄的照片，即可自动或手动演示。

2-2　小知识：Windows 10 桌面背景设置的独特作用

3.1.2　"颜色"个性化设置

完成个性化的背景设置之后，直接单击背景旁边的齿轮形状的按钮，选择"个性化"→"颜色"选项，进行设置，主要是对"开始"菜单的背景、任务栏、标题栏、窗口边框和操作中心设置颜色。

颜色设置可以智能地沿用已有背景图片中的某种颜色，该功能由颜色设置界面中的"从我的背景自动选取一种主题色"复选框来控制，如图 2-62 所示，其默认处于勾选状态。如果要自己定义主题的颜色，则应先取消勾选此复选框，再从界面下方的色盘中选择颜色。

3.1.3　"锁屏界面"个性化设置

"锁屏界面"主要针对锁屏界面的图片和"屏幕保护程序"进行设置，如图 2-63 所示。锁屏图片和背景的设置方法是一样的，"屏幕保护程序"设置的具体操作步骤如下。

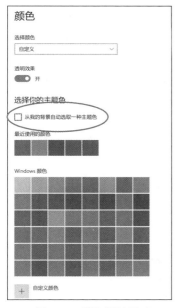

图 2-62　颜色设置界面　　　　　　　　图 2-63　"锁屏界面"个性化设置

（1）选择"屏幕保护程序设置"选项，弹出"屏幕保护程序设置"对话框，如图 2-64（a）所示。

（2）单击"屏幕保护程序"下拉按钮，在弹出的下拉列表中选择某一种保护程序，如图 2-64（b）所示。

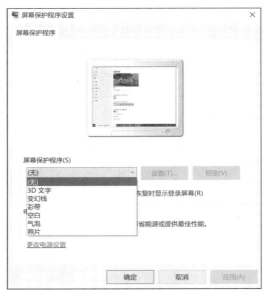

（a）　　　　　　　　　　　　　　（b）

图 2-64　"屏幕保护程序设置"对话框

（3）修改"等待"数值框中的数字，可以设定当屏幕多长时间不发生变化时启动屏幕保护程序。设置完成后，单击"确定"按钮。

此外，"锁屏界面"还可以设置屏幕保护程序自动运行的等待时间，可以设置在结束运行屏幕保护程序时要求用户输入密码。若要对本机的电源进行管理，则可单击"更改电源设置"链接进行设置。

3.1.4 "主题"个性化设置

桌面"主题"个性化设置中集成了"背景""颜色""声音""鼠标光标"的设置，如图 2-65 所示，可根据需求直接选择某一主题进行设置。

图 2-65 "主题"个性化设置

此外，还有一些相关设置也在其中，包括"桌面图标设置""高对比度设置""同步你的设置"。如要设置桌面图标，则可单击"桌面图标设置"链接，弹出"桌面图标设置"对话框，如图 2-66 所示，选择要更改其样式的项目，单击"更改图标"按钮，弹出"更改图标"对话框，在其中选择一种图标样式，单击"确定"按钮，如图 2-67 所示。

图 2-66 "桌面图标设置"对话框

图 2-67 "更改图标"对话框

66

3.1.5 "字体"个性化设置

计算机上的字体默认是设置好的，但是用户可以重新对其进行设置并将其修改为自己喜欢的字体。Windows 10 的"字体"个性化设置功能包括自行添加字体、搜索可用字体等，如图 2-68 所示。单击任意字体，还能查看其文件大小、制作信息、版本号等。同时，Windows 10 提供了下载新字体的入口，单击即可直接跳转到字体下载页面。

图 2-68　"字体"个性化设置

3.1.6 "开始"个性化设置

"开始"菜单是用户使用计算机的起点，Windows 10 默认的"开始"菜单不是一成不变的。用户可以决定是否在"开始"菜单中显示常用的应用，是否显示最近添加的应用，是否显示类似平板的全屏幕"开始"菜单，是否在"开始"菜单或任务栏的跳转列表中以及文件资源管理器的"快速使用"中显示最近打开过的项，如图 2-69 所示。

在默认情况下，在 Windows 10"开始"菜单中，只能看到"文件资源管理器""设置"这两个常用的系统项目，没有传统 Windows"开始"菜单中的"文档""图片""音乐"等。其实，通过特定的设置可以将这些文件夹显现出来。在系统"设置"窗口中选择"个性化"→"开始"选项，单击"选择哪些文件夹显示在'开始'菜单上"链接，可设置显示于"开始"菜单中的项目，这些项目包括下载、视频、网络、个人文件夹等，如图 2-70 所示。

3.1.7 "任务栏"个性化设置

任务栏用于快速访问所需内容。在其个性化设置中，可以锁定任务栏、隐藏任务栏、使用小任务栏和设置任务栏的方位等，如图 2-71 所示。

（1）"锁定任务栏"选项，默认状态为开，可以固定任务栏的位置和宽度。若想调整，则需将状态开关调至"关"。

（2）"在桌面模式下自动隐藏任务栏"选项，默认状态为关，若将状态开关调至"关"，则表示当鼠标指针离开任务栏区域时，任务栏自动隐藏。

（3）"使用小任务栏按钮"选项，任务栏默认是大任务栏，若使用小任务栏，则需把状态开关调至"开"。

图 2-69　"开始"个性化设置

图 2-70　"选择哪些文件夹显示
在开始菜单上"界面

（4）"任务栏在屏幕上的位置"选项，其是一个下拉列表，有 3 种选择——上、右、下，在这里可以根据实际情况进行选择。

（5）"选择哪些图标显示在任务栏上"选项，如当任务栏中的图标太多需要清理时，将状态开关调至"关"该选项就不会在通知区域中出现，如图 2-72 所示。

图 2-71　"任务栏"个性化设置

图 2-72　"选择哪些图标显示在任务栏上"界面

工序 3.2　轻松访问 "个性化"

Windows 10 的轻松访问中心是辅助功能设置和程序的一个集中位置，通过轻松访问中心，可以设置 Windows 中包含的辅助功能和程序快速访问方式，还可以找到指向调查表的链接。用户可以利用调查表的建议进行有用的、可行的设置。轻松访问中心是 Windows 总辅助功能的程序窗口，通过它，可以使用鼠标、键盘及其他输入设备调整设置，以便使计算机更易于查看。以下主要对放大镜、讲述人、屏幕键盘、鼠标等功能及基本操作进行简单的介绍。

3.2.1　放大镜

放大镜是一个可以放大计算机屏幕某一部分或整个屏幕，使其更容易观看的形式，这给视力较差的用户提供了很大的帮助。

（1）在 "Windows 设置" 窗口中，选择 "轻松使用" 选项，选择 "放大镜" 选项，进入放大镜设置界面如图 2-73 所示。将放大镜的状态开关调至 "开"，即可放大计算机上的所有内容，并可更改缩放级别。

（2）在放大镜设置界面中，"更改放大镜视图" 有 3 种模式：已停靠、全屏、镜头，如图 2-74 所示。

① 已停靠模式：在已停靠模式下，仅放大屏幕的一部分，桌面的其余部分处于正常状态。用户可以控制放大哪个屏幕区域。

② 全屏模式：在全屏模式下，整个屏幕会被放大。用户可以使放大镜跟随鼠标指针。

③ 镜头模式：在镜头模式下，鼠标指针周围的区域会被放大。移动鼠标指针时，放大的屏幕区域随之移动。

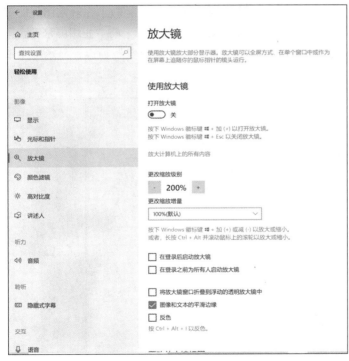

图 2-73　放大镜设置界面

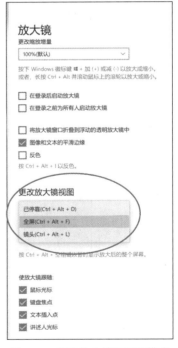

图 2-74　更改放大镜视图的模式

3.2.2　讲述人

讲述人是 Windows 自带的基本屏幕读取器，使用计算机时，它可以使屏幕上的文本转换成语音，并描述发生的某些事件（如显示的错误消息）。将"打开'讲述人'"的状态开关调至"开"，启动一项或多项操作。在"选择语音"选项组中选择声音，可对声音的语音、语调、音量进行设置，如图 2-75 所示。

图 2-75　讲述人设置界面

3.2.3　屏幕键盘

当计算机的键盘出现故障，暂时无法输入时，可调出屏幕键盘进行补救。在轻松访问的键盘设置界面中，主要设置便于键入和使用键盘的快捷方式，如图 2-76 所示。将"使用屏幕键盘"的状态开关调至"开"，或者按"Windows+O"组合键，可打开"屏幕键盘"窗口，显示一个带有所有标准键的可视化键盘，如图 2-77 所示。

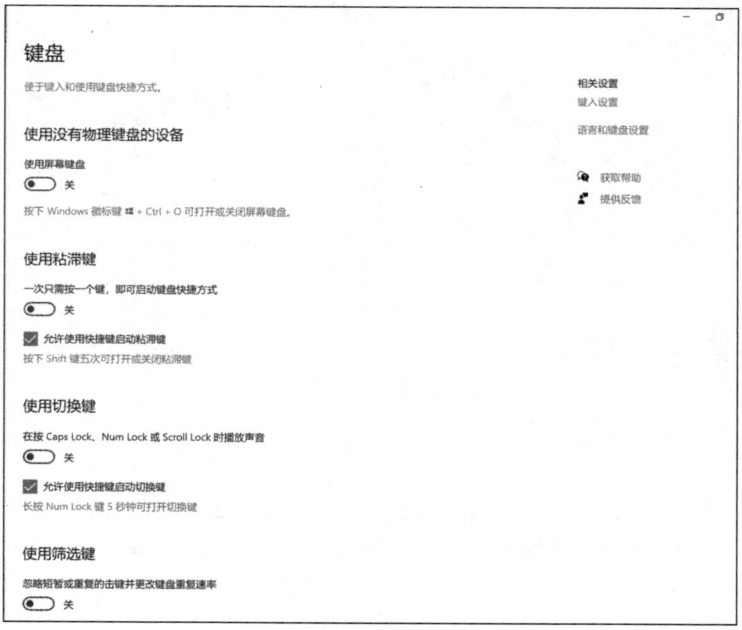

图 2-76　键盘设置界面

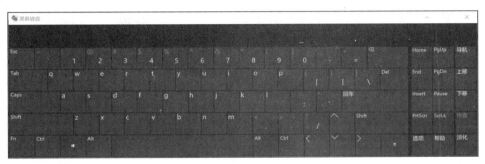

图 2-77　"屏幕键盘"窗口

3.2.4　鼠标

在轻松访问的鼠标设置界面中，可查看和控制鼠标光标，如图 2-78 所示。

单击"更改其他鼠标选项"链接，进入图 2-79 所示的光标和指针设置界面，可以更改指针的大小、指针的颜色等。

除了可以在轻松访问中进入鼠标设置界面之外，还可以在控制面板中进入。在控制面板中可以设置鼠标的速度、更换指针样式及设置鼠标指针选项等，具体操作步骤如下。

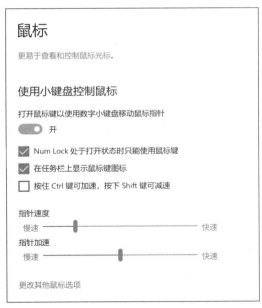

图 2-78　鼠标设置界面

图 2-79　光标和指针设置界面

（1）在任务栏的搜索框中输入"控制面板"，单击以打开"控制面板"窗口。

（2）打开"控制面板"窗口后，将查看方式设置为"大图标"。

（3）单击"鼠标"图标，即可弹出"鼠标属性"对话框，如图 2-80 所示，在这里可以对鼠标键、指针、指针选项、滑轮和硬件进行设置。

工序 3.3　控制面板"个性化"

控制面板是 Windows 图形用户界面的一部分，可通过"开始"菜单访问。它允许用户查看并操作基本的系统设置，如添加/删除软件、控制用户账户、更改辅助功能选项等。设置控制面板可使计算机系统更符合个性化的需要，更方便使用。通过系统管理，用户可以使自己的计算机系统更加安全，以及更快更方便地排除系统故障。

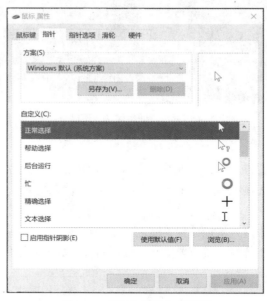

图 2-80 "鼠标 属性"对话框

3.3.1 设置控制面板显示属性

"控制面板"窗口中可以显示 3 种不同的图标排版样式。

（1）在任务栏的搜索框中输入"控制面板"，单击以打开"控制面板"窗口，如图 2-81 所示。

图 2-81 "控制面板"窗口

（2）单击"查看方式"按钮，有 3 种图标排版样式，即类别、大图标、小图标，如图 2-82、图 2-83、图 2-84 所示。鼠标指针指向某个项目的图标或名称，在该项目旁会出现其详细含义。如果要打开这个项目，则单击所需要的项目的图标或名称即可。

图 2-82 查看方式

图 2-83　"控制面板"大图标窗口

图 2-84　"控制面板"小图标窗口

3.3.2　卸载或更改程序

在"控制面板"窗口中可以卸载或更改程序。

（1）在"控制面板"窗口（大图标或小图标窗口均可）中，双击"程序和功能"图标，打开"程序和功能"窗口，如图 2-85 所示。

（2）选择一个程序，在"组织"选项组中就会出现"卸载/更改"按钮；也可右键单击"卸载/更改"按钮，此时会弹出一个对话框，询问卸载的原因，选择一个卸载原因，如图 2-86 所示。

（3）按照所要更改/删除的程序的提示一步步进行操作，就可以将此程序彻底地更改或删除。

3.3.3　添加/删除 Windows 组件

（1）打开"控制面板"窗口。

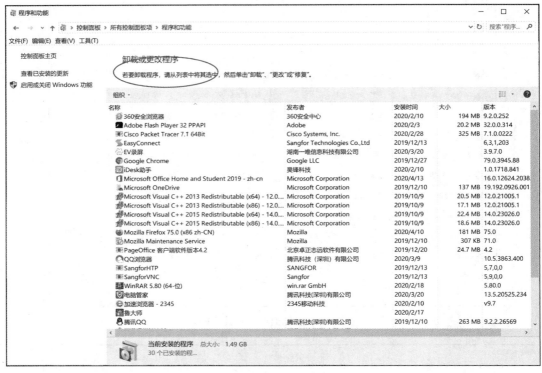

图 2-85 "程序和功能"对话框

（2）双击"程序和功能"图标，打开"程序和功能"窗口。

（3）单击"启用或关闭 Windows 功能"链接，弹出"Windows 功能"对话框，如图 2-87 所示。勾选需要安装的组件前面的复选框，单击"确定"按钮。

图 2-86 卸载软件

图 2-87 "Windows 功能"对话框

3.3.4 设置日期、时间和时区

当计算机启动后，任务栏的通知区域会显示系统的当前时间。用户可以根据需要重新设置系统的日期和时间。

（1）单击任务栏右下角的"日期/时间"图标，也可打开"控制面板"窗口，双击"日期和时间"图标，弹出"日期和时间"对话框，如图 2-88 所示。

（2）单击"更改日期和时间"按钮，弹出"日期和时间设置"对话框，如图 2-89 所示。

图 2-88 "日期和时间"对话框

图 2-89 "日期和时间设置"对话框

（3）在"附加时钟"选项卡中可以设置多个时钟的显示，即可以同时查看多个不同时区的时间，勾选"显示此时钟"复选框，选择某一地区时钟，输入显示名称，如图 2-90 所示。

（4）设置完成后，单击任务栏中的时间图标，可看到图 2-91 所示的时钟。

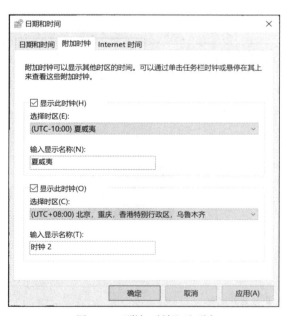

图 2-90 "附加时钟"选项卡

图 2-91 时钟

3.3.5　用户账户管理

1．账户类别

根据不同用户计算机使用需求的不同，系统将用户账户分为 3 种类型，并为不同的用户提供了不同的计算机控制级别。Windows 10 有强大的管理机制，可限制用户更改系统设置，以确保计算机的安全。

（1）管理员账户：此类用户拥有最高权限，可以在系统内进行任何操作，如更改安全设置、安装软件和硬件，或者更改其他用户账户等。

（2）标准账户：此类用户可以使用计算机上安装的大多数程序和功能，但在进行一些会影响其他用户操作的时候，要经过管理员的许可。

（3）来宾账户：这是 Windows 为临时用户所设立的账户类型，可供任何人使用，其权限也比较低。例如，来宾账户无法访问其他用户的个人文件夹，无法安装软/硬件或更改系统设置等。

2．更改用户账户

（1）打开"控制面板"窗口，在分类视图下，单击"用户账户"图标，打开"用户账户"窗口，如图 2-92 所示，选择"用户账户"→"更改账户类型"选项。

（2）单击"更改账户名称"链接，如图 2-93 所示。

图 2-92　"用户账户"窗口

图 2-93　更改账户名称

（3）在打开的"更改名称"窗口中，在"新账户名"文本框中输入一个新账户名，单击"更改名称"按钮即可，如图 2-94 所示。

图 2-94 "更改名称"窗口

3．创建新用户账户

（1）选择"用户账户"→"管理其他账户"选项，进入管理账户界面，如图 2-95 所示。

（2）在打开的"管理其他账户"窗口中列出了当前系统中的账户信息。单击"在电脑设置中添加新用户"链接，进入"家庭和其他用户"界面，单击"将其他人添加到这台电脑"按钮，如图 2-96 所示。

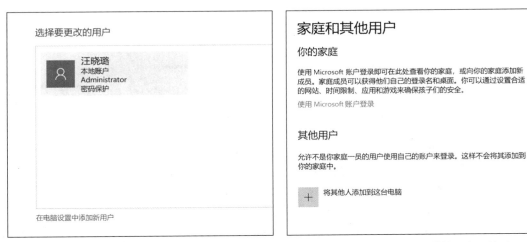

图 2-95 管理账户界面　　　　　　　　　　　图 2-96 "家庭和其他用户"界面

4．登录选项

若要访问登录选项，可选择"用户账户"→"登录选项"选项，进入"登录选项"界面。Windows 提供了以下登录方法：Windows Hello 人脸、Windows Hello 指纹、Windows Hello PIN、安全密钥、密码、图片密码，如图 2-97 所示。

（1）Windows Hello。

Windows Hello 可使用户通过面部、虹膜、指纹或 PIN 登录设备、应用、在线服务和网络。即使 Windows 10 设备可以使用 Windows Hello 生物识别，用户也不必一定要使用它。

（2）安全密钥。

安全密钥是一种硬件设备，用户可以使用它代替自己的用户名和登录密码。由于安全密钥需要配合指纹或 PIN 使用，因此即使有人获得了安全密钥，也无法在没有用户创建的 PIN 或指纹的情况下登录。安全密钥可从销售计算机配件的零售商处购买。

（3）密码。

密码是用户登录到计算机并访问文件、程序及其他资源时输入的一串"通行令"，使用者必须知道如何配置密码，这样可确保未授权用户不能访问计算机。

① 在"用户账户"窗口中，单击"管理其他账户"链接，进入管理账户界面，选择"Administrator 账户"选项，进入更改账户界面，如图 2-98 所示。

② 单击更改账户界面中的"更改密码"链接，进入更改密码界面，如图 2-99 所示，在其中可对密码进行更改。

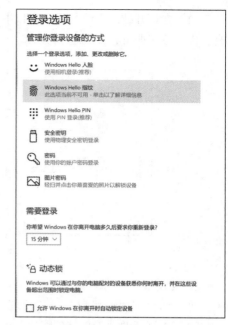

图 2-97 "登录选项"界面

图 2-98 更改账户界面

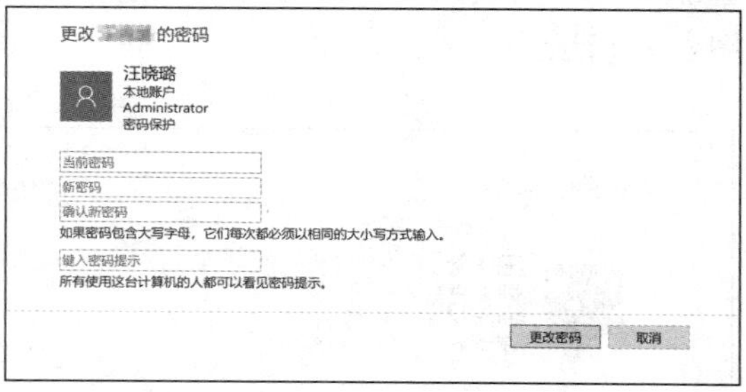

图 2-99 更改密码界面

3.3.6 系统备份和还原

在使用计算机的过程中经常会遇到磁盘故障、计算机病毒等破坏磁盘数据的情况，为减少磁盘数据丢失的风险，可以通过 Window 10 的控制面板中的"备份和还原"功能进行设置。系统备份可将个人文件保存在外部硬盘驱动器上，系统还原可将计算机的系统文件及时还原到早期的还原点。此方法可以在不影响个人文件（如电子邮件、文档或照片）的情况下，撤销对计算机所进行的系统更改。

（1）在"控制面板"窗口（类别界面）中，双击"系统和安全"图标，打开"系统和安全"窗口，如图 2-100 所示。

图 2-100 "系统和安全"窗口

（2）选择"备份和还原（Windows 7）"选项，进入"备份或还原你的文件"界面，如图 2-101 所示。

（3）单击"设置备份"链接，弹出"设置备份"对话框，将文件备份保存到外部硬盘驱动器上，如图 2-102 所示。文件还原即将备份文件还原到本地计算机。

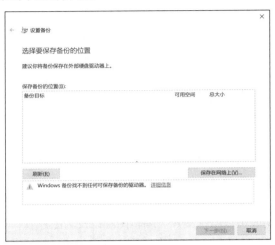

图 2-101　"备份或还原你的文件"界面　　　　图 2-102　"设置备份"对话框

任务 4　应用多媒体技术

任务引述

　　Windows 10 提供了强大的多媒体功能，包括听歌、看电影、刻录、制图等，主要应用在教育和培训，商业和服务业，家庭娱乐、休闲，影视制作，电子出版业等方面。本任务旨在帮助大家掌握 Windows 10 操作系统自带的一些多媒体工具，以适应现在的多媒体应用。

任务实施

工序 4.1　掌握多媒体技术特征
　　多媒体技术即计算机交互式综合处理多媒体信息——文本、声音、图像，使多种信息建立逻辑连接，集成为一个系统并具有交互性的技术。使用的媒体包括文字、图片、照片、声音（包含音乐、语音旁白、特殊音效）、动画和影片，以及程序所提供的互动功能。

　　多媒体具有以下基本特征。

　　（1）集成性。多媒体能够对信息进行多通道统一获取、存储、组织与合成。

　　（2）控制性。多媒体技术以计算机为中心，综合处理和控制多媒体信息，并按人的要求以多种媒体形式表现出来，同时作用于人的多种感官。

　　（3）交互性。交互性是多媒体应用有别于传统信息交流媒体的主要特点之一。传统信息交流媒体只能单向地、被动地传播信息，而多媒体技术可以实现人对信息的主动选择和控制。

　　（4）非线性。多媒体技术的非线性特点将改变人们传统的循序性的读写模式。以往人们读写时大都采用章、节、页的框架，循序渐进地获取知识，而多媒体技术将借助超文本链接的方法，把内容以一种更灵活、更具变化的方式呈现给用户。

（5）实时性。当用户给出操作命令时，相应的多媒体信息能够得到实时控制。

（6）互动性。多媒体技术可以实现人与机器、人与人及机器与机器间的互动，实现互相交流的操作环境及身临其境的场景，人们可以根据需要进行控制。人机相互交流是多媒体最大的特点。

（7）信息使用的方便性。用户可以按照自己的需要、兴趣、任务要求、偏爱和认知特点来使用信息，获取图、文、声等信息表现形式。

（8）信息结构的动态性。用户可以按照自己的目的和认知特征重新组织信息，增加、删除或修改节点，重新建立链接。

小思考

你知道现在流行的多媒体软件有哪些吗？

工序4.2 使用画图涂鸦

画图是 Windows 中的一项基本功能，该功能可以绘制图片、编辑图片以及为图片着色。"画图"程序的窗口由4部分组成，包括"画图"按钮、快速访问工具栏、功能区和绘图区域。

（1）在任务栏搜索框中输入"画图"，如图 2-103 所示，即可出现与"画图"相关的所有应用、文档、设置和图片等选项，并列出可对"画图"做哪些操作。

（2）单击"打开"按钮，即可打开画图窗口，如图 2-104 所示。在此窗口中可以进行新建、打开、保存、另存为和打印图片等基

图 2-103 在任务栏搜索框中搜索"画图"

本操作，也可以在电子邮件中发送图片、将图片设为桌面背景等。

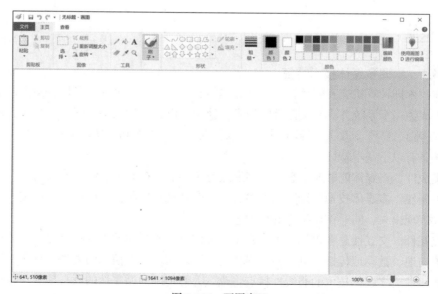

图 2-104 画图窗口

工序 4.3　使用录音机自娱自乐

（1）在任务栏搜索框中输入"录音机"，如图 2-105 所示，即可出现与"录音机"相关的所有应用、文档、设置和图片等选项，并列出可对"录音机"做哪些操作。

（2）单击"打开"按钮，即可打开"录音机"窗口，如图 2-106 所示。

（3）当打开录音机时，会弹出"是否允许录音机访问你的麦克风？"的询问对话框，如图 2-107 所示。

（4）单击中间的麦克风图标即可开始录制。此时可对着麦克风讲话，录制内容，录音结束后，会打开图 2-108 所示的窗口。将所讲的内容存储到磁盘中，以后可以随时调用。

图 2-105　在任务栏搜索框中搜索"录音机"

图 2-106　"录音机"窗口

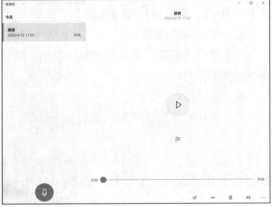

图 2-107　询问对话框

图 2-108　录音结束后打开的窗口

小思考

数字音频以文件的形式保存在计算机中，你知道常用的数字音频文件的保存格式有哪些吗？

工序 4.4　截图工具的使用

截图工具可以将 Windows 10 中的图像截取下来并保存为图片文件。捕获截图后，截图工具会自动将截好的图片复制到剪贴板和标记窗口中。

1. 具体操作步骤

（1）在任务栏搜索框中输入"截图工具"，如图 2-109 所示，即可出现与"截图工具"相关的所有应用、文档、设置和图片等选项，并列出可对"截图工具"做哪些操作。

图 2-109　在任务栏搜索框中搜索"截图工具"

（2）单击"打开"按钮，即可打开"截图工具"窗口，如图 2-110 所示。单击"模式"下拉按钮，可以在弹出的下拉列表中看到 4 种模式，选择需要的截图模式。单击"新建"按钮，用鼠标单击或拖动截图，截取到的图片会先显示在"截图工具"窗口中，可以对其进行进一步编辑。

2. 矩形截图

截图工具默认使用"矩形截图"模式，在此模式下单击"新建"按钮，鼠标指针会变成"十"字形。此时，按住鼠标左键在屏幕上拖动，即可将拖动范围中的内容截取出来。

3. 窗口截图

将截图工具设置为"窗口截图"模式，即可截取当前活动窗口。单击"新建"按钮，在活动窗口中单击，整个窗口即可出现在"截图工具"窗口中。

4. 任意格式截图

"任意格式截图"模式是非常炫酷的。设置此模式之后，可以在屏幕上随意圈选范围，截取任意大小的图片。

5. 全屏幕截图

"全屏幕截图"模式可以截取整个屏幕。

6. 延时截屏

单击"延迟"下拉按钮，可以在弹出的下拉列表中设置延时 0～5 秒。可以利用延时时间打开窗口等，从而提高工作效率，如图 2-111 所示。

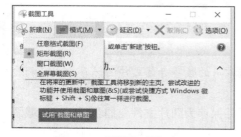

图 2-110　"截图工具"窗口

图 2-111　延时截屏

7．保存截图

捕获截图后，在标记窗口中单击"保存截图"按钮，在弹出的"另存为"对话框中输入截图的名称，选择保存截图的位置，单击"保存"按钮。

工序 4.5　打开记事本

如果平时只是想简单地记录信息，则可以使用记事本。记事本是一个 Windows 自带的纯文本文件的应用程序，只包括可显示的基本字符，扩展名为.txt。记事本有以下 4 种打开方法。

（1）在任务栏搜索框中输入"记事本"，单击"打开"按钮，即可打开记事本窗口，如图 2-112 所示。

（2）在 Windows 10 桌面的空白位置右键单击，在弹出的快捷菜单中选择"新建"→"文本文档"选项，即可打开记事本窗口，如图 2-113 所示。

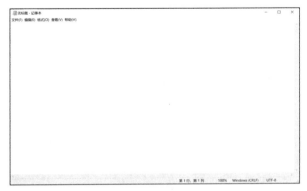

图 2-112　记事本窗口

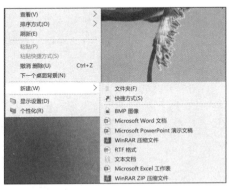

图 2-113　桌面右键菜单

（3）使用命令打开记事本，右键单击桌面左下角的"开始"按钮，在弹出的快捷菜单中选择"运行"选项。弹出"运行"对话框，在"打开"文本框中输入"notepad"，如图 2-114 所示，单击"确定"按钮，即可打开记事本。

（4）选择"开始"→"附件"→"记事本"选项，如图 2-115 所示。

图 2-114　"运行"对话框

图 2-115　"记事本"选项

工序 4.6　创建便笺

用惯计算机时，有些事记在纸上很容易丢失。如何将日常需要提示办理的信息放到计算机桌面上呢？Windows 自带的"便笺"就提供了这一功能。其具体操作步骤如下。

（1）在任务栏搜索框中输入"便笺"，如图 2-116 所示，单击"打开"按钮，即可打开"便笺"窗口。

图 2-116　在任务栏搜索框中搜索"便笺"

（2）在"便笺"窗口中输入要提醒或待办的内容，可以对便笺进行缩放、移动调整，如图 2-117 所示。

（3）若要新建便笺，则可以单击"便笺"窗口中的"+"按钮。

（4）若要删除某个便笺，则可以单击"便笺"窗口右上角的"删除"按钮，如图 2-118 所示。

图 2-117　新建便笺

图 2-118　删除便笺

任务 5　输入汉字

任务引述

2-3　小知识：其他多媒体工具——媒体播放器 Windows Media Player

伴随信息技术的发展，键盘输入替代了书写，中文 Windows 10 操作系统默认安装了微软拼音和纯英文输入法。用户除了可以直接使用这些输入法外，还可以根据需要安装新的输入法或删除输入法。时下比较流行的输入法有搜狗输入法、万能五笔输入法等。

搜狗输入法是基于搜索引擎技术的、特别适合网民使用的、新一代的输入法产品，用户可以通过互联网备份自己的个性化词库和配置信息。它界面简洁，功能强大，文件占用空间小，有更新词库的功能，词库中有普通的人名、地名、唐诗宋词，还有输入繁体字的功能，而且很智能，当用户把某些词语输入两三遍时，它便记住了。当用户输入 haha 时，它可以输出^_^和 o（∩_∩）o；当用户输入 du 时，它会显示"。"。另外，它还有模糊音功能，如 en 和 eng 及 in 和 ing 可以不区分，对提高中文打字速度很有帮助。

万能五笔输入法是一种集五笔、拼音、英文、笔画等多种输入方法于一体的 32 位外挂式输入法应用程序，具备许多其他输入法所无法比拟的特色。

要想快速地录入中英文，就要掌握正确的、适合自己的输入方法以及熟练掌握键盘的使用。

任务实施

工序 5.1　添加或删除输入法

（1）在"Windows 设置"窗口中，单击"时间和语言"图标，如图 2-119 所示，打开"时间和语言"窗口。

图 2-119　"Windows 设置"窗口

（2）选择"语言"选项，选择"中文（中华人民共和国）"选项，单击"选项"按钮，如图 2-120 所示。

（3）在"键盘"选项组中找到已经安装的输入法，可添加或删除输入法，如图 2-121 所示。

图 2-120　设置语言

图 2-121　"键盘"选项组

工序 5.2　使用输入法语言栏

1. 中英文切换

在图 2-122 所示的输入法语言栏中，当图标"中"转换为"英"时，表示已转换为英文状态，也可按"Shift"键来切换中英文输入法。

2. 全角/半角的切换

在任意一种输入法中，当图标 ☽ 变成 ● 时，表示由半角状态转换为全角状态，也可按"Shift+Space"组合键进行全角/半角的切换。

3. 中英文标点的切换

当图标由 ☽ · 转换为 ☽ 时，表示标点由中文标点转换为英文标点，也可按"Ctrl+ •"组合键进行切换。

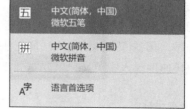

图 2-122　输入法语言栏

表 2-2 表述了中文标点符号与键位的对应关系及其相应说明。

表 2-2　中文标点符号与键位的对应关系及其相应说明

中文标点符号	键位	说明	中文标点符号	键位	说明
。（句号）	.		）（右括号）	）	
，（逗号）	,		《《《（单、双书名号）	<	自动嵌套
；（分号）	;		》》（单、双书名号）	>	自动嵌套
：（冒号）	:		……（省略号）	^	双符处理
？（问号）	?		——（破折号）	-	双符处理
！（感叹号）	!		、（顿号）	\	
""（双引号）	"	自动配对	•（间隔号）	@	
''（单引号）	'	自动配对	—（连接号）	&	
（（左括号）	(		￥（人民币符号）	$	

工序 5.3　使用键盘

键盘是用户与计算机交流信息的主要输入设备之一。可在控制面板中对键盘进行设置，具体操作步骤如下。

（1）在任务栏搜索框中输入"控制面板"，单击打开"控制面板"窗口。

（2）打开"控制面板"窗口后，将"查看方式"设置为"大图标"。

（3）单击"键盘"图标，弹出"键盘属性"对话框，如图 2-123 所示。在其中可以设置键盘速度，包括重复延迟、重复速度等。如果打字速度足够快，则可以将重复延迟时间设置得短一些，这样有利于提升打字速率。

Windows 10 中可以使用一些特殊的组合键，表 2-3、表 2-4、表 2-5 列出了常用的组合键。熟练使用这些组合键，可以加快计算机操作的速度，提高工作效率。

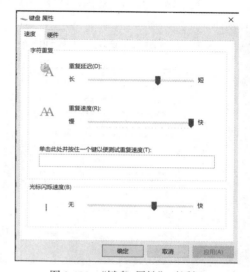

图 2-123　"键盘 属性"对话框

表 2-3　Ctrl 系列组合键

组合键	功能	组合键	功能
Ctrl+S	保存	Ctrl+F	查找
Ctrl+X	剪切	Ctrl+N	新建
Ctrl+C	复制	Ctrl+O	打开
Ctrl+V	粘贴	Ctrl+Z	撤销
Ctrl+W	关闭程序	Ctrl+Shift	输入法切换
Ctrl+Space	输入法、非输入法切换	Ctrl+Esc	打开"开始"菜单

表 2-4　Alt 系列组合键

组合键	功能
Alt+F4	关闭当前程序
Alt+Space+C	关闭窗口
Alt+Space+N	最小化当前窗口
Alt+Space+R	恢复最小化窗口
Alt+Space+X	最大化当前窗口
Alt+PrintScreen	复制当前屏幕窗口到剪贴板中
Alt+Tab	在当前打开的各窗口之间进行切换
Alt+Enter	显示所选对象的属性
Alt+Ctrl+Delete	打开任务管理器

表 2-5　Shift 系列组合键

组合键	功能
Shift+Space	半、全角切换
Shift+右击	打开右键菜单
Shift+F10	选中文件的右键菜单
Shift+多级文件	全部关闭
Shift+Delete	永久删除文件

　　Windows 提供了 13 种软键盘，用于输入某类特殊的符号和字符。右键单击输入法的状态栏，在弹出的快捷菜单选择"PC 键盘"选项即可打开软键盘。图 2-124 所示为软键盘的种类，选择某个选项，即可打开相应的软键盘。例如，选择"希腊字母"选项，就会弹出"希腊字母"软键盘，如图 2-125 所示；选择"数学符号"选项，就会弹出"数学符号"软键盘，如图 2-126 所示。

图 2-124　软键盘的种类　　　　图 2-125　"希腊字母"软键盘　　　　图 2-126　"数学符号"软键盘

工序 5.4　设置语言栏

右键单击任务栏中的语言栏，在弹出的快捷菜单中选择"设置"选项，打开"设置"窗口，如图 2-127 所示，可对语言栏中的某一个输入法进行设置。

工序 5.5　键盘盲打

盲打是指打字的时候不用看键盘或看稿打字时的视线不用来回于文稿和键盘之间的行为，盲打可使输入的速度增加。若想学好计算机，一定要学会盲打，盲打要求打字的人对于键盘有很好的定位能力。只有按照标准指法，把握好左右手的合理分工，再经过一段时间的刻苦训练，才能掌握键盘定位的能力。

5.5.1　主键盘盲打

首先要学习手指如何放在键上，五指微下屈，两个大拇指控制空格键，左手另外四指分别放在 A、S、D、F 4 个键上，右手另外四指分别放在 J、K、L、: 4 个键上，这样左右两个食指就分别放在 F 键和 J 键上，而这两个键上都有小凸起，不用眼看，用手指一摸就找得到了。这就是正规的指法，如图 2-131 所示。

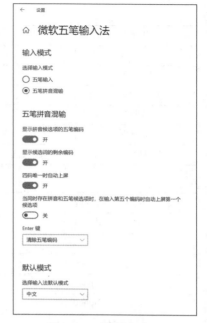

图 2-127　"设置"窗口

对于十指的分工，两个拇指只负责一个空格键，另外六指分别控制一竖排的键，例如，左手尾指控制 Q、A、Z 三键，右手尾指控制 P、: 、?三键，无名指和中指以此类推。为什么说是六指呢？因为两个食指的任务繁重一些，食指要控制两竖排的键，例如，右食指控制 U、J、M、Y、H、N 6 个键，左食指控制 R、F、V、T、G、B 6 个键，如图 2-132 所示。

2-4　小知识：盲打的类型

5.5.2　小键盘盲打

目前，会计人员、银行的综合柜员对小键盘的要求是非常严格的，而熟练掌握小键盘的指法对于提高自己的工作效率也有很大帮助。

小键盘的基准键位是"4，5，6"，分别由右手的食指、中指和无名指负责。在基准键位基础上，小键盘左侧自上而下的"7，4，1"三键由食指负责；同理，中指负责"8，5，2"；无名指负责"9，6，3"和"."；右侧的"—、十、↙"由小指负责；大拇指负责"O"，如图 2-128 所示。

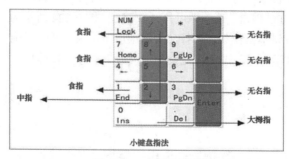

图 2-128　小键盘指法

工序 5.6　输入汉字

（1）通过工序 4.5 的方法打开记事本。

（2）根据选定的输入方式进行编码的输入。例如，在搜狗输入法状态下，输入"s'd"，进入

图 2-129 所示的汉字选择界面。

（3）若屏幕显示行上没有要找的字，则可以用 或符
号进行翻页查找。

（4）按 Space 键即可键入汉字。

s'd	工具箱(分号)	
1.手动	2.首都	3.上的	4.说道	5.色的

图 2-129　汉字选择界面

任务6　练习

2-5　小知识：五
笔输入法

工序 6.1　Windows 10 基本操作

【实训目的】

（1）掌握 Windows 10 的基本操作。

（2）掌握 Windows 10 控制面板的使用。

（3）掌握设置 Windows 10 的工作环境的方法。

【实训内容】

（1）了解 Windows 10 的新功能。

（2）掌握"开始"菜单的组成部分及其功能。

（3）打开任一窗口，并改变窗口的大小。

（4）运行"记事本"程序，输入以下内容：

计算题：123456 × 7890=

（5）用 3 种方式查看控制面板。

（6）按照如下要求设置桌面属性。

① 选择自己的照片作为桌面，将其平铺在桌面上。

② 把自己的照片作为屏幕保护程序，屏保等待时间设置为 5 分钟。

（7）将刚刚用自己的照片设置好的桌面用截屏的方式复制到"画图"程序中，并对其进行编辑。

（8）查看计算机 C 盘的属性，并对 C 盘执行"磁盘清理"操作。

（9）设置一个新的账户，并设置密码。

（10）添加一个新的时钟，选择时区为"大西洋时区"。

工序 6.2　Windows 10 文件及文件夹的操作

【实训目的】

（1）掌握 Windows 10 的文件及文件夹的管理。

（2）掌握搜索 Windows 10 的文件或文件夹的方法。

【实训内容】

（1）用两种方法在桌面上创建一个文件夹，文件名为"实验题"。

（2）打开记事本，把"工序 6.1"中计算器计算出的数值复制进去，以"计算结果.txt"为文
件名保存到桌面上的"实验题"文件夹中。

（3）使用两种方法将"实验题"文件夹复制到"文档"中。

（4）使用两种方法将"实验题"文件夹移动到"文档"中。

（5）启动"搜索"程序，查找刚才建立的"计算结果.txt"文本文件。

（6）将"实验题"文件夹中的"计算结果.txt"文本文件删除至回收站，在回收站中执行"还
原"操作。

（7）打开"文档"，完成以下操作。

① 在"文档"中创建一个名为"练习"的文件夹。

② 将"实验题"文件夹中的"图片"文件复制或移动到"练习"文件夹中。

③ 在"实验题"文件夹中将"计算结果.txt"文件更名为"记事本.txt"。

④ 将"记事本.txt"文件设置成"只读""隐藏""存档"属性。

⑤ 将"文件夹选项中"对话框中选中"显示所有文件"复选框，去掉"公式.txt"文件的"隐藏"属性。

⑥ 修改文件夹选项内容，展现所有文件的文件扩展名。

（8）对"实验题"文件夹中的两个文件夹进行批量重命名操作。

工序 6.3　汉字输入

【实训目的】

（1）掌握输入法的使用。

（2）掌握输入技术。

【实训内容】

从"开始"菜单中运行"记事本"程序，在 10 分钟内，盲打输入以下内容。

西藏的天是湛蓝的，它犹如一块巨大的蓝布，紧紧地包裹着这块神秘的土地。一切在蓝天的映衬下显得是那样的清晰明快，即便是远方的物体亦可一览无余。我们来到西藏，突然进入这明亮的世界，着实有些不大适应，似乎一切都暴露在光天化日之下，就连一点点小小的隐私也无法避免阳光的照射。这是我们这些身处闹市、环境受到严重污染的人来到西藏的第一反应，更是西藏这块神奇的土地赐予我们的第一印象。

西藏的云是洁白的，它犹如一朵朵巨大的棉团悬挂在天上，时而聚集，时而分散，时而融进雪山，时而落在草原；它又像洁白的哈达，带着吉祥，散布在离天最近的地方。我们这些内地人久违了这如画的白云，以至于眼看着云朵，心中还在猜测这是真还是假。我常常为此感到尴尬，同时也为此感到幸运，因为在这里看到了真正的祥云。

西藏的山是真正的高山，即便是那些像山不是山的土丘，都有可观的海拔。西藏的山大抵可分三类：一类为洁白的雪山，二类为苍凉的秃山，三类为生机盎然的青山。这次我们有幸领略了它们各自的风采。

信息处理与编排——Microsoft Word 2016 的应用

学习目标

【知识目标】

识记：Word 的基本概念、基本功能和运行环境，文档的视图，文档的模板，域的使用，文档的保护。

领会：文档的创建、编辑及应用。

【技能目标】

能够创建、打开、输入和保存文档。

能够对文本进行编辑，并打印文档。

能够使用和编辑插入的图形、图片、艺术字等。

能够编辑文档图表，并对图表中的数据进行排序和计算。

【素质目标】

通过对信息处理与编排，增加实践动手能力。

能够根据职业需求运用计算机，培养学生爱岗敬业的精神。

任务 1   初识 Microsoft Word 2016

任务引述

Microsoft Word 是 Microsoft Office 的一个重要组成部分，是一款优秀的文字处理软件，用户可以方便自如地进行编辑文字、设计版面、处理表格、混排图文、美化修饰及打印文档等操作，创建出多种图文并茂、赏心悦目的文档。在对文档进行操作之前，用户应先知道创建和保存一个新文档以及对文档进行基本操作的方法。

小思考

Word 有哪些版本？Word 2016 有哪些新功能？

任务实施

工序 1.1　启动 Word 2016

启动 Word 2016 有多种方法，本质上都是运行 WinWord.exe 文件。在 Office 2016 安装成功并重新启动计算机后，要想启动 Word，可以选择下列操作之一。

（1）使用"开始"菜单启动。选择"开始"→"常用程序"→"Word"选项，如图 3-1 所示，即可启动 Word 2016。在"开始"菜单的"磁贴"区中找到并单击 Word 图标，也可以打开 Word。

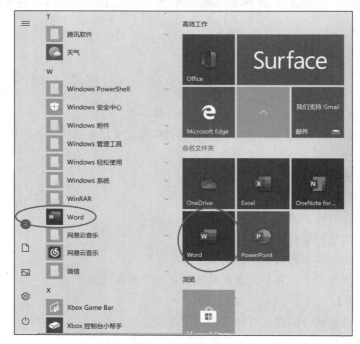

图 3-1　"开始"菜单

（2）使用 Word 2016 的应用文档启动。双击相关文档即可以启动 Word 2016，并打开相关 Word 文档。

（3）在任务栏中启动。在任务栏搜索框中输入"Word"，单击即可打开 Word。

（4）在"开始"菜单的右键菜单中启动。右键单击"开始"按钮，在弹出的快捷菜单中选择"运行"选项，弹出"运行"对话框，在"打开"文本框中输入"WinWord"，再按"Enter"键，可打开 Word。

📢小提示

Word 2016 启动时，会打开 Word 2016 窗口并自动建立空白文档；在 Windows 系列操作系统中，快捷方式使用户能够快速访问相应的程序和文档，用户只要双击快捷方式图标即可打开相应的程序或文档；为快速启动程序，可在 Windows 桌面上创建 Word 2016 程序的快捷方式。

工序 1.2　认识 Word 2016 窗口

启动 Word 2016 后就会出现图 3-2 所示的窗口。其中，工具栏中包括了 Word 2016 的绝大多数功能。工具栏中排列着图形化的操作命令按钮，容易识别，也易操作。

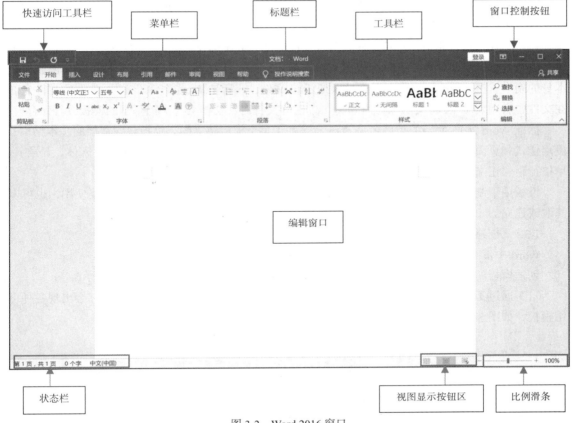

图 3-2　Word 2016 窗口

各区域功能如下。

（1）快速访问工具栏：包含使用的命令按钮（如"保存""撤销"），也可以添加常用命令按钮。

（2）标题栏：显示正在编辑的文档的名称和软件的名称。

（3）窗口控制按钮：文档的"放大""缩小""退出"按钮。

（4）编辑窗口：显示正在编辑的文档。

（5）状态栏：显示正在编辑的文档的信息，如此文档一共多少页、当前在多少页上、此文档包含多少个字、输入的语言是什么等信息。

（6）视图显示按钮区：此文档的显示视图模式。

（7）比例滑条：可调整此文档显示的大小。

（8）菜单栏：编辑文档的基本类别。

（9）工具栏：菜单栏下的具体操作按钮。

此外，当文档字数足够多时，若不能在一页内显示完全，则会在当前窗口的右侧显示垂直滚动条和底边，在底边显示横向滚动条。

工序 1.3　用模板创建文档

Word 2016 中内置了固定格式设置和版式设置的模板文件，用于帮助用户快速生成特定类型的 Word 文档。Word 2016 中除了通用型的空白文档模板之外，还内置了多种文档模板，如博客模板、书法模板等。另外，Office 网站还提供了证书、奖状、名片、简历等特定功能模板。借助这些模板，用户可以创建比较专业的 Word 2016 文档。

Word 2016 模板是由多个特定样式组合而成的具有固定编排格式的一种特殊文档。它包括字体、组合键指定方案、菜单、页面设置、特殊格式、样式及宏等。用户在打开模板时会创建模板本身的副本。在 Word 2016 中，模板可以是.dotx 文件，或者是.dotm 文件（.dotm 类型的文件允许在文件中启用宏）。在将文档保存为.docx 或.docm 文件时，文档会与文档基于的模板分开保存。

标准 Word 2016 文档的扩展名是.docx，是基于某个模板建立的。模板包含文档的基本结构、段落样式和页面布局。例如，空白文档就是基于 Normal.dot 模板建立的，其中包含宋体、五号字、单倍行距、正文样式和 2.54 厘米宽的上、下页边距等格式。

模板用于制作特定格式的文档，类似于工厂中制造产品的模具。模板可以反复使用，也可以修改或建立。

1.3.1 创建模板

Word 中带有许多预先设计的模板，用户可根据自己的需求选择某一模板。

创建模板的具体操作步骤如下。

（1）通过工序 1.1 的方法打开"Word"窗口。单击"文件"→"新建"按钮，会出现各种可用模板，如图 3-3 所示。

图 3-3　可用模板

（2）单击所需要的模板，进入模板创建界面，如图 3-4 所示。单击"创建"按钮，即会形成新的此模板的文档，用户可以此文档中进行编辑。

1.3.2 加载共用模板

如果需要使用保存在其他模板中的设置，则可将其他模板作为共用模板进行加载。加载共用模板的具体操作步骤如下。

（1）单击"文件"→"选项"按钮，弹出"Word 选项"对话框。

（2）在该对话框的左侧选择"加载项"选项卡，如图 3-5 所示。

图 3-4　模板创建界面

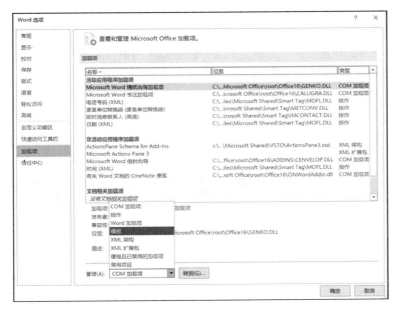

图 3-5　"加载项"选项卡

（3）在该选项卡的"管理"下拉列表中选择"模板"选项，单击"转到"按钮，弹出"模板和加载项"对话框，选择"模板"选项卡，如图 3-6 所示。

（4）在该选项卡的"文档模板"选项组中单击"选用"按钮，弹出"选用模板"对话框。

（5）在该对话框中选择需要的模板，单击"打开"按钮，返回到"模板和加载项"对话框中，在该对话框中勾选"自动更新文档样式"复选框。如果对模板样式进行修改，则 Word 2016 将自动对基于此模板创建的文档样式进行更新。

（6）在"共用模板和加载项"选项组中单击"添加"按钮，弹出"添加模板"对话框。

（7）在该对话框中选择需要添加的模板，单击"确定"按钮，返回到"模板和加载项"对话框中，单击"确定"按钮，完成共用模板的加载。

小提示

在"模板和加载项"对话框中的"共用模板及加载项"选项组中选中某个不常用的模板，单击"删除"按钮，即可卸载该模板。卸载模板并非将其从计算机上真正删除，只是使其不可用。若需要恢复，则按步骤（6）中的操作进行添加即可。

工序 1.4　文档的视图

文档视图是用户在使用 Word 2016 编辑文档时观察文档结构的屏幕显示形式。用户可以根据需要选择相应的模式，使编辑和观察文档更加方便。

Word 2016 中提供了"草稿视图""大纲视图""Web 版式视图""阅读视图""页面视图"5 种视图模式。使用这些视图模式可以方便地对文档进行浏览和相应的操作，不同的视图模式之间可以互相切换。

图 3-6　"模板和加载项"对话框

1. 草稿视图

"草稿视图"取消了页面边距、分栏、页眉页脚和图片等元素，仅显示标题和正文，是最节省计算机系统硬件资源的视图方式。当然，现在计算机系统的硬件配置都比较高，基本上不存在由于硬件配置偏低而使 Word 2016 运行遇到障碍的问题。

在该视图模式中，当文本输入超过一页时，编辑窗口中将出现一条虚线，这就是分页符。分页符表示页与页之间的分隔，即文本的内容从前一页进入下一页，可以使文档阅读起来比较连贯，并不是一条真正的直线。

勾选"视图"→"草稿"复选框，即可切换到草稿视图，如图 3-7 所示。

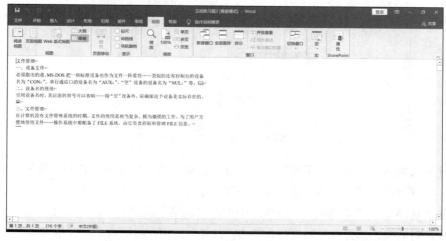

图 3-7　草稿视图

2. 大纲视图

大纲视图用缩进文档标题的形式代表标题在文档结构中的级别，可以非常方便地修改标题内容以及复制或移动大段的文本内容。因此，大纲视图适合纲目的编辑、文档结构的整体调整及长篇文档的分解与合并。

勾选"视图"→"大纲"复选框，即可切换到大纲视图，如图 3-8 所示。

图 3-8 大纲视图

切换到大纲视图后，Word 2016 将自动在菜单栏中显示"大纲"工具栏，其中包含了大纲视图中最常用的操作。

3. Web 版式视图

Web 版式视图显示了文档在 Web 浏览器中的外观，它是一种"所见即所得"的视图方式，即在 Web 版式视图中编辑的文档将会与浏览器中显示的一样。

这种视图的最大优点是优化了屏幕布局，文档具有最佳的屏幕外观，使得联机阅读变得更容易。在 Web 版式视图中，正文显示得更大，并且自动换行以适应窗口，而不是以实际的打印效果显示。另外，用户还可以对文档的背景、浏览和制作网页等进行设置。

单击"视图"→"Web 版式视图"按钮，或者直接单击视图显示按钮区中的"Web 版式视图"按钮，即可切换到 Web 版式视图，如图 3-9 所示。

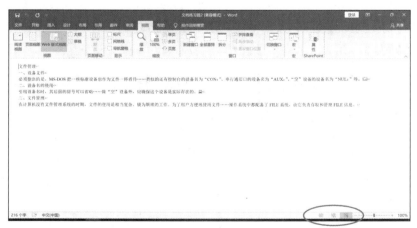

图 3-9 Web 版式视图

◀小提示

Web 版式视图能够模仿 Web 浏览器来显示文档，但它们并不是完全一致的。

4. 阅读视图

阅读视图提供了更方便的文档阅读方式。在阅读视图中可以完整地显示每一个页面，就像书本展开一样。

单击"视图"→"阅读视图"按钮，或者直接单击视图显示按钮区中的"阅读视图"按钮，即可切换到阅读视图，如图 3-10 所示。

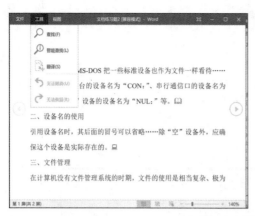

图 3-10 阅读视图

阅读视图隐藏了不必要的菜单栏，只保留了"文件""工具""视图"，使屏幕阅读更加方便。与其他视图模式相比，阅读视图模式字号变大，行长度变小，页面适合屏幕，使视图看上去更加亲切、赏心悦目。

5. 页面视图

在页面视图模式下，在屏幕上显示的效果和文档的打印效果完全相同。在此视图模式中，可以查看打印页面中的文本、图片和其他元素的位置。在一般情况下，用户可以在编辑和排版时使用页面视图模式，在编辑时确定各个组成部分的位置和大小，从而大大减少以后的排版工作。但是使用页面视图模式时，显示的速度比普通视图模式慢，尤其是在显示图形或者显示图标的时候。

单击"视图"→"视图"→"页面视图"按钮，或者直接单击视图显示按钮区中的"页面视图"按钮，即可切换到页面视图，如图 3-11 所示。在页面视图中，不再以一条虚线表示分页，而是直接显示页边距。

图 3-11 页面视图

如果要节省页面视图中的屏幕空间，则可以隐藏页面之间的空白区域。将鼠标指针移动到页面的分页标记上，当鼠标指针变为形状时双击即可，如图 3-12 所示。

图 3-12　隐藏页面之间的空白区域

工序 1.5　编辑文档

1.5.1　输入文本

创建了新文档后，选择合适的输入法，即可输入文本和符号。在文档编辑区中有一个闪烁的光标，这个光标的位置就是当前文本输入的位置。当输入文字时，文字就会在闪烁光标所在的位置上显示。

标点符号可以根据键盘按键上所示的符号直接输入。如果该按键上有两个符号，则在按"Shift"键的同时按该键，即可输入按键上部的符号。

在中文输入状态下，如果设置为中文标点符号，则键入的英文标点符号会相应地变成中文标点符号，而对于常用但在键盘上找不到的标点符号，如"、""《""》"等，在这种状态下按"\""<"">"等键即可。

🔖 **小提示**

在 Word 文档中，每一个段落中可包含一行或多行文字，但都是以回车符结尾的。因此，在输入文本时不能在一行结束时按"Enter"键，而应在一段结束时按"Enter"键。

文本的输入有两种方式：插入方式和改写方式。

1. 插入方式

当状态栏中显示为"插入"状态时，表示当前为插入方式。当在插入方式下插入文本时，插入点右侧的文本自动向右移动，插入的文本显示在插入点的左侧，这样不会覆盖原来的内容，如图 3-13 所示。

2. 改写方式

当状态栏中显示为"改写"状态时，表示当前为改写方式。当在改写方式下输入文本时，会覆盖插入点右侧的文本，如图 3-14 所示。

| 第 11 页，共 97 页　24588 个字　🔲　中文(中国)　插入 | 第 12 页，共 97 页　24591 个字　🔲　中文(中国)　改写 |

图 3-13　状态栏"插入"状态　　　　图 3-14　状态栏"改写"状态

📌 **小提示**

通过单击状态栏中的"改写"或"插入"状态，或按"Insert"键，都可以在两种输入方式之间进行切换。

1.5.2　剪切、移动和删除文本

1. 移动文本

（1）使用鼠标移动文本。选定要移动的文本，将鼠标指针指向被选定的文本，当鼠标指针形状变成指向左上的空心箭头状时，按下鼠标左键将其拖动到目标位置，并松开鼠标左键，被选定的文本就移动了到新的位置。

（2）使用按钮移动文本。对于移动文本距离较远和不同文档之间的文本的移动，用鼠标移动不方便甚至无法实现，可采用按钮的方式进行移动。

选定要移动的文本，单击"开始"→"剪贴板"→"剪切"按钮或按"Ctrl+X"组合键；将光标移动到要插入文本的位置，再单击"开始"→"剪贴板"→"粘贴"按钮或按"Ctrl+V"组合键，被选定的文本就被移动到了新的位置。

2. 复制文本

（1）使用鼠标复制文本。选定要复制的文本，将鼠标指针指向被选定的文本，当鼠标指针形状变成指向左上的空心箭头状时按"Ctrl"键不放，按住鼠标左键将其拖动到目标位置后松开鼠标左键，被选定的文本就被复制到了新的位置。

（2）使用按钮复制文本。选定要复制的文本，单击"开始"→"剪贴板"→"复制"按钮或按"Ctrl+C"组合键，将光标移动到要插入文本的位置，再单击"开始"→"剪贴板"→"粘贴"按钮或按"Ctrl+V"组合键，被选定的文本就被复制到了新的位置。

3. 删除文本

选定欲删除的文本之后右键单击，在弹出的快捷菜单中选择相应的选项。若删除少数几个字，则可将光标移动到欲删除文字的后面，使用"Backspace"键进行删除；或将光标移动到欲删除文字的前面，使用"Delete"键对其进行删除。

4. 撤销与恢复

如果在编辑文本时执行了误操作，则可以在快速访问工具栏中单击 ↩ 和 ↪ 按钮对文档进行撤销和恢复，也可按"Ctrl+Z"组合键。

1.5.3　插入符号

在输入文本的过程中，有时需要插入一些键盘上没有的特殊符号。插入特殊符号的具体操作步骤如下。

（1）单击"插入"→"符号"→"符号"下拉按钮，在弹出的下拉列表中有各种常用符号和其他符号选项，如图 3-15 所示。

（2）选择"其他符号"选项，弹出"符号"对话框，如图 3-16 所示。

（3）在"符号"对话框的"字体"下拉列表中选择所需的字体，在"子集"下拉列表中选择所需的选项。

（4）在列表框中选择需要的符号，单击"插入"按钮，即可在插入点处插入该符号。

（5）此时，"符号"对话框中的"取消"按钮变为"关闭"按钮，单击"关闭"按钮，关闭"符号"对话框。

（6）在"符号"对话框中选择"特殊字符"选项卡，如图 3-17 所示。

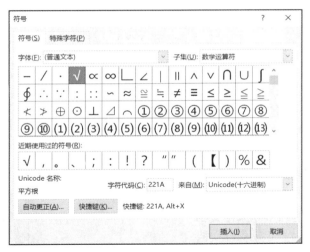

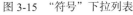

图 3-15 "符号"下拉列表

图 3-16 "符号"对话框

（7）选中需要插入的特殊字符，单击"插入"按钮，再单击"关闭"按钮，即可完成特殊字符的插入。

注意，在"符号"对话框中单击"快捷键"按钮，弹出"自定义键盘"对话框，如图 3-18 所示。将光标定位在"请按新快捷键"文本框中，直接按要定义的组合键，单击"指定"按钮，再单击"关闭"按钮，完成插入符号的组合键设置。这样，当用户需要多次使用同一个符号时，只需按所定义的组合键即可插入该符号。

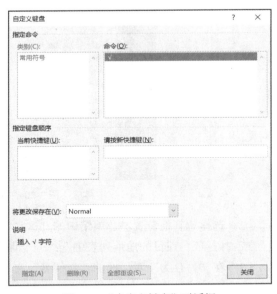

图 3-17 "特殊字符"选项卡

图 3-18 "自定义键盘"对话框

1.5.4 插入日期和时间

用户可以直接在文档中插入日期和时间，也可以使用 Word 2016 提供的插入日期和时间功能。插入日期和时间的具体操作步骤如下。

（1）将光标定位在要插入日期和时间的位置。

（2）单击"插入"→"文本"→"日期和时间"按钮，弹出"日期和时间"对话框，如图 3-19 所示。

（3）在"可用格式"列表框中选择一种日期和时间格式。

（4）如果勾选"自动更新"复选框，则以域的形式插入当前的日期和时间。该日期和时间是一个可变的数值，它可根据打印的日期和时间的改变而改变。若取消勾选"自动更新"复选框，则可将插入的日期和时间作为文本永久地保留在文档中。

（5）单击"确定"按钮，完成设置。

工序 1.6　保存文档

1.6.1　手动保存文档

在退出 Word 前，如果想将输入的内容保存在计算机中，就必须进行保存操作。

图 3-19　"日期和时间"对话框

1. 保存文档

保存文档只需要单击"文件"→"保存"按钮或在快速访问工具栏中单击"保存"按钮即可。

2. 另存文档

（1）当用户第一次保存当前文档到某个具体的目的地时，单击"文件"→"另存为"按钮，就会打开"另存为"窗口，如图 3-20 所示。

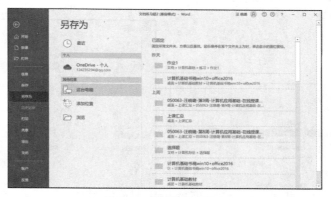

图 3-20　"另存为"窗口

（2）选择"其他位置"选项组中的"这台电脑"选项，选择要存放的位置，也可以"添加位置"或"浏览"，在目的地址列表中选择一个保存文件的位置。

（3）在"另存为"对话框的"文件名"文本框中输入文档名，若不输入文档名，则会以文档开头的第一句话作为文件名进行保存，如图 3-21 所示。

（4）在"保存类型"下拉列表中选择以何种文件格式保存当前文件。

（5）单击"保存"按钮，完成保存文档的操作。如果对文档再次进行修改，则单击"保存"按钮时，Word 将不会弹出"另存为"对话框，而会自动覆盖上次保存的文档。

为防止断电或系统故障造成信息丢失，可在工作过程中经常进行保存操作。

保存类型格式说明如下。

（1）Word 文档：Word 2016 默认的文档格式。

（2）RTF 格式：很多文字处理程序都能理解的文件格式，当将 Word 文档保存为 RTF 格式时，可能会丢失某些类型的数据和格式。

（3）纯文本：只保存无格式文本，清除文档中的文本格式、图形对象和表格等文本以外的元素。

（4）单个文件网页：将文本和图形等文档元素都保存到单个文件中。

（5）网页：将 Word 文档转换成网页格式，IE 浏览器不支持的格式将被清除。

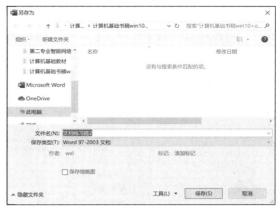

图 3-21　"另存为"对话框

（6）筛选过的网页：删除了网页中的 Microsoft Office 标记，可压缩文件大小，便于在各种浏览器中浏览或用电子邮件传送。

（7）Word 97-2013：只要将文档保存为这种格式，就可以用之前版本的 Word 打开。保存为兼容模式的文档在标题栏中会显示"兼容模式"。

1.6.2　自动保存文档

Word 2016 可以按照某一固定时间间隔自动对文档进行保存，这样能大大减少断电或死机时由于忘记保存文档所造成的损失。

设置"自动保存"功能的具体操作步骤如下。

（1）单击"文件"→"选项"按钮，弹出"Word 选项"对话框，在该对话框左侧选择"保存"选项卡，如图 3-22 所示。

图 3-22　"保存"选项卡

（2）在该对话框的"保存文档"选项组的"将文件保存为此格式"下拉列表中选择文件保存的类型。

（3）勾选"保存自动恢复信息时间间隔"复选框，并在其后的数值框中输入保存文件的时间间隔。

（4）在"自动恢复文件位置"文本框中输入保存文件的位置，或者单击"浏览"按钮，在弹出的"修改位置"对话框中设置保存文件的位置，如图 3-23 所示。

图 3-23　"修改位置"对话框

（5）设置完成后，单击"确定"按钮，即可完成文档自动保存的设置。

📌 小提示

Word 2016 中自动保存的时间间隔并不是越短越好。在默认状态下，自动保存时间间隔为 10 分钟，一般设置为 5～15 分钟较为合适，这需要根据计算机的性能及运行程序的稳定性来确定。如果时间太长，则发生意外时会造成重大损失；如果时间间隔太短，则 Word 2016 频繁的自动保存会干扰正常的工作。

工序 1.7　保护文档

在 Word 2016 中，用户可以指定使用某种特定的样式，并且可以规定不能更改这些样式。

单击"审阅"→"保护"→"限制编辑"按钮，打开"限制编辑"任务窗格，如图 3-24 所示。在该任务窗格中有 3 个选项组，其功能分别如下。

1. 格式化限制

在该选项组中勾选"限制对选定的样式设置格式"复选框，单击"设置"链接，弹出"格式化限制"对话框，如图 3-25 所示。在该对话框中限制文档格式，以防止他人对文档进行修改，还可以防止用户直接将格式应用于文本。

2. 编辑限制

勾选"仅允许在文档中进行此类型的编辑"复选框，在其下拉列表中选择"修订""批注""填写窗体""不允许任何更改（只读）"任一选项，如图 3-26 所示。

3. 启动强制保护

在"限制编辑"任务窗格中单击"是，启动强制保护"按钮，弹出"启动强制保护"对话框，如图 3-27 所示。

在该对话框的"新密码（可选）""确认新密码"文本框中分别输入密码，单击"确定"按钮，"限制编辑"任务窗格将有所改变。此时，文档的强制保护功能已经启动。

工序 1.8　应用主题的使用

主题是一套设计风格统一的元素和配色方案，包括字体、水平线、背景图像、项目符号以及其他文档元素。应用主题可以非常容易地创建出精美且具有专业水准的文档。

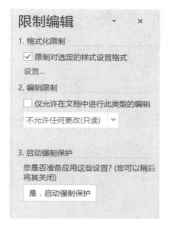

图 3-24　"限制编辑"任务窗格

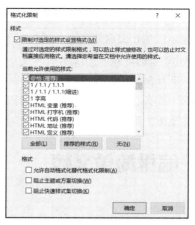

图 3-25　"格式化限制"对话框

图 3-26　编辑限制

图 3-27　"启动强制保护"对话框

在文档中，应用主题的具体操作步骤如下。

（1）单击"设计"→"主题"下拉按钮，弹出其下拉列表，如图 3-28 所示。

（2）在该下拉列表中可选择适当的文档主题。选择"浏览主题"选项，弹出"选择主题或主题文档"对话框，可在该对话框中打开相应的主题或包含该主题的文档。

（3）在该下拉列表中选择"保存当前主题"选项，弹出"保存当前主题"对话框，如图 3-29 所示，可在该对话框中保存当前的主题，以便以后继续使用。

图 3-28　"主题"下拉列表

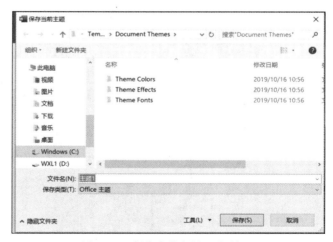

图 3-29　"保存当前主题"对话框

工序 1.9　退出 Word 2016

当编辑完文档后，需要关闭 Word，有两种方法可以退出 Word 2016。

（1）在 Word 2016 主窗口中，单击标题栏右侧的“关闭”按钮×。

（2）在 Word 2016 主窗口中，单击“文件”→“关闭”按钮。

在退出 Word 之前，如文档还未被保存，则系统会弹出询问对话框，如图 3-30 所示，询问是否要保存对文档的修改，若要保存，则单击“保存”按钮；否则单击“不保存”按钮，若是误操作，则单击“取消”按钮，返回主窗口。

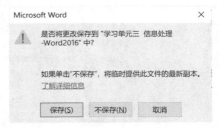

图 3-30 询问对话框

任务 2 编排简单文档

任务引述

如今，由于互联网的普遍运用，通知都以电子形式显示。为了美观，需根据通知内容的多少，适当调整字体、字号、行间距和段间距。下面通过排版一个通知来学习 Word 2016 的排版功能。通知效果图如图 3-31 所示。

关于中国图书馆学会 2020 年阅读推广课题申报的通知

作者：阅读推广委员会 发布时间：2020-04-07

××同志：

为激励广大图书馆从业人员学术研究和创新，推动图书馆阅读推广工作的深入发展，现决定开展中国图书馆学会 2020 年阅读推广课题申报工作。现将申报有关事项通知如下：

一、课题内容

本次申报分重点课题与一般课题两种形式。

（一）重点课题

重点课题指定题目如下：

1. 文旅融合背景下图书馆阅读推广服务创新。
2. 5G 时代的图书馆阅读推广。
3. 图书馆阅读空间建设研究。
4. 艺术类资源的阅读推广。

（二）一般课题

一般课题自由申报，申请人可在阅读推广研究范围内自行拟定课题题目。

二、课题申报时间

1. 2020 年 4 月 7 日开始接受申报，5 月 10 日截止。截止后不再接受申报材料。
2. 请课题申报人在规定时间内将推荐单位审查合格的“中国图书馆学会阅读推广课题立项申请书” “中国图书馆学会阅读推广课题论证活页”纸质版一式两份送交至阅读推广委员会秘书处，电子文本发送至指定邮箱。

三、课题申报要求

有关课题申报规定和要求，请仔细阅读《中国图书馆学会阅读推广课题申报说明》。课题申报所需的各种材料请从中国图书馆学会网站（http://www.lsc.org.cn）“通知公告”栏目或中国图书馆学会阅读推广委员会网站（http://www.lib-read.org/）下载。

申报课题须按照“中国图书馆学会阅读推广课题立项申请书”要求如实填写材料，并保证没有知识产权争议。

获准立项的课题项目负责人在课题执行期间应遵守相关承诺，履行约定义务，按期完成研究任务。课题结题经中国图书馆学会阅读推广委员会验收后，将发给结题证书。

希望各系统各单位广泛宣传，动员广大会员积极参与课题申报。

四、课题申报联系

中国图书馆学会阅读推广委员会秘书处	邮　编：
联 系 人：	电　话：
联系地址：	邮　箱：mailto: 123543245@qq.com

中国图书馆学会阅读推广委员会

2020 年 4 月 5 日

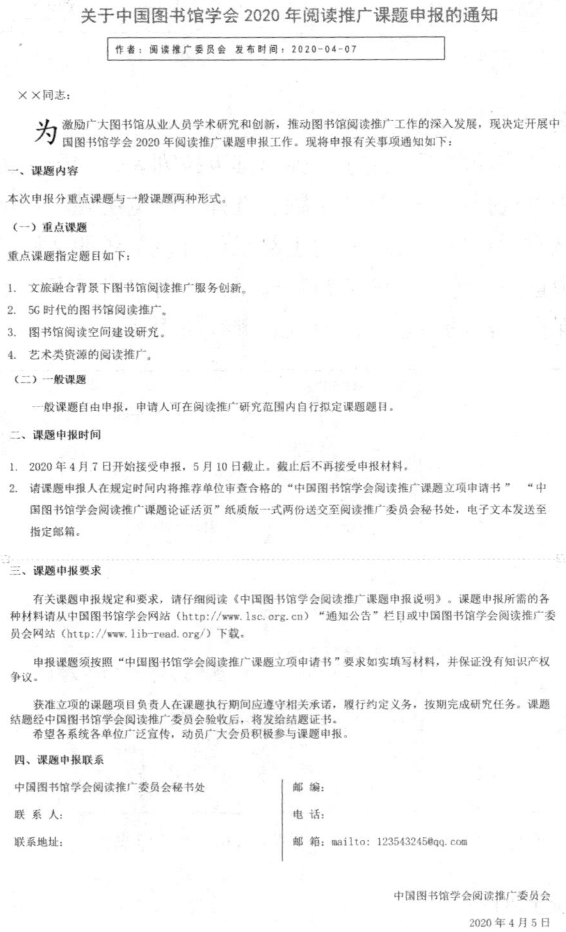

图 3-31 通知效果图

任务实施

工序 2.1 页面设置

（1）启动 Word 2016，切换到"布局"工具栏，如图 3-32 所示。

图 3-32 "布局"工具栏

（2）单击"布局"→"页面设置"组中的对话框启动器，弹出"页面设置"对话框，选择"页边距"选项卡，如图 3-33 所示，分别在"上""下""内侧""外侧"文本框中输入"1 厘米"。

（3）选择"纸张"选项卡，在"宽度"文本框中输入"24 厘米"，在"高度"文本框中输入"23 厘米"，如图 3-34 所示。

图 3-33 "页边距"选项卡

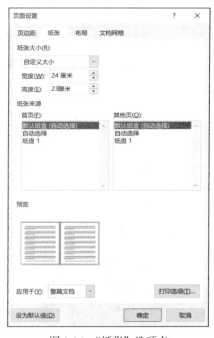

图 3-34 "纸张"选项卡

（4）选择"布局"选项卡，分别在"页眉""页脚"文本框中输入"0 厘米"，如图 3-35 所示。

📢小提示

在"页面设置"对话框中也可以设置纸张方向。选择"纸张方向"的"纵向"或"横向"选项框，最后单击"确定"按钮。

工序 2.2 输入通知函的内容并设置文本格式

2.2.1 简单字体设置

（1）页面设置完成后，单击"确定"按钮，输入图 3-36 所示的通知函内容。

图 3-35　"布局"选项卡

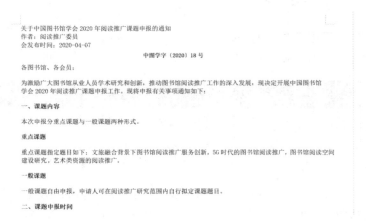

图 3-36　通知函内容

（2）选择第一行的"关于中国图书馆学会 2020 年阅读推广课题申报的通知"标题，设置字体为"黑体"，字号为"小二"，并单击"居中对齐"按钮，将其设置为居中对齐，如图 3-37 所示。

图 3-37　设置标题格式

（3）单击"开始"→"字体"→"A·（字体颜色）"下拉按钮，在弹出的下拉列表中选择"其他颜色"选项，如图 3-38 所示。

（4）弹出"颜色"对话框，在"标准"选项卡中选择文本颜色，完成后单击"确定"按钮，如图 3-39 所示。

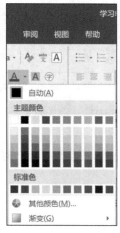

图 3-38　"其他颜色"选项

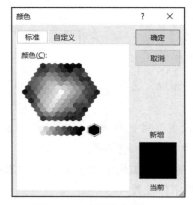

图 3-39　选择文本颜色

（5）选择"为激励广大图书馆从业人员学术研究和创新，推动图书馆阅读推广工作的深入发展……现将申报有关事项通知如下："文本，将其字体设置为"宋体"，字号设置为"小四"，将其下面的所有正文字体都设置为"宋体"，字号都为"五号"。

🔖 小提示

除了在工具栏中可以设置字体外，单击"字体"中的 ⌐ 符号，可以打开"字体"对话框，如图 3-40 所示。

2.2.2　高级字体设置

（1）选择"××同志"这段文字，在浮动格式工具栏中设置其字体为"黑体"，字号为"四号"，如图 3-41 所示。

图 3-40　"字体"对话框

图 3-41　设置文字格式

（2）重新将鼠标指针移动到文档最前面，选择"××同志"这段文字，单击"开始"→"字体"组中的对话框启动器，弹出"字体"对话框，选择"高级"选项卡，在"字符间距"选项组的"缩放"下拉列表中选择"90%"选项，将"间距"设置为"加宽"，"磅值"设置为"2磅"，如图 3-42 所示。

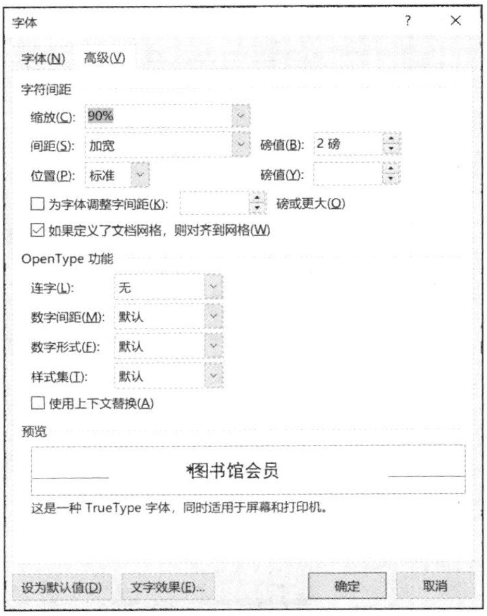

工序 2.3　设置段落格式

（1）保持文本的选中状态，单击"开始"→"段落"→"行和段落间距"下拉按钮，在弹出的下拉列表中选择"1.15"选项，如图 3-43 所示。

（2）选择"××同志"以下全部文本，单击"开始"→"段落"组中的对话框启动器，弹出"段落"对话框，选择"缩进和间距"选项卡，在"缩进"选项组的"特殊"下拉列表中选择"首行"选项，如图 3-44 所示。

图 3-42　设置字符间距

图 3-43　"行和段落间距"下拉列表

图 3-44　"段落"对话框

（3）选择"一、……"段落，在"开始"→"字体"组中将字体设置为"宋体"，字号设置为"小四"。

（4）保持段落的选中状态，单击"开始"→"段落"组中的对话框启动器，弹出"段落"对话框，在"大纲级别"下拉列表中选择"2 级"选项，在"缩进"选项组的"特殊"下拉列表中选择"（无）"选项，并将"间距"选项组中的"段前"与"段后"值都设置为"0.5 行"，如图 3-45所示，单击"确定"按钮。

（5）保持段落的选中状态，双击"开始"→"剪贴板"→"格式刷"按钮 ，如图 3-46所示。

图 3-45　设置段落格式

图 3-46　"格式刷"按钮

（6）将光标移动到"二、……"段落前，光标变成刷子形状，拖动鼠标选择该段落进行格式复制。

（7）按照同样的方法对段落"三、……""四、……""五、……""六、……"进行格式复制，完成后单击"开始"→"剪贴板"→"格式刷"按钮取消格式复制。

（8）同时选中倒数 2 行，单击"开始"→"段落"→"右对齐"按钮 ，使两个段落右对齐，文本效果如图 3-47 所示。

邮 箱：mailto: 123543245@qq.com

中国图书馆学会阅读推广委员会

2020 年 4 月 5 日

图 3-47　文本效果

（9）保持倒数 2 行文字的选中状态，单击"开始"→"段落"组中的对话框启动器，弹出"段落"对话框，在"间距"选项组的"段前"文本框中输入"0.5 行"，在"行距"下拉列表中选择"固定值"选项，并在"设置值"文本框中输入"16 磅"，如图 3-48 所示。在浮动格式工具栏中设置其字体为"宋体"、字号为"四号"。

图 3-48　设置落款的段落格式

工序 2.4　添加文本框

（1）单击"插入"→"文本"→"文本框"下拉按钮，在弹出的下拉列表中选择"绘制横排文本框"选项，如图 3-49 所示，给"作者：阅读推广委员会 发布时间：2020-04-07"加一个文本框。

（2）用鼠标拖动文本框边框，调整其大小和位置，如图 3-50 所示。

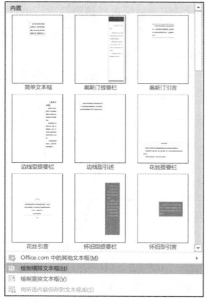

图 3-49 选择"绘制横排文本框"选项

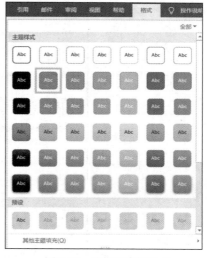

图 3-50 调整文本框大小和位置

（3）保持文本框的选中状态，单击"绘图工具-格式"→"形状样式"→"其他"下拉按钮 ，如图 3-51 所示。

（4）在弹出的下拉列表中选择一种文本框格式，此处选择"彩色轮廓—金色，强调颜色 4"选项，如图 3-52 所示。

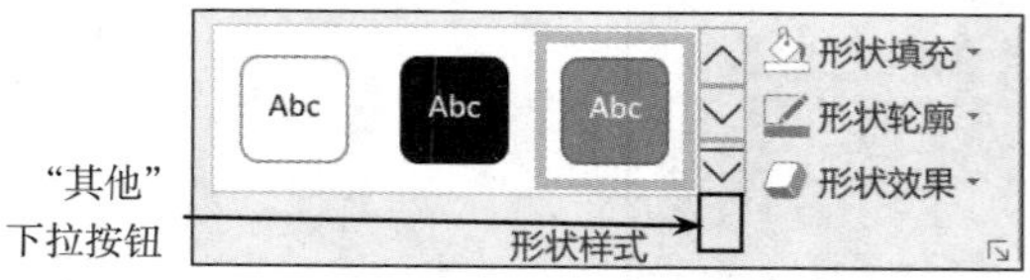

图 3-51 "形状样式"组

图 3-52 选择文本框格式

工序 2.5 设置文本编号

（1）选择"重点课题指定题目如下："下方的文本内容，单击"开始"→"段落"→"编号"下拉按钮，在弹出的下拉列表中选择需要的编号格式，如图 3-53 所示。

（2）对于文档其他需要编号的文本内容，采用步骤（1）所述的方法设置编

3-1 小知识：绘制竖排文本框

号，并单击条目左上角的  按钮，选择"重新开始编号"选项，如图 3-54 所示。

1. 2020 年 4 月 7 日开始接受申报，5 月 10 日截止。截止后不再接受申报材料。
2. 请课题申报人在规定时间内将推荐单位审查合格的"中国图书馆学会阅读推广课题立项申请书""中国图书馆学会阅读推广课题论证活页"纸质版一式两份送交至阅读推广委员会秘书处，电子文本发送至指定邮箱。

图 3-53　选择编号格式 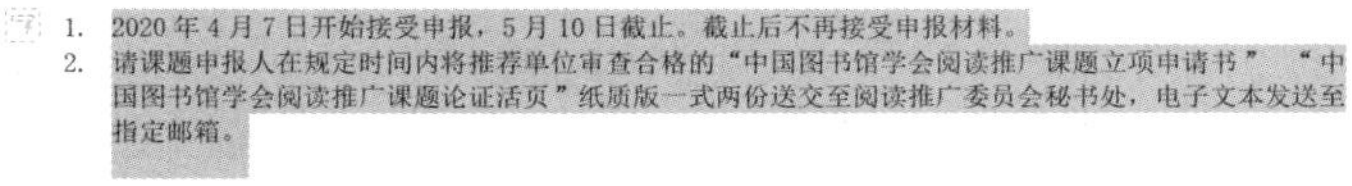　　　　　　　　　　　　图 3-54　重新开始编号

工序 2.6　插入超链接

2.6.1　链接网页

（1）选择"中国图书馆学会网站"，单击"插入"→"链接"→"超链接"按钮，弹出"插入超链接"对话框。

（2）选择"现有文件或网页"选项，在地址栏中输入"http://www.lsc.org.cn"，单击"确定"按钮，如图 3-55 所示。

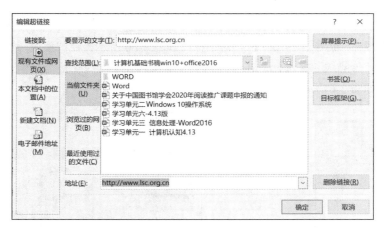

图 3-55　插入网页超链接

（3）将网页地址链接添加到文档中，可以看到，添加了网页链接的文本颜色变为蓝色，并且出现下划线，如图 3-56 所示。

（4）按住"Ctrl"键并单击添加了链接的文本，将打开网页窗口。

中国图书馆学会网站（http://www.lsc.org.cn）

图 3-56　添加了网页链接的文本

2.6.2　链接电子邮件

（1）单击"插入"→"链接"→"超链接"按钮，弹出"插入超链接"对话框。

（2）选择"电子邮件地址"选项，在"电子邮件地址"文本框中输入邀请人的电子邮件地址，在"主题"文本框中输入主题，如图 3-57 所示。

图 3-57　链接电子邮件

（3）设置完成后单击"确定"按钮，将电子邮件链接添加到文档中，按住"Ctrl"键即可打开邮件窗口，单击添加了链接的文本后，文本链接会呈红色，如图 3-58 所示。

邮 箱：mailto: 123543245@qq.com

图 3-58　添加了邮件链接的文本

工序 2.7　分栏排版

在 Word 2016 中进行分栏设置的常用方法有以下两种。

（1）选定要进行分栏排版的文字，单击"布局"→"页面设置"→"栏"下拉按钮，在弹出的下拉列表（见图 3-59）中选择"两栏"选项，即可把原文档分为两栏。

（2）如需加上分隔线，则可单击"布局"→"页面设置"→"栏"下拉按钮，在弹出的下拉列表中选择"更多栏"选项，弹出"栏"对话框。如图 3-60 所示，在"预设"选项组中选择"两栏"选项，勾选"分隔线"复选框，在"应用于"下拉列表中选择"整篇文档"选项，单击"确定"按钮，效果如图 3-61 所示。

图 3-59　"栏"下拉列表

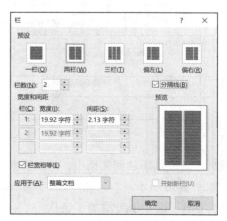

图 3-60　"栏"对话框

图 3-61　效果

✎小提示

在分栏的过程中，除了可以采用相同的栏宽外，还可以分别设置每栏的宽度间距。

工序 2.8　设置首字下沉

首字下沉是指将 Word 文档中段首的一个文字放大，并进行下沉或悬挂设置，以凸显段落或整篇文档的开始位置。在 Word 2016 中设置首字下沉或悬挂的操作步骤如下。

（1）打开 Word 2016 文档窗口，将插入点定位到需要设置首字下沉的段落中。单击"插入"→"文本"→"首字下沉"下拉按钮。

（2）在弹出的下拉列表（见图 3-62）中选择"下沉"或"悬挂"选项，设置首字下沉或首字悬挂效果。

图 3-62　"首字下沉"下拉列表

（3）如果选择"首字下沉选项"选项，则会弹出"首字下沉"对话框，如图 3-63 所示。选择"下沉"选项，并选择字体为"华文新魏"，设置"下沉行数"为 2。完成设置后，单击"确定"按钮。首字下沉的效果如图 3-64 所示。

图 3-63　"首字下沉"对话框

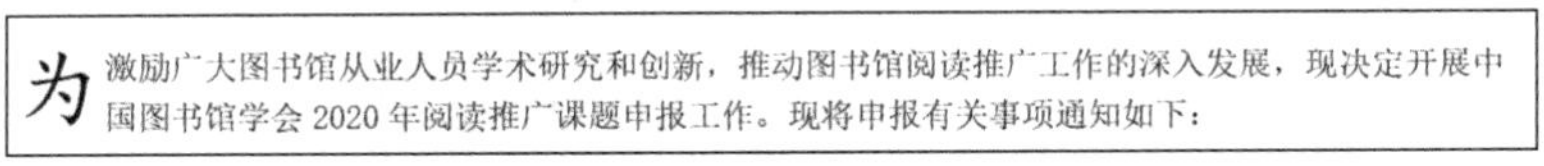

为激励广大图书馆从业人员学术研究和创新，推动图书馆阅读推广工作的深入发展，现决定开展中国图书馆学会 2020 年阅读推广课题申报工作。现将申报有关事项通知如下：

图 3-64　首字下沉的效果

工序 2.9　邮件合并

2.9.1　创建收件人名单

（1）单击"邮件"→"开始邮件合并"→"选择收件人"下拉按钮，在弹出的下拉列表中选择"键入新列表"选项，如图 3-65 所示。

（2）弹出"新建地址列表"对话框，输入收件人的名称与邮箱地址，单击"新建条目"按钮，创建 3 个新的收件人条目，输入收件人的名称与邮箱地址。

图 3-65　"键入新列表"选项

（3）所有的收件人信息添加完成后，单击"确定"按钮，弹出"保存通讯录"对话框，输入文件名、保存路径，完成后单击"保存"按钮即可。

2.9.2　实现邮件合并功能

（1）单击"邮件"→"开始邮件合并"→"邮件合并分步向导"按钮，弹出"邮件合并"任务窗格，选择文档类型为"信函"，单击"下一步：开始文档"按钮，如图 3-66 所示。

（2）选中"使用当前文档"单选按钮，单击"下一步：选择收件人"按钮，如图 3-67 所示。

（3）选中"使用现在列表"单选按钮，单击"下一步：撰写信函"按钮，如图 3-68 所示。单击"编辑收件人列表"链接，可看到刚刚创建好的收件人。

（4）在图 3-69 中选择其他项目，弹出"插入合并域"对话框，选择要插入的域为"姓名"，单击"插入"按钮，如图 3-70 所示。插入"姓名"域后的文档如图 3-71 所示。

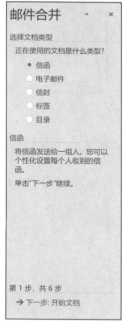

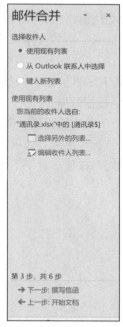
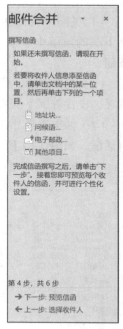

图 3-66　邮件合并第一步　　图 3-67　邮件合并第二步　　图 3-68　邮件合并第三步　　图 3-69　邮件合并第四步

（5）单击"下一步：预览信函"按钮，就会看见姓名已插入文档中，如图 3-72 所示。Word会自动显示最后一位联系人，单击收件人右侧的按钮，可切换收件人。

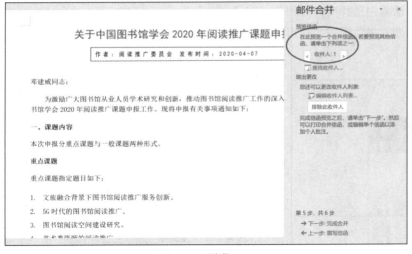

图 3-70　"插入合并域"对话框　　　　　　图 3-71　插入"姓名"域后的文档

（6）单击"下一步：完成合并"按钮，即可"打印"或"编辑单个信函"，完成邮件合并，如图 3-73 所示。

图 3-72　预览信函　　　　　　　　　　　图 3-73　完成邮件合并

2.9.3　发送通知函

（1）启动邮件发送程序 Outlook，单击"邮件"→"完成"→"完成并合并"下拉按钮，在弹出的下拉列表中选择"发送电子邮件"选项，如图 3-74 所示。

（2）弹出"合并到电子邮件"对话框，在"主题行"文本框中输入"关于中国图书馆学会 2020 年阅读推广课题申报的通知"，完成后单击"确定"按钮即可，如图 3-75 所示。完成后保存文件。

工序 2.10　应用背景

在默认情况下，Word 文档使用白纸作为背景，但有时为了增强文档的吸引力，需要为文档设置背景。用户可以为背景应用渐变、图案、图片、纯色或纹理等效果，对其进行平铺或重复，以填充页面。

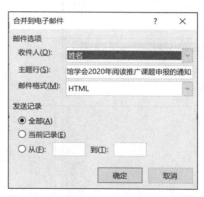

图3-74　选择"发送电子邮件"选项　　　　图3-75　"合并到电子邮件"对话框

在文档中应用背景的具体操作步骤如下。

（1）单击"设计"→"页面背景"→"页面颜色"下拉按钮，弹出其下拉列表，如图 3-76 所示。

（2）在该下拉列表中选择所需的颜色。如果没有用户需要的颜色，则可选择"其他颜色"选项，在弹出的"颜色"对话框中选择所需的颜色。

（3）也可以选择"填充效果"选项，弹出"填充效果"对话框，如图3-77所示。

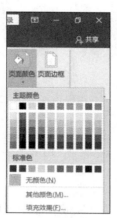

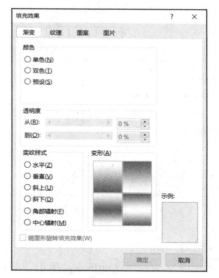

图3-76　"页面颜色"下拉列表　　　　图3-77　"填充效果"对话框

（4）在该对话框中可将渐变、纹理、图案及图片设置为文档的背景。例如，在"图片"选项卡中单击"选择图片"按钮，弹出"选择图片"对话框。

（5）在该对话框中选择需要的图片，单击"插入"按钮，返回到"填充效果"对话框中，单击"确定"按钮完成设置，效果如图3-78所示。

图 3-78　文档背景效果

任务 3　排版长文档

任务引述

在日常的工作和学习中，有时会遇到长文档的编辑。由于长文档内容多，目录结构复杂，不使用正确的方法，整篇文档的编辑可能会事倍功半，最终的效果也不尽如人意。本任务旨在以"毕业论文"排版为例，说明如何利用 Word 2016 提供的简便功能，使用户轻松完成长文档的编排。下面以图 3-79 所示的毕业论文为例，学习如何对毕业论文这种长文档进行排版。

图 3-79　毕业论文排版的效果

任务实施

工序 3.1　套用内建样式

（1）启动 Word 2016，在"打开"窗口中打开素材文件夹中的"长文档排版-素材.docx"文件，如图 3-80 所示。

图 3-80 "打开"窗口

（2）选择标题"基于 B/S 模式的视频点播系统的设计与实现"，单击"开始"→"样式"组中的☑按钮，在弹出的下拉列表中选择"标题 1"选项，如图 3-81 所示。单击"开始"→"段落"→"居中对齐"按钮，使标题居中对齐。

（3）拖动鼠标选择除标题外的所有文本，单击"开始"→"段落"组中的对话框启动器，弹出"段落"对话框，在"行距"下拉列表中选择"固定值"选项，在"设置值"文本框中输入"18磅"，在"特殊"下拉列表中选择"首行"选项，如图 3-82 所示。完成后单击"确定"按钮。

图 3-81 选择"标题 1"选项

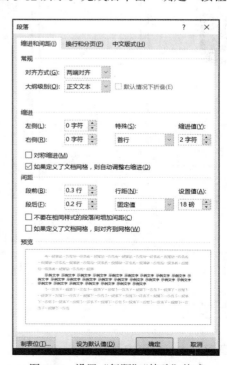

图 3-82 设置"行距""特殊"格式

工序 3.2　自定义样式

（1）单击"开始"→"样式"组中的 ☑ 按钮，在弹出的下拉列表中选择"创建样式"选项，弹出"根据格式化创建新样式"对话框，在"名称"文本框中输入"论文样式 1"，如图 3-83 所示。

（2）在"样式"下拉列表中选择"论文样式 1"选项，如图 3-84 所示。

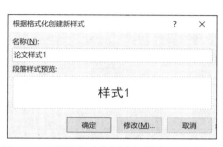

图 3-83　"根据格式化创建新样式"对话框 1

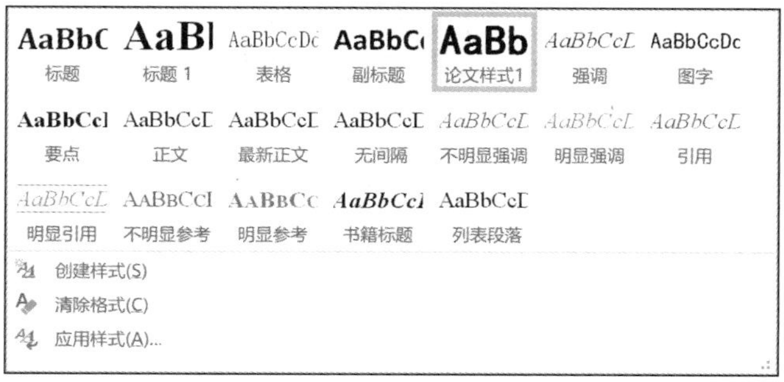

图 3-84　"样式"下拉列表

（3）选择"应用样式"选项，弹出"应用样式"对话框，如图 3-85 所示。

（4）在"应用样式"对话框中单击"修改"按钮，弹出"修改样式"对话框，在"格式"选项组中将"字体"设置为"黑体"，"字号"设置为"三号"，如图 3-86 所示。

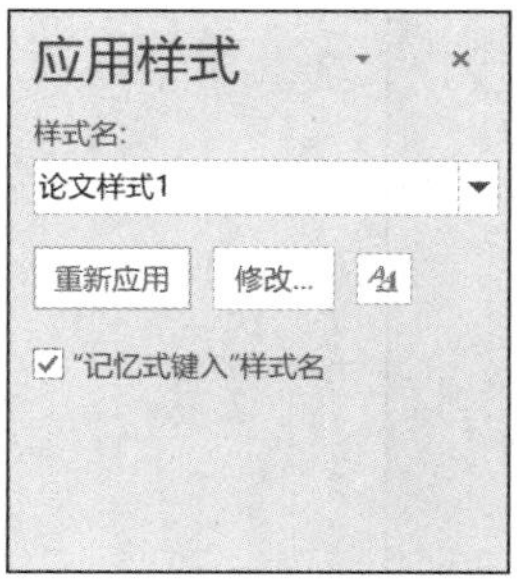

图 3-85　"应用样式"对话框

图 3-86　"修改样式"对话框

（5）在文档中选择"绪论"，在 Word 窗口中选择新建的"论文样式 1"选项，如图 3-87 所示。新建的"论文样式 1"便应用于所选的文字。

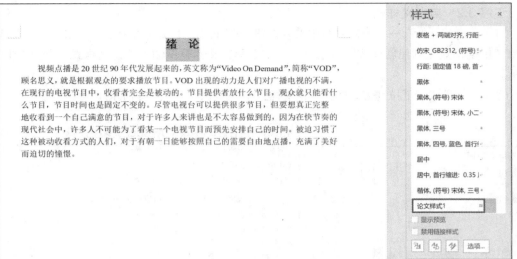

图 3-87 应用样式

（6）按照同样的方法将新建的"论文样式 1"应用于"第一章……"到"第四章……"，以及"结论""参考文献"。

（7）根据步骤（1）～步骤（4），在"名称"文本框中输入"论文样式 2"，在"格式"选项组中将"字体"设置为"黑体"，"字号"设置为"四号"，如图 3-88 所示。完成后单击"确定"按钮，新建的样式即可显示在"样式"下拉列表中。

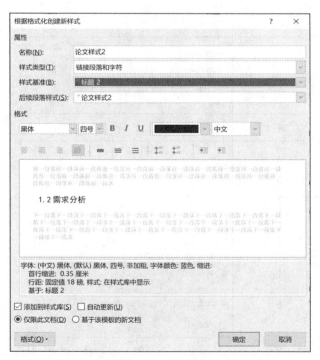

图 3-88 "根据格式化创建新样式"对话框 2

（8）在文档中选择节标题，如"1.1……"，在"样式"下拉列表中选择新建的"论文样式 2"

选项，新建的"论文样式 2"便应用于所选的文字。

工序 3.3 将文本转换为表格

（1）选择需要转换为表格的文本，如图 3-89 所示。

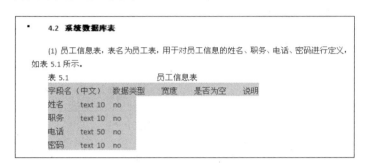

图 3-89 选择文本

（2）单击"插入"→"表格"→"表格"下拉按钮，在弹出的下拉列表中选择"文本转换成表格"选项，如图 3-90 所示。

（3）弹出"将文字转换成表格"对话框，进行相关设置后单击"确定"按钮，如图 3-91 所示，即可将文本转换为表格。

图 3-90 选择"文本转换成表格"选项

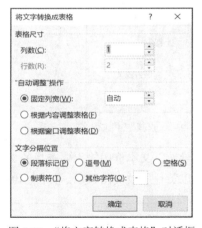

图 3-91 "将文字转换成表格"对话框

工序 3.4 长文档定位到特定位置

如果一个文档太长，或者知道将要定位的位置，则可使用"定位"功能直接定位到所需的特定位置。该功能在长文档的编辑中非常有用。

使用"定位"功能定位的具体操作步骤如下。

（1）单击"开始"→"编辑"→"查找"下拉按钮，在弹出的下拉列表中选择"转到"选项，弹出"查找和替换"对话框，默认情况下显示"定位"选项卡。

（2）在"定位目标"列表框中选择所需的定位对象，如选择"页"选项。

（3）在"输入页号"文本框中输入具体的页号，如输入"5"，如图 3-92 所示。

（4）单击"定位"按钮，插入点将移至第 5 页的第一行的起始位置。

图 3-92 "定位"选项卡

（5）单击"关闭"按钮，关闭"查找和替换"对话框。

工序 3.5 查找和替换文本

查找是指在文档中查找用户指定的内容，并将光标定位到找到的内容中。查找文本的具体操作步骤如下。

（1）单击"开始"→"编辑"→"查找"下拉按钮，在弹出的下拉列表（见图 3-93）中选择"高级查找"选项，弹出"导航"任务窗格，如图 3-94 所示。

图 3-93 "查找"下拉列表 　　　　　图 3-94 "导航"任务窗格

（2）在"导航"文本框中输入要查找的文字，单击 🔍 按钮，Word 将自动查找所有指定的相关字符串，并以黄色底纹突出显示，如图 3-95 所示。

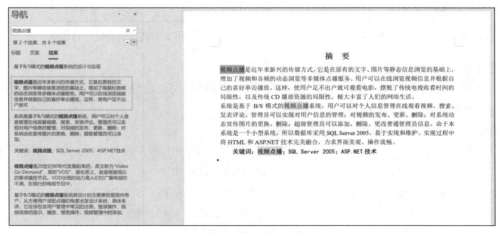

图 3-95 查找文本

（3）在"查找和替换"对话框中选择"查找"选项卡，单击"更多"按钮，将打开"查找"选项卡的高级形式，如图 3-96 所示。

（4）在"搜索选项"选项组的"搜索"下拉列表中可设置查找的范围。如果希望在查找过程中区分字母的大小写，则可勾选"区分大小写"复选框。

（5）单击"格式"下拉按钮，在弹出的下拉列表中选择"字体"选项，弹出"查找字体"对话框，在该对话框中设置要查找的文本的字体。

（6）单击"格式"下拉按钮，在弹出的下拉列表中选择"段落"选项，弹出"查找段落"对话框，在该对话框中设置要查找的文本的段落格式。

（7）查找完文本后，单击"取消"按钮，关闭"查找和替换"对话框。

替换是指先查找所需要替换的内容，再按照指定的要求给予替换。替换文本的具体操作步骤如下。

（1）单击"开始"→"编辑"→"替换"按钮，弹出"查找和替换"对话框，默认显示"替换"选项卡，如图 3-97 所示。

图 3-96 "查找"选项卡的高级形式　　　　图 3-97 "替换"选项卡

（2）在该选项卡的"查找内容"文本框中输入要查找的内容；在"替换为"文本框中输入要替换的内容。

（3）单击"替换"按钮，即可将文档中的内容替换。

（4）如果要一次性替换文档中的全部被替换对象，则可单击"全部替换"按钮，系统将自动替换全部内容。替换完成后，系统弹出图 3-98 所示的提示框，告知替换了几处，并询问是否要重头继续替换。

（5）单击"替换"选项卡中的"更多"按钮，将打开"替换"选项卡的高级形式。在该选项卡中单击"格式"下拉按钮，可对替换文本的字体、段落格式等进行设置。

工序 3.6　分页

将光标定位到标题"目录""绪论"之间，单击"插入"→"页面"→"分页"按钮，如图 3-99 所示，目录将独自为一页。

图3-98　提示框

图3-99　单击"插入"→"页面"→"分页"按钮

小提示

按"Ctrl+Enter"组合键也可以实现分页操作。如果要将分页符和分节符删除，则只需选中分页符或分节符，然后按"Delete"键即可。

小思考

分节符和分页符分别包括哪些？它们之间有什么区别呢？这篇论文中如果每一章节都要单独成为一部分，应该采用哪一种方法来实现呢？

工序 3.7　添加页眉和页脚

（1）打开页眉页脚有两种方法：第一种方法，单击"插入"→"页眉和页脚"→"页眉"或"页脚"下拉按钮，如图3-100所示；第二种方法，双击页面上方空白区域，即可以对页眉页脚进行编辑。

图3-100　第一种方法

（2）在弹出的下拉列表中选择"空白"选项，此时选择的页眉样式已经插入页眉区域，并且激活了页眉区域，如图3-101所示。

图3-101　插入页眉

（3）单击"插入"→"页眉和页脚"→"页脚"下拉按钮，在弹出的下拉列表中选择"空白"选项，此时选择的页脚样式已经插入页脚区域，并且激活了页脚区域，如图3-102所示。

图3-102　插入页脚

工序 3.8　插入页码

（1）保持页脚激活状态，单击"插入"→"页眉和页脚"→"页码"下拉按钮，在弹出的下拉列表中选择"当前位置"→"加粗显示的数字"选项，如图 3-103 所示。

（2）页脚设置效果如图 3-104 所示。

图 3-103   "加粗显示的数字"选项　　　　　　　图 3-104   页脚设置效果

工序 3.9   插入封面

（1）将光标定位到页首左上角，单击"插入"→"页面"→"封面"下拉按钮，在弹出的下拉列表（见图 3-105）中选择"积分"选项。

（2）单击封面中的"文档标题"控件，输入"江苏经贸职业技术学院"。单击"文档副标题"控件，输入日期，单击"摘要"控件，输入"系统是基于 B/S 模式的系统，用户可以对个人信息管理在线观看视频、搜索、发表评论。管理员可以实现对用户信息的管理"，单击"作者"控件，输入作者姓名，单击"课程标题"控件，输入"于 B/S 模式的视频点播系统的设计与实现"，并加大字号。完成后封面效果如图 3-106 所示。

工序 3.10   插入时间

用户可以直接在文档中插入日期和时间，也可以使用 Word 2016 提供的插入日期和时间功能，具体操作步骤如下。

（1）将插入点定位在要插入日期和时间的位置。

图 3-105   "封面"下拉列表

（2）在功能区选择"插入"选项卡"文本"组中的"日期和时间"选项，弹出"日期和时间"对话框，如图 3-107 所示。

（3）用户可根据需要在"语言（国家/地区）"下拉列表中选择一种语言，在"可用格式"列表中选择一种日期和时间格式。

图 3-106　封面效果

图 3-107　"日期和时间"对话框

（4）如果勾选"自动更新"复选框，则以域的形式插入当前的日期和时间。该日期和时间是一个可变的数值，它可根据打印的日期和时间的改变而改变。取消勾选"自动更新"复选框，则可将插入的日期和时间作为文本永久地保留在文档中。

工序 3.11　插入图片

（1）选中封面中的"风景"图片，按"Delete"键删除图片。

（2）单击"插入"→"插图"→"图片"按钮，插入新图片，如图 3-108 所示。

（3）保持图片的选中状态，单击"图片工具-格式"→"图片样式"组中的∨按钮，在弹出的下拉列表中选择"柔化椭圆边缘"选项，如图 3-109所示。此时，插入的图片效果如图 3-110 所示。

图 3-108　插入新图片

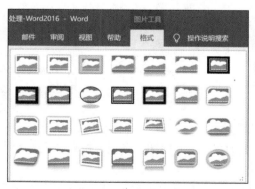

图 3-109　选择"柔化椭圆边缘"选项

图 3-110　插入的图片效果

（4）如图片和文字有交叉，则选中插入的图片后，就会出现隐藏的“图片工具-格式”菜单，单击“排列”→“位置”下拉按钮，在弹出的下拉列表中选择“其他布局选项”选项，弹出“布局”对话框，如图 3-111 所示。选择“文字环绕”选项卡，选择“浮于文字上方”选项，将图片拖动到合适的位置。

小提示

当图片的环绕方式为“嵌入型”时，图片是不能被移动的，当图片的环绕方式为其他 6 种方式时，图片是可以被移动的。同时要注意，要想应用 Word 2016 制作出精美的图片，不能将 Word 运行在兼容模式下，因为在这个模式下，只能对图片进行一些常规的设置。

3-2　小知识：如何组合多个图片及文本框

工序 3.12　添加脚注

（1）将光标定位到第一章第一句“系统的需求分析是软件生存周期中重要的一步，也是最关键的一步”中的“系统”后，单击“引用”→“脚注”→“插入脚注”按钮，如图 3-112 所示。

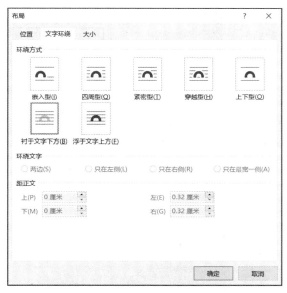

布局
位置
文字环绕
大小
环绕方式
嵌入型(I)
四周型(Q)
紧密型(T)
穿越型(H)
上下型(O)
衬于文字下方(B)
浮于文字上方(F)
环绕文字
两边(S)
只在左侧(L)
只在右侧(R)
只在最宽一侧(A)
距正文
上(P)　0 厘米
下(M)　0 厘米
左(E)　0.32 厘米
右(G)　0.32 厘米
确定
取消

图 3-111　“布局”对话框

文件
开始
插入
设计
布局
引用
添加文字
更新目录
目录
AB
插入脚注
插入尾注
下一条脚注
显示备注
目录
脚注

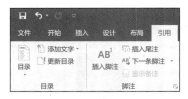

图 3-112　“插入脚注”按钮

（2）在本页最下端显示脚注编辑区，在编辑区中输入注释文字，此时把鼠标指针指向文本“系统”，就会出现相应的解释，如图 3-113 所示。

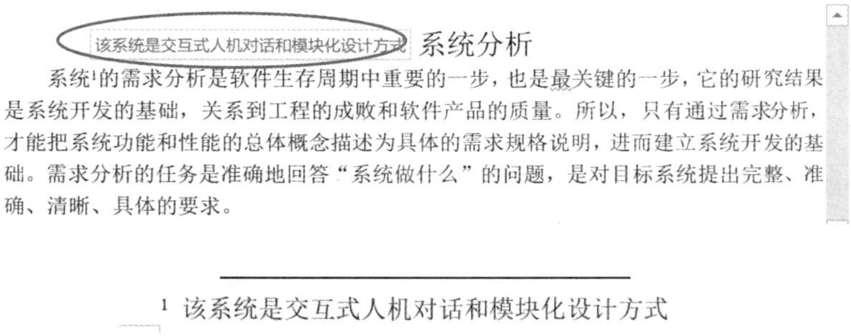

该系统是交互式人机对话和模块化设计方式
系统分析
系统¹的需求分析是软件生存周期中重要的一步，也是最关键的一步，它的研究结果是系统开发的基础，关系到工程的成败和软件产品的质量。所以，只有通过需求分析，才能把系统功能和性能的总体概念描述为具体的需求规格说明，进而建立系统开发的基础。需求分析的任务是准确地回答“系统做什么”的问题，是对目标系统提出完整、准确、清晰、具体的要求。
¹ 该系统是交互式人机对话和模块化设计方式

图 3-113　插入脚注的效果

工序 3.13　添加尾注

（1）将光标定位到第一章第一小节的第一句"可行性分析的目的就是用最小的代价在尽可能短的时间内确定问题是否能够解决。"中的"可行性分析"后，单击"引用"→"脚注"→"插入尾注"按钮，如图 3-114 所示。

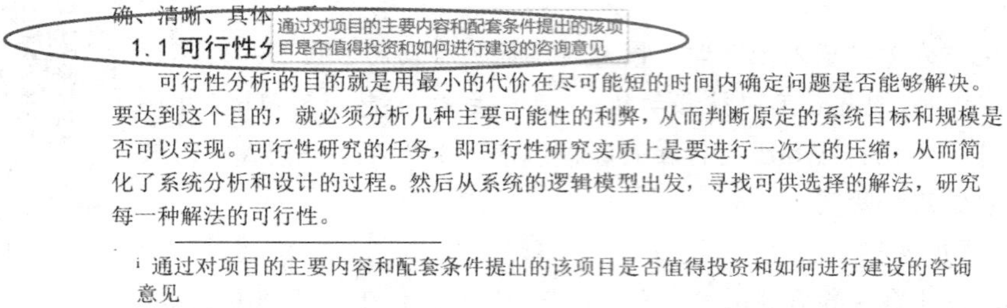

确、清晰、具体

1.1 可行性分　通过对项目的主要内容和配套条件提出的该项目是否值得投资和如何进行建设的咨询意见

可行性分析的目的就是用最小的代价在尽可能短的时间内确定问题是否能够解决。要达到这个目的，就必须分析几种主要可能性的利弊，从而判断原定的系统目标和规模是否可以实现。可行性研究的任务，即可行性研究实质上是要进行一次大的压缩，从而简化了系统分析和设计的过程。然后从系统的逻辑模型出发，寻找可供选择的解法，研究每一种解法的可行性。

i 通过对项目的主要内容和配套条件提出的该项目是否值得投资和如何进行建设的咨询意见

图 3-114　插入尾注的效果

（2）在论文的尾端显示尾注编辑区，在编辑区中输入注释文字，此时把鼠标指针指向"可行性分析"，就会出现相应的解释。

工序 3.14　添加题注

（1）将光标定位到文档中的某一图片的下方，单击"引用"→"脚注"→"插入题注"按钮，如图 3-115 所示。

（2）弹出"题注"对话框，如图 3-116 所示。单击"新建标签"按钮，会弹出"新建标签"对话框，在"标签"文本框中输入"图"，单击"确定"按钮，就会产生一个新的标签，如图 3-117 所示。

图 3-115　"插入题注"按钮

图 3-116　"题注"对话框

（3）在图片的下方插入题注，选择刚刚新建的标签，在图片的下方会自动出现"图 1"，如图 3-118 所示。

图 3-117　"新建标签"对话框

图 3-118　插入新的题注

工序 3.15　域的使用

域是一种特殊的代码，用于指明在文档中插入何种信息。域在文档中有两种表现形式，即域代码和域结果。域代码是一种代表域的符号，它包含域符号、域类型和域指令。域结果就是当 Word 执行域指令时，在文档中插入的文字或图形。

使用域可以在 Word 中实现数据的自动更新和文档自动化，例如，插入可自动更新的时间和日期、自动创建和更新目录等。

1．插入域

插入域的具体操作步骤如下。

（1）将光标定位到需要插入域的位置。

（2）单击"插入"→"文本"→"文档部件"下拉按钮，在弹出的下拉列表中选择"域"选项，弹出"域"对话框，如图 3-119 所示。

（3）在该对话框中单击"公式"按钮，弹出 "公式"对话框，如图 3-120 所示，在该对话框中可编辑域代码。

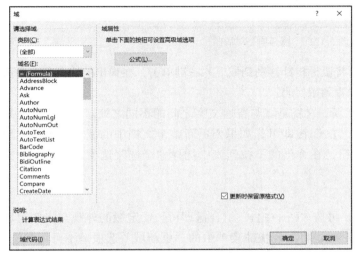

图 3-119　"域"对话框

图 3-120　"公式"对话框

（4）在"域"对话框的"类别"下拉列表中选择要插入域的类别，如选择"时间和日期"选项；在"域名"列表框中选择需要插入的域。

（5）单击"域代码"按钮后再单击"选项"按钮，弹出"域选项"对话框，如图 3-121 所示。

（6）在该对话框中选择开关类型，单击"添加到域"按钮，即可为域代码添加开关。

（7）设置完成后，单击"确定"按钮，即可在文档中插入选定的域。

技巧：按"Ctrl+F9"组合键，即可直接输入需要的域代码。

2．查看和更新域

在文档中插入域后，用户还可以查看域和更新域。

（1）查看域。查看域有两种方式，即查看域结果或查看域代码。一般情况下，在文档中看到的是域结果，在显示的域代码中可以对插入的域进行编辑。Word 允许用户在这两种方式之间切换。

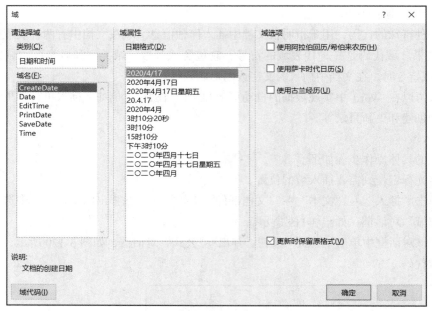

图 3-121 "域选项"对话框

如果用户需要查看域代码，则可将鼠标指针移动到域上并右键单击，在弹出的快捷菜单中选择"切换域代码"选项，可在文档中看到域代码。

（2）更新域。域的内容可以被更新，这就是域与普通文字之间的不同之处。如果要更新某个域，则先选中域或域结果，再按"F9"键即可；如果要更新整个文档中的域，则单击"开始"→"编辑"→"选择"下拉按钮，在弹出的下拉列表中选择"全选"选项，选定整个文档，按"F9"键即可。

3. 锁定域和解除域锁定

如果要锁定域，则先选中该域，再按"Ctrl+F11"组合键即可。锁定域的外观与未锁定域的外观相同，但在锁定域上右键单击时，将发现快捷菜单中的"更新域"选项呈不可用状态，即该域不随着文档的更新而更新。

如果要解除域锁定以便更新域结果，则先选中该域，再按"Ctrl+Shift+F11"组合键即可。

工序 3.16　添加目录

（1）勾选"视图"→"显示"→"导航窗格"复选框，如图 3-122 所示。

图 3-122　勾选"导航窗格"复选框

（2）打开"导航"任务窗格，在其中可以查看文档的结构，如图 3-123 所示。

（3）若文档的结构无误，则将光标定位到"目录"下方，单击"引用"→"目录"下拉按钮，在弹出的下拉列表中选择"自动目录 2"选项，如图 3-124 所示，弹出"目录"对话框。

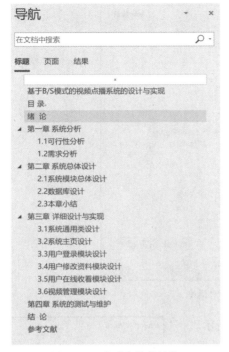

图 3-123　查看文档的结构

图 3-124　选择"自动目录 2"选项

（4）经过上述操作即可在文档中插入目录，效果如图 3-125 所示。

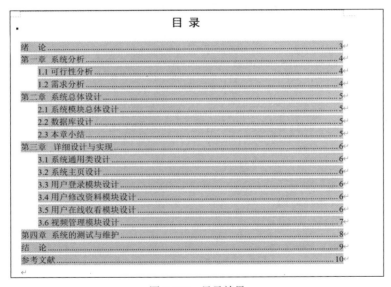

图 3-125　目录效果

工序 3.17　设置目录

（1）单击"引用"→"目录"→"目录"下拉按钮，在弹出的下拉列表选择"自定义目录"选项，弹出"目录"对话框，在"制表符前导符"下拉列表中选择最后一项，在"格式"下拉列表中选择"流行"选项，如图 3-126 所示，完成后单击"确定"按钮。

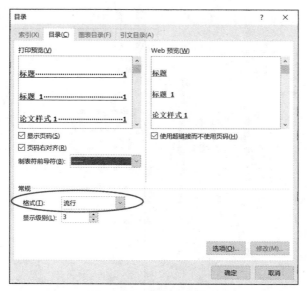

图 3-126 "目录"对话框

（2）弹出"Microsoft Word"对话框，如图 3-127 所示。

（3）单击"是"按钮，此时文档中的目录根据设置进行了相应的调整。设置目录样式后的效果如图 3-128 所示。

（4）选中目录，在"段落"对话框中设置行距为"29 磅"。

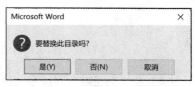

图 3-127 "Microsoft Word"对话框

目 录

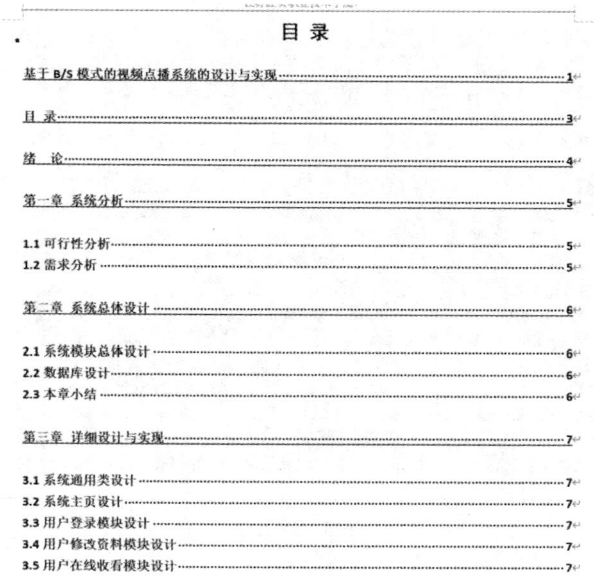

图 3-128 设置目录样式后的效果

工序 3.18 更新目录

（1）将文档中"第三章 详细设计与实现"更改为"第三章 系统详细设计与实现"。对标题进行修改后，对目录也应进行相应的修改，单击"引用"→"目录"→"更新目录"按钮 更新目录 ，弹出

"更新目录"对话框，选中"更新整个目录"单选按钮，完成后单击"确定"按钮，如图 3-129 所示。

（2）此时，文档的目录进行了相应的修改，目录更新效果如图 3-130 所示。

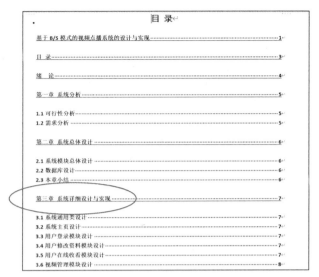

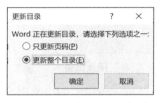

图 3-129　"更新目录"对话框　　　　　　图 3-130　目录更新效果

工序 3.19　拼写和语法检查

（1）单击"文件"→"选项"按钮。

（2）弹出"Word 选项"对话框，选项"校对"选项卡，按图 3-131 设置"在 Word 中更正拼写和语法时"选项组，完成后单击"确定"按钮。

图 3-131　"Word 选项"对话框

（3）文档中以红色与绿色波浪线显示有拼写与语法错误的词句，在带有波浪线的词句上右键单击，在弹出的快捷菜单中选择"语法"选项，如图 3-132 所示。

（4）在文档的右侧打开"校对"任务窗格，如果出现有拼写与语法错误的词句，则可在其中进行修改，如图 3-133 所示。如果觉得显示了错误的词句是正确的，则可单击"忽略"按钮。

图 3-132　"语法"选项

图 3-133　"校对"任务窗格

（5）按照同样的方法检查并修改词句，直至检查完毕。

工序 3.20　打印文档

（1）单击"文件"→"打印"按钮，在右侧窗格中拖动滚动条可预览打印效果，如图 3-134 所示。

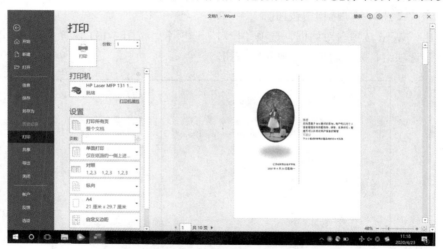

图 3-134　预览打印效果

（2）单击"打印"按钮，即可进行打印。

任务 4　制作表格

任务引述

Word 2016 提供了很丰富的表格编辑功能，可以非常方便地生成较为复杂的表格。表格以行和列的形式体现，结构严谨、效果直观且信息量大。Word 的表格具有创建、选择、插入、合并及排序等强大的编排功能，表格与文本之间还能相互转换。本任务内容：为学院财务处设计"教师工资结构月报表"，并用图示比较教师工资情况。

宝洁中国公司的前台有一行醒目的英文："P&G，175 years of innovation."这是 2012 年贴上去的，除了能说明这是一家有足够资历的公司之外，还说明它是一家始终能保持创新活力的公司。

数据和数字化正在重塑宝洁。在宝洁的会议室里，可供 16 个人就座的椭圆形会议桌前有一面高 8 英尺（约 2.4m）、宽 32 英尺（约 9.8m）的愿景墙（见图 3-135）。这面墙由两块凹形的屏幕组成，是一个实时显示系统，每次开会时用到的各种纷繁复杂的经营数据都会在上面以图形或者表格的形式，用不同的颜色直观地呈现出来。这些数据都是信息决策部门（IDS）通过商业分析决策系统从宝洁内部近 90 多个大的基础业务流程中实时收集、整理出来的。这些数据来自生产线、销售人员、销售渠道的超市和门店，都是对不同层级的业务运营情况的最真实反映。

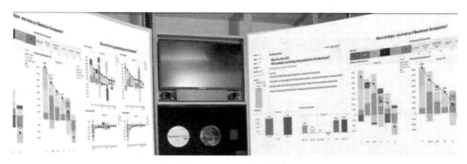

图 3-135　宝洁愿景墙

🐿小思考

在日常生活中会遇到哪些类型的图表？你认为什么类型的图表类型最为合理？

任务实施

工序 4.1　插入表格

（1）启动 Word 2016，在文档中单击，输入"教师结构工资月报表"，设置字体为"黑体"，字号为"小四"，并居中对齐。

（2）在文字后按"Enter"键换行，单击"插入"→"表格"→"表格"下拉按钮，在弹出的下拉列表中选择"插入表格"选项，如图 3-136 所示。

（3）弹出"插入表格"对话框，在"列数"文本框中输入"7"，在"行数"文本框中输入"5"，如图 3-137 所示。设置完成后，单击"确定"按钮，在文档中插入表格。

📢小提示

"插入表格"下拉菜单的表格框，最多只能插入 8×10 的表格，如图 3-136 所示。

工序 4.2　合并单元格

（1）拖动鼠标选中表格第 1 列的第 1、2 单元格，单击"表格工具-布局"→"合并"→"合并单元格"按钮，如图 3-138 所示。

（2）刚刚选择的表格第 1 列的第 1、2 单元格被合并，效果如图 3-139 所示。

图 3-136　"插入表格"选项

图 3-137　"插入表格"对话框

图 3-138　"合并单元格"按钮

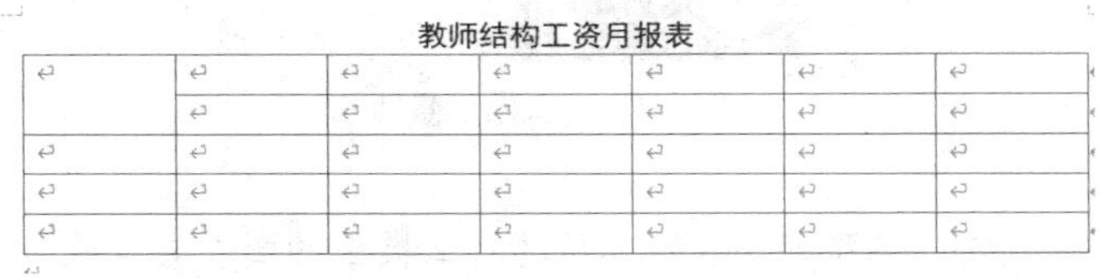

教师结构工资月报表

图 3-139　合并单元格后的效果

（3）合并其他单元格，如图 3-140 所示。

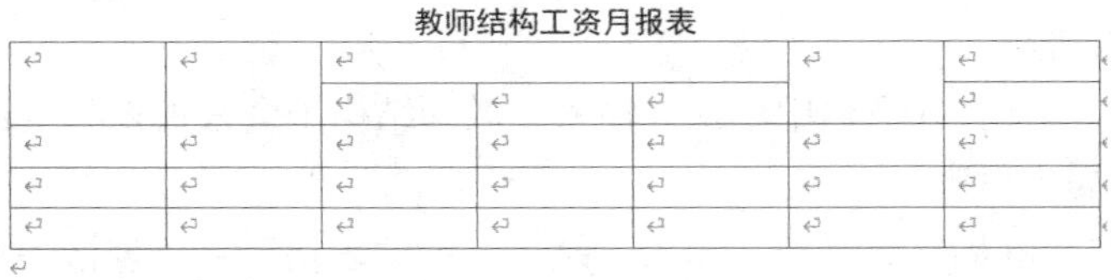

教师结构工资月报表

图 3-140　合并其他单元格

工序 4.3　调整表格

（1）在表格第 7 列的任意单元格中单击，单击"表格工具-布局"→"行和列"→"删除"下拉按钮，在弹出的下拉列表中选择"删除列"选项。或右键单击，在弹出的快捷菜单中选择"删除单元格"选项，在弹出的"删除单元格"对话框中选中"删除整列"单选按钮，如图 3-141 所示。表格的第 7 列被删除。

（2）在表格第 4 行的任意单元格中单击，单击"表格工具-布局"→"行和列"→"在下方插入"按钮，在表格中添加一个新行，如图 3-142 所示。

图 3-141　"删除单元格"对话框

教师结构工资月报表

图 3-142　插入新行

工序 4.4　添加斜线表头

在表格第 1 行第 1 列的单元格中单击，单击"表格工具-设计"→"边框"→"边框"下拉按钮，选择"斜上框线"选项，如图 3-143 所示。

3-3　小知识：利用右键快捷菜单和光标按钮调整表格中的行和列

<!-- 小提示图标 -->🖌 **小提示**

单元格的对齐方式也可以通过右键快捷菜单来实现，右键单击选中的单元格，在弹出的快捷菜单中选择"表格属性"命令，打开"表格属性"对话框，在"单元格"选项卡中选择合适的方式即可。要想改变单元格的文字方向，也可以右键单击所选单元格，从弹出的快捷菜单中选择"文字方向"命令，在弹出的"文字方向-表格单元格"对话框中进行设置即可。

工序 4.5　输入内容并设置格式

（1）在表格第 1 行第 1 列的单元格中单击，输入"项目"，按"Enter"键，再输入"姓名"，选择所有数字，单击"表格工具-布局""对齐方式"→"中部右对齐"按钮 。将其他文本字号设置为"五号"、字体设置为"宋体"，如图 3-144 所示。

（2）单击表格左上方的按钮 ，选择整个表格，单击"表格工具-设计"→"边框"→"笔样式"下拉按钮，在弹出的下拉列表中选择第 13 种笔样式，如图 3-145 所示，单击"表格工具-设计"→"边框"→"边框"下拉按钮，在弹出的下拉列表中选择"外侧框线"选项，如图 3-146 所示。边框线就设置好了，效果如图 3-147 所示。

图 3-143　"斜上框线"选项

教师结构工资月报表

项目\姓名	基本工资	结构工资			实发工资
		课时费	教案费	作业费	
张敏	2560	465	67	56	
刘伟	2789	640	84	12	
李琴	3000	345	23	98	
总计					

图 3-144　输入文字并设置格式

图 3-145　选择笔样式

139

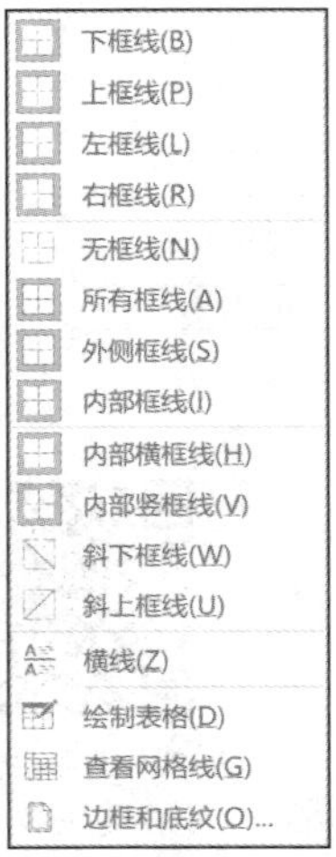

下框线(B)

上框线(P)

左框线(L)

右框线(R)

无框线(N)

所有框线(A)

外侧框线(S)

内部框线(I)

内部横框线(H)

内部竖框线(V)

斜下框线(W)

斜上框线(U)

横线(Z)

绘制表格(D)

查看网格线(G)

边框和底纹(O)...

图 3-146　"外侧框线"选项

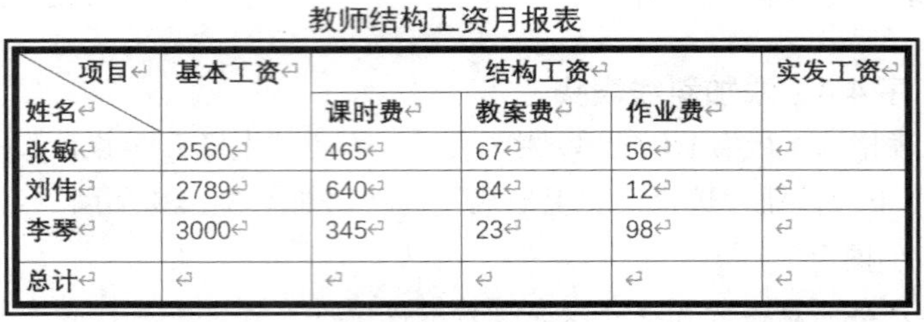

教师结构工资月报表

项目＼姓名	基本工资	结构工资			实发工资
		课时费	教案费	作业费	
张敏	2560	465	67	56	
刘伟	2789	640	84	12	
李琴	3000	345	23	98	
总计					

图 3-147　边框线效果

（3）单击"表格工具-设计"→"表格样式"→"底纹"下拉按钮，在弹出的下拉列表中选择"蓝色，个性色 1，淡色 60%"选项，为第一行和第一列设置底纹，如图 3-148 所示。

📢 小提示

在"表格样式"下拉列表中选择"新建表格样式"命令，打开"根据格式设置创建新样式"对话框，利用该对话框可以新建一个表格样式；选择"修改表格样式"命令，打开"修改样式"对话框，利用该对话框可以修改当前选中的表格样式；选择"清除"命令，可以删除选中的表格样式，如图 3-149 所示。

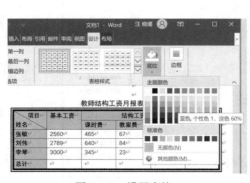

图 3-148　设置底纹

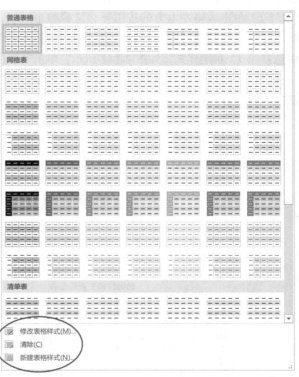

图 3-149　表格样式

工序 4.6　计算数据

（1）将光标定位到第 2 行第 6 列的单元格中，单击"表格工具-布局"→"数据"→"公式"按钮，弹出"公式"对话框，在"公式"文本框中输入函数"=SUM(left)"，完成后单击"确定"按钮，即可得出计算结果，如图 3-150 所示。

（2）按照同样的方法或者按"Ctrl+Y"组合键（重复上一步操作）计算下面两个单元格的"实发工资"。在"总计"行最后一个单元格中输入公式"=SUM(ABOVE)"，计算完成后如图 3-151 所示。

图 3-150　输入函数

教师结构工资月报表

项目\姓名	基本工资	结构工资			实发工资
		课时费	教案费	作业费	
张敏	2560	465	67	56	3148
刘伟	2789	640	84	12	3525
李琴	3000	345	23	98	3466
总计					10139

图 3-151　计算完成后

（3）选择"总计"行后 5 个单元格，单击"表格工具-布局"→"合并"→"合并单元格"按钮，或者右键单击，在弹出的快捷菜单中选择"合并单元格"选项，效果如图 3-152 所示。

教师结构工资月报表

项目\姓名	基本工资	结构工资			实发工资
		课时费	教案费	作业费	
张敏	2560	465	67	56	3148
刘伟	2789	640	84	12	3525
李琴	3000	345	23	98	3466
总计	10139				

图 3-152　合并单元格

工序 4.7　插入图表

（1）将光标定位到表格以下，按两次"Enter"键。单击"插入"→"插图"→"图表"按钮，如图 3-153 所示。

图 3-153　"图表"按钮

（2）弹出"插入图表"对话框，在对话框左侧选择"柱形图"选项，在右侧选择"簇状柱形图"选项，如图 3-154 所示。

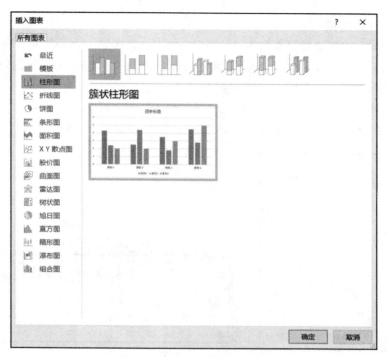

图 3-154　"插入图表"对话框

（3）完成后单击"确定"按钮，打开 Excel 2016 窗口，在 Word 2016 中创建与 Excel 2016 中的内容对应的图表，如图 3-155 所示。

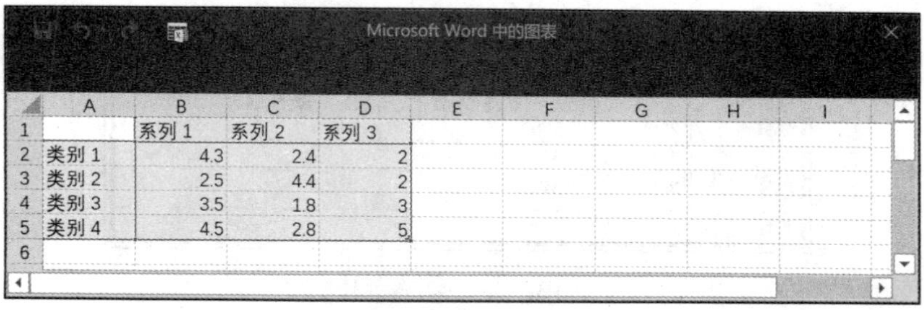

图 3-155　Excel 2016 图表

工序 4.8　编辑数据

（1）把 Word 表格对应的数据粘贴到 Excel 表格中，单击粘贴数据右下角的"粘贴选项"图标，在弹出的下拉列表中选择"匹配目标格式"按钮，即可将粘贴的表格格式去掉，如图 3-156 所示。

图 3-156　将粘贴的表格格式去掉

（2）复制姓名，拖动区域的右下角，调整图表数据区域的大小，如图 3-157 所示。

	A	B	C	D
1		系列 1	系列 2	系列 3
2	张敏	465	67	56
3	刘伟	640	84	12
4	李琴	345	23	98
5	类别 4	4.5	2.8	5
6				

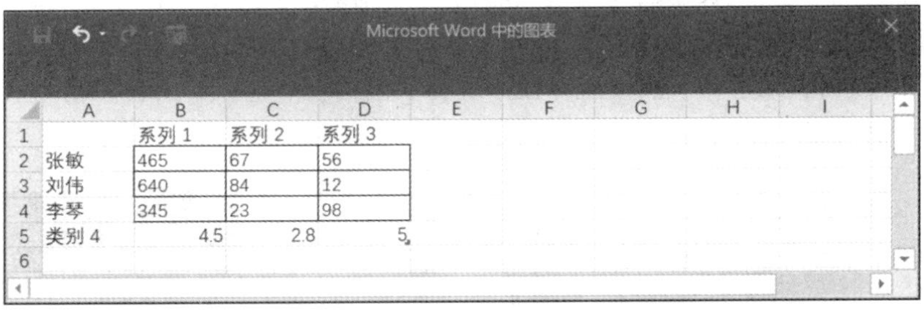

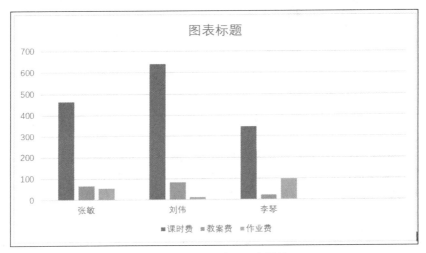

图 3-157 调整图表数据区域的大小

（3）保存 Excel 中的数据，关闭 Excel，此时 Word 中的图表效果如图 3-158 所示。

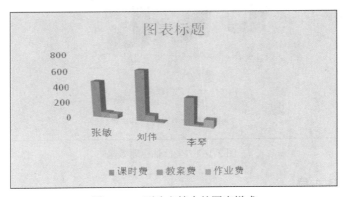

图 3-158 Word 中的图表效果

（4）单击“图表工具-设计”→“类型”→“更改图表类型”按钮，弹出“更改图表类型”对话框，在对话框左侧选择“柱形图”选项，在右侧选择“三维簇状柱形图”选项。

（5）完成后单击“确定”按钮，更改文档中的图表样式，如图 3-159 所示。

图 3-159 更改文档中的图表样式

工序 4.9　添加标题

（1）选中图表中的"图表标题"，在文本框中输入新的图表标题"教师结构工资月报图"，并将其字体设置为"华文隶书"，字号设置为"20"，如图 3-160 所示。单击"图表工具-设计"→"图表布局"→"添加图表元素"下拉按钮，在弹出的下拉列表中选择"图表标题"→"图表上方"选项，如图 3-161 所示。

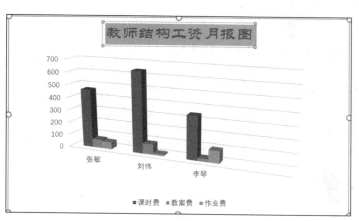

图 3-160　修改图表标题

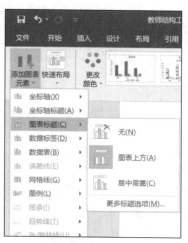

图 3-161　"图表上方"选项

（2）单击"图表工具-设计"→"图表布局"→"添加图表元素"下拉按钮，在弹出的下拉列表中选择"坐标轴标题"→"主要横坐标轴"选项，输入"姓名"，在"主要纵坐标轴"中输入"结构工资"。完成后将其字体设置为"华文隶书"，字号设置为"11"，效果如图 3-162 所示。

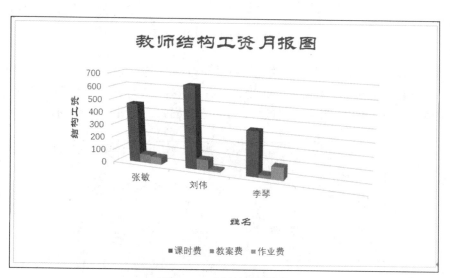

图 3-162　坐标轴标题效果

工序 4.10　快速布局

单击"图表工具-设计"→"图表布局"→"快速布局"下拉按钮，在弹出的下拉列表中选择

"布局 5"选项，如图 3-163 所示。

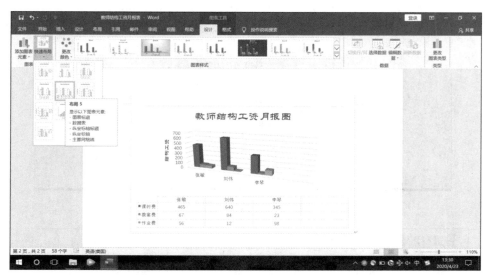

图 3-163　图表布局

工序 4.11　设置图例

单击"图表工具-设计"→"图表布局"→"添加图表元素"下拉按钮，在弹出的下拉列表中选择"图例"→"顶部"选项，在顶部显示图例，如图 3-164 所示。

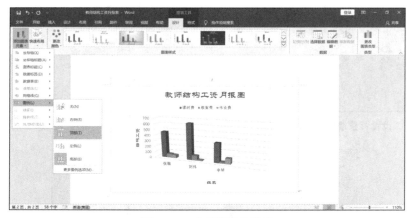

图 3-164　在顶部显示图例

工序 4.12　设计图表样式

单击"图表工具-设计"→"图表样式"组中的▽按钮，在弹出的下拉列表中选择"样式 3"选项，如图 3-165 所示。

工序 4.13　设置背景

（1）在图表上右键单击，在弹出的快捷菜单中选择"设置背景墙格式"选项，在 Word 右侧会打开"设置背景墙格式"任务窗格，如图 3-166 所示。

（2）选中"图片或纹理填充"单选按钮，如图 3-167 所示。单击"纹理"右侧的下拉按钮，在弹出的下拉列表中选择"画布"选项，即可为图表添加背景墙，背景墙效果如图 3-168 所示。

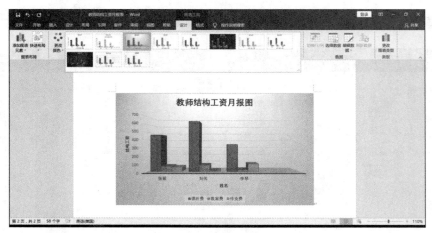

图 3-165　选择图表样式

图 3-166　"设置背景墙格式"任务窗格

图 3-167　"图片或纹理填充"单选按钮

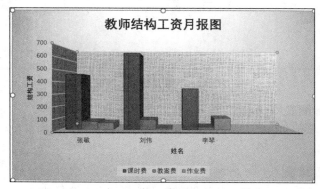

图 3-168　背景墙效果

工序 4.14　设置图表区域格式

（1）在图表上右键单击，在弹出的快捷菜单中选择"设置图表区域格式"选项，在 Word 右侧会打开"设置图表区格式"任务窗格，如图 3-169 所示。

（2）在如图 3-170 所示的"渐变填充"的"预设渐变"下拉列表中选择"底部聚光灯-个性色6"选项，"类型"为"射线"，即可为图表区设置底色，效果如图 3-171 所示。

图 3-169　"设置图表区格式"任务窗格

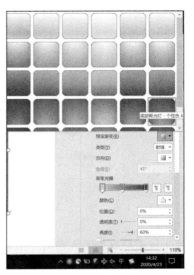

图 3-170　选择渐变填充

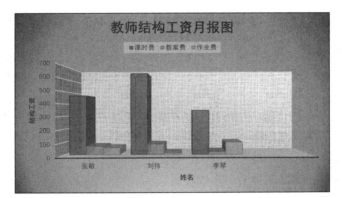

图 3-171　图表区域效果

任务 5　建立编辑图形

任务引述

Word 2016 具有强大的图文混排功能，可以非常方便地在文档中插入图片、剪贴画、艺术字、文本框、形状和 SmartArt 图形，并且可对插入的对象进行编辑和修饰，以美化文档。本任务就是在 Word 中使用图片、形状、文本框、艺术字等元素，运用一定的设计知识和制作技巧，制作出简洁、精美且具有吸引力的 Word 文档。

随着科技的发展和生活节奏的加快，现代人进入了这样一个时代：文字让人厌倦，让人不过瘾，需要图片不断刺激我们的眼球，激发我们的未知欲并触动我们的神经。

有人说，现在已经进入"读图时代"，各种各样的图铺天盖地呈现在人们眼前，读图已经成为风尚。图像的特点是生动形象、信息量大。图 3-172 就清晰形象地说明了 Android 版本的发展史。

图 3-172　Android 版本的发展史

小思考

读图时代极大地改变了人们的生活，请思考读图时代的人们应该如何正确运用图像、图形、图表等工具。

任务实施

工序 5.1　插入艺术字

（1）启动 Word 2016，单击"布局"→"页面设置"→下拉按钮，在弹出的下拉列表中选择"横向"选项。

（2）在文档开始处单击，输入"学生会结构图"。选中文档中输入的文本，单击"插入"→"文本"→"艺术字"下拉按钮，在弹出的下拉列表中选择"填充：蓝色，主题色 5；边框：白色，背景色 1；清晰阴影：蓝色，主题色 5"选项，如图 3-173 所示。

（3）选中艺术字，设置其字体为"微软雅黑"，字号为"28"。

（4）单击插入的艺术字对象，会出现隐藏的"绘图工具"，单击"绘图工具-格式"→"艺术字样式"→"文本填充"下拉按钮，在弹出的下拉列表中选择"黑色，文字 1"选项。单击"文本轮廓"下拉按钮，在弹出的下拉列表中选择"蓝色"选项。单击"开始"→"段落"→"居中"按钮，使文字居中对齐。标题效果如图 3-174 所示。

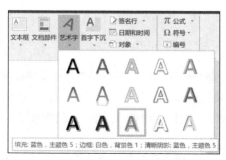

图 3-173　艺术字样式

图 3-174　标题效果

小提示

插入艺术字，也可以直接单击"插入"选项卡，在"文本"组中单击"艺术字"按钮，打开"艺术字库样式"列表框，在其中选择需要的艺术字样式，再在文本框中输入汉字。

工序 5.2　插入组织结构图

（1）在艺术字后按"Enter"键换行，单击"插入"→"插图"→"SmartArt"按钮，弹出"选择 SmartArt 图形"对话框，如图 3-175 所示，选择"层次结构"选项卡，选择所需要的层次结构。

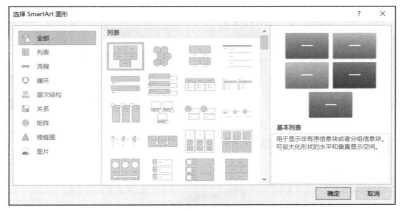

图 3-175　"选择 SmartArt 图形"对话框

（2）完成后单击"确定"按钮，将层次结构图插入到文档中，如图 3-176 所示。

工序 5.3　添加项目

（1）将光标定位到第 2 层结构中第 1 个形状的边框上，当光标变成十字箭头形状时，单击边框选中该形状，单击"SmartArt 工具-设计"→"创建图形"→"添加形状"下拉按钮，在弹出的下拉列表中选择"在后面添加形状"选项，这样就会在所选形状右边添加一个形状，如图 3-177 所示。

（2）按同样的方法，选择"在后面添加形状"选项完成形状添加，如图 3-178 所示。

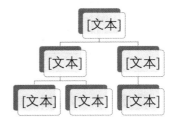

图 3-176　层次结构图

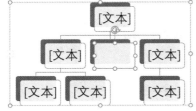

图 3-177　添加一个形状

图 3-178　完成形状添加

工序 5.4　更改版式

（1）单击"SmartArt 工具-设计"→"版式"组中的 ▽ 按钮，弹出其下拉列表，如图 3-179 所示。

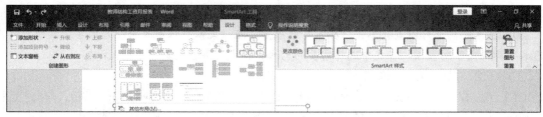

图 3-179　"版式"下拉列表

（2）插入组织结构图后的效果如图 3-180 所示。

工序 5.5　输入文本

在第 1 层中的形状内部单击，在第 1 行中输入"学生会"，将"字号"设置为 18；按照同样的方法输入第 2 层文本框中的内容，将"字号"设置为 17；接着输入第 3、4 层文本框中的内容，将"字号"设置为 16；最后将各个形状调整到合适的大小，效果如图 3-181 所示。

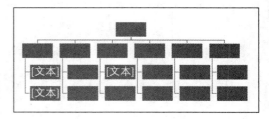

图 3-180　插入组织结构图后的效果

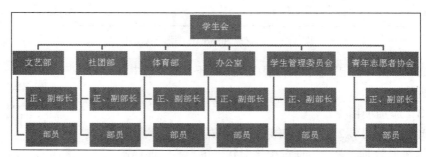

图 3-181　输入文本后的效果

工序 5.6　美化组织结构图

（1）选择组织结构图，单击"SmartArt 工具-设计"→"SmartArt 样式"组中的▽按钮，在弹出的下拉列表（见图 3-182）中选择"三维"→"嵌入"选项。

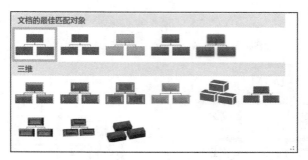

图 3-182　"SmartArt 样式"下拉列表

（2）单击"SmartArt 工具-设计"→"SmartArt 样式"→"更改颜色"下拉按钮，在弹出的下拉列表（见图 3-183）中选择"彩色"组中的第三个选项。

（3）保存文档，学生会结构图制作完成，最终效果如图 3-184 所示。

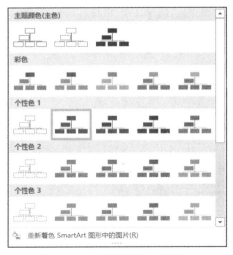

图 3-183　"更改颜色"下拉列表

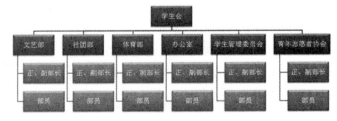

图 3-184　学生会结构图最终效果

✎ 小提示

按住"Shift"键的同时单击下方各文本框，然后拖曳鼠标，即可使各文本框获得统一的大小。

工序 5.7　插入符号

在输入文本的过程中，有时需要插入一些键盘上没有的特殊符号。插入特殊符号的具体操作步骤如下。

（1）在功能区选择"插入"选项卡中的"符号"组，选择"符号"选项，弹出"符号"下拉菜单，如图 3-185 所示。

（2）单击"其他符号"按钮，弹出"符号"对话框，如图 3-186 所示。在该对话框中的"字体"下拉列表中选择所需的字体，在"子集"下拉列表中选择所需的选项。

（3）在列表框中选择需要的符号，单击"插入"按钮，即可在插入点处插入该符号。

图 3-185　"符号"下拉菜单

（4）此时对话框中的"取消"按钮变为"关闭"按钮，单击"关闭"按钮关闭对话框。

（5）在"符号"对话框中打开"特殊字符"选项卡，如图 3-187 所示。

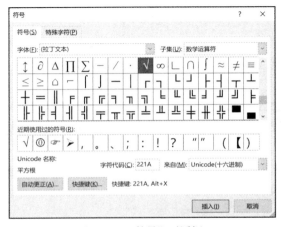

图 3-186　"符号"对话框

图 3-187　"特殊字符"选项卡

（6）选中需要插入的特殊字符，然后单击"插入"按钮，再单击"关闭"按钮，即可完成特殊字符的插入。

🔖小提示

在"符号"对话框中单击"快捷键"按钮，弹出"自定义键盘"对话框，如图 3-188 所示。将光标定位在"请按新快捷键"文本框中，然后直接按要定义的快捷键，单击"指定"按钮，再单击"关闭"按钮，完成插入符号的快捷键设置。这样，当用户需要多次使用同一个符号时，只需按所定义的快捷键即可插入该符号。

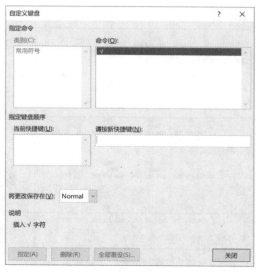

图 3-188　"自定义键盘"对话框

任务6　练习

工序 6.1　编辑简单的 Word 2016 文档

【实训目的】

能够创建、打开、输入和保存文档。

【实训内容】

（1）新建 Word 文档并在其中输入以下内容（段首暂不要空格），在桌面上新建一个文件夹，以 W1.docx 为文件名（保存类型为"Word 文档"）将新建文档保存在新建文件夹中，并关闭该文档。

WordStar（简称 WS）是一个较早产生并已十分普及的文字处理系统，风行于 20 世纪 80 年代，汉化的 WS 在我国曾非常流行。1989 年，中国香港金山计算机公司推出的 WPS(Word Processing System）是完全针对汉字处理重新开发设计的，在当时我国的软件市场上独占鳌头。

随着 Windows 1995 中文版的问世，Office 1995 中文版也同时发布，但 Word 1995 存在着在其环境下可存的文件不能在 Word 6.0 中打开的问题，降低了人们对其使用的热情。新推出的 Word 1997 不但很好地解决了这个问题，而且适应信息时代的发展，增加了许多新功能。

（2）打开所建立的 W1.docx 文件，在文本的最前面插入标题"文字处理软件的发展"，在文本的最后另起一段，输入以下内容，并保存文件。

1990 年 Microsoft 推出的 Windows 3.0 是一种全新的图形化用户界面的操作环境，受到软件开发者的青睐，英文版的 Word for Windows 因此诞生。1993 年，Microsoft 推出 Word 5.0 的中文版。1995 年，Word 6.0 的中文版问世。

（3）使"1989……占鳌头。"另起一段。将正文第三段最后一句"……增加了许多新功能。"改为"……增加了许多全新的功能。"。将最后两段正文互换位置。在文本的最后另起一段，复制标题以下的四段正文。

（4）将后四段文本中所有的"Microsoft"替换为"微软公司"，并利用拼写检查功能检查所输入的英文单词是否有拼写错误，如果存在拼写错误，请将其改正。

（5）以不同的视图显示文档。

（6）将文档以同名另存到 U 盘中。

工序 6.2　制作格式复杂的文档

【实训目的】

掌握字体和段落格式的设置。

【实训内容】

按以下要求，制作图 3-189 所示的复杂格式的文档。

（1）文字居中、黑体、小三号、红色、阴文。

（2）首行缩进 2 个字符、首字下沉 3 行。

（3）橘黄色双下划线。

（4）文字底纹颜色（浅绿）。

（5）文字缩放 200%。

（6）隶书、四号、阴影。

（7）加粗、倾斜。

（8）紫色、下标。

（9）蓝色、提升 5 磅。

（10）玫瑰红色，虚线边框。

（11）红色、小四、着重号。

（12）双倍行距、项目编号☆。

（13）字符方框、底纹、字符间距加宽 2 磅。

（14）段落底纹颜色（淡蓝），段落边框（天蓝、3 磅）。

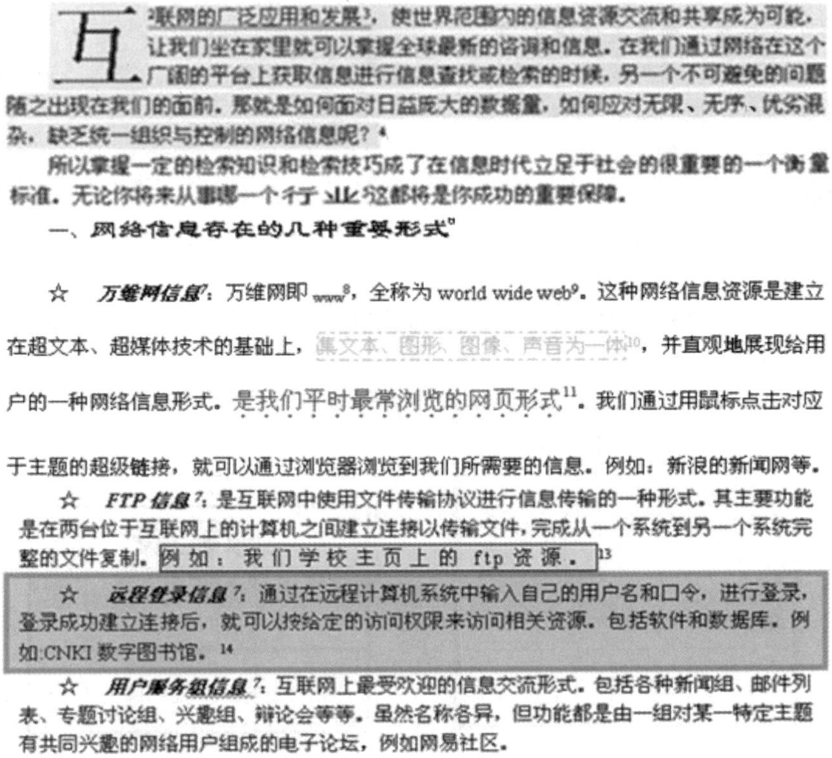

互[2]联网的广泛应用和发展[3]，使世界范围内的信息资源交流和共享成为可能，让我们坐在家里就可以掌握全球最新的咨询和信息。在我们通过网络在这个广阔的平台上获取信息进行信息查找或检索的时候，另一个不可避免的问题随之出现在我们的面前，那就是如何面对日益庞大的数据量，如何应对无限、无序、优劣混杂，缺乏统一组织与控制的网络信息呢？[4]

所以掌握一定的检索知识和检索技巧成了在信息时代立足于社会的很重要的一个衡量标准。无论你将来从事哪一个行业这都将是你成功的重要保障。

一、网络信息存在的几种重要形式[6]

☆ *万维网信息*[7]：万维网即www[8]，全称为 world wide web[9]。这种网络信息资源是建立在超文本、超媒体技术的基础上，集文本、图形、图像、声音为一体[10]，并直观地展现给用户的一种网络信息形式。是我们平时最常浏览的网页形式[11]。我们通过用鼠标点击对应于主题的超级链接，就可以通过浏览器浏览到我们所需要的信息。例如：新浪的新闻网等。

☆ *FTP 信息*[7]：是互联网中使用文件传输协议进行信息传输的一种形式。其主要功能是在两台位于互联网上的计算机之间建立连接以传输文件，完成从一个系统到另一个系统完整的文件复制。例如：我们学校主页上的 ftp 资源。[13]

☆ *远程登录信息*[7]：通过在远程计算机系统中输入自己的用户名和口令，进行登录，登录成功建立连接后，就可以按给定的访问权限来访问相关资源。包括软件和数据库，例如:CNKI 数字图书馆。[14]

☆ *用户服务组信息*[7]：互联网上最受欢迎的信息交流形式。包括各种新闻组、邮件列表、专题讨论组、兴趣组、辩论会等等。虽然名称各异，但功能都是由一组对某一特定主题有共同兴趣的网络用户组成的电子论坛，例如网易社区。

图 3-189　复杂格式的文档

工序 6.3　制作图文混排的散文文档

【实训目的】

（1）掌握字体和段落格式的设置。

（2）掌握边框和图文混排的设置。

【实训内容】

先输入图 3-190 所示散文文档中的文字，并按以下要求设置其格式。

（1）将标题设置为红色、四号、楷体且加粗、居中。

（2）将正文设置为小四号、仿宋体，首行缩进 2 个字符。

（3）首字下沉 3 行。

（4）文中“豪情万丈”位置提升 12 磅。

（5）文中“我真不明白，你想让她看什么”加橙色波浪线。

（6）文中“教务处主任”加边框和底纹。

（7）文中“英雄救美”加着重号。

（8）文中的图片可从剪贴画中任选一幅，要求图片与文字为“四周型环绕”。

（9）整段文字加外边框。

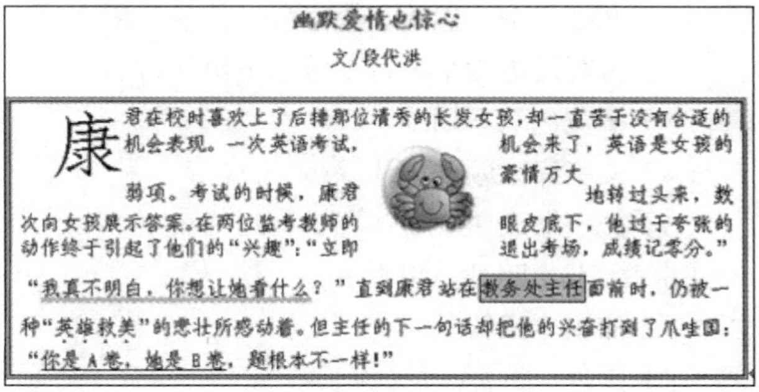

幽默爱情也惊心

文/段代洪

康君在校时喜欢上了后排那位清秀的长发女孩，却一直苦于没有合适的机会表现。一次英语考试，机会来了，英语是女孩的弱项。考试的时候，康君豪情万丈地转过头来，数次向女孩展示答案。在两位监考教师的眼皮底下，他过于夸张的动作终于引起了他们的“兴趣”：“立即退出考场，成绩记零分。”“我真不明白，你想让她看什么？”直到康君站在教务处主任面前时，仍被一种“英雄救美”的悲壮所感动着。但主任的下一句话却把他的兴奋打到了爪哇国：“你是A卷，她是B卷，题根本不一样！”

图 3-190　散文文档

小提示

（1）调整文字格式之前需要选中文字。

（2）调整段落格式之前需要将光标定位到要调整格式的段落中。

（3）图文混排时图像的版式为四周环绕型。

工序 6.4　制作个人简历表格

【实训目的】

掌握表格和边框底纹的设置。

【实训内容】

完成图 3-191 所示的两个表格，学习表格的制作方法。

个人简历

姓　名		性别		照片
学　历		政治面貌		
专　业		英语水平		
联系电话				
特　长				
获奖情况				

课程表

星期 节次	周一	周二	周三	周四	周五
1~4					
6~8					
晚自习					

图 3-191　表格示例

🧹 **小提示**

（1）数清表格的行数和列数后再插入表格。

（2）对于个人简历表，可在表格中使用绘制表格工具绘制表格线，也可以使用橡皮擦工具擦除多余边线。

（3）课程表中的斜线表头可使用绘制表头工具进行绘制，也可在手工绘制后利用以下方式来绘制：将表格中的内容分为上下两段，上段执行右对齐操作，下段执行左对齐操作。

（4）加边框或底纹时注意选择的对象（是单元格还是整个表格）。

工序 6.5　Word 2016 综合练习

【实训目的】

（1）能够创建、打开、输入和保存文档。

（2）能够对文本进行编辑，并打印文档。

（3）能够使用和编辑插入的图形、图片、艺术字等。

（4）能够编辑文档图表，并对图表中的数据进行排序和计算。

【实训内容】

通过以下练习熟悉 Word 排版方法。先输入图 3-192 所示文档中的文字和表格，再按以下要求设置其格式。

（1）页面设置为 18cm×25cm，所有边距均为 1.5cm。

（2）标题设置为小三号、黑体，并居中对齐。

（3）文字设置为小四号、仿宋体。

（4）文字中"妹妹，我送你个大月亮。"加下划线。

（5）文字中"最浪漫的事"加着重号。

（6）文字中的图片可从剪贴画中任选一幅，要求图片做成与文字篇幅大小一样的"水印"。

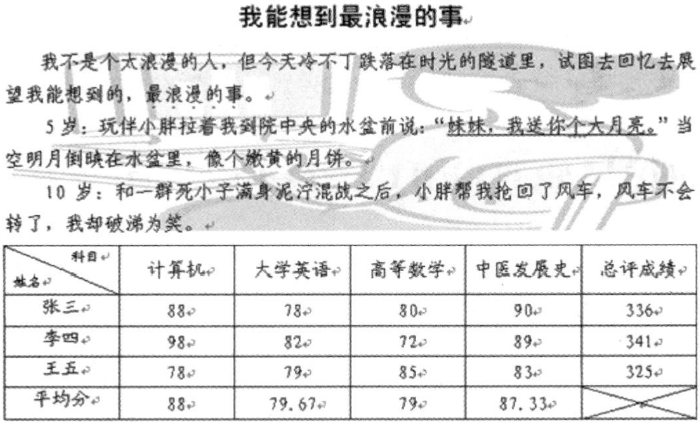

我能想到最浪漫的事

我不是个太浪漫的人，但今天冷不丁跌落在时光的隧道里，试图去回忆去展望我能想到的，最浪漫的事。

5 岁：玩伴小胖拉着我到院中央的水盆前说："妹妹，我送你个大月亮。"当空明月倒映在水盆里，像个嫩黄的月饼。

10 岁：和一群死小子满身泥泞混战之后，小胖帮我抢回了风车，风车不会转了，我却破涕为笑。

科目 姓名	计算机	大学英语	高等数学	中医发展史	总评成绩
张三	88	78	80	90	336
李四	98	82	72	89	341
王五	78	79	85	83	325
平均分	88	79.67	79	87.33	

图 3-192　Word 2016 综合练习示例

（7）表格中的"科目""姓名"设置为小五号、幼圆体（或楷体），其余均设置为小四号、幼圆体（或楷体）且居中。

（8）计算并填写表格中每一列的"平均分"和每一行的"总评成绩"（求和）。

信息统计与分析——Microsoft Excel 2016 的应用

学习目标

【知识目标】

识记：Excel 的基本概念；单元格、工作表和工作簿的基本概念。

领会：单元格绝对地址和相对地址的概念；数据透视表的概念；常用函数的调用；数据清单的概念；工作表自动套用格式和模板。

【技能目标】

能够创建、打开、输入和保存 Excel 工作表，并学会工作表的基本操作。

掌握公式和常用函数的使用。

掌握数据的排序和筛选，了解数据透视表。

掌握 Excel 中图表的创建和格式化。

【素质目标】

通过对 Excel 电子表格的练习，培养学生分析问题和动手操作的能力。

能够根据需求设计完成 Excel 电子表格，培养学生严谨细致的工作作风。

任务 1　初识 Microsoft Excel 2016

任务引述

Excel 是 Microsoft Office 办公套件中的电子表格软件，本任务目的是说明 Excel 电子表格的基本概念和基本使用方法，带领读者初步体验 Excel 友好的工作界面，熟悉工作簿的新建、保存、打开及退出等基本操作，掌握数据输入、工作表操作和批注等方法和技巧。

🐾小思考

Excel 表格和 Word 表格有什么区别？如何利用 Excel 提高工作效率？

任务实施

工序 1.1　Excel 基本概念

1. 单元格

Excel 启动后的工作界面如图 4-1 所示，工作区中行和列交叉所形成的矩形区域是单元格。每个单元格所对应的列字母和行数字组合起来构成一个地址标识，例如，第 2 行第 4 列的单元格表示为 D2。当一个单元格被选中时，该单元格的地址标识会显示在名称框中。单元格以粗线框显示时，表示该单元格为当前活动单元格，处于编辑状态。可将行号、列号作为按钮使用，可用于选择工作表的行或列，也可以用于改变行高、列宽。

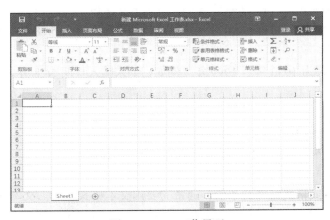

图 4-1　Excel 工作界面

2. 单元格区域

单元格区域是由多个相邻的单元格组成的区域，可以用该单元格区域左上角和右下角的单元格地址表示，两个地址之间用冒号（:）分隔，例如，A1:E6 表示 1 行 1 列到 6 行 5 列的单元格区域。

3. 工作簿

在 Excel 中创建的文件称为工作簿，其文件扩展名为.xlsx。工作簿是工作表的容器，一个工作簿可以包含一个或多个工作表。当启动 Excel 2016 时，会自动创建一个名为工作簿 1 的工作簿，它包含 1 个空白工作表，可以在这些工作表中填写数据。在 Excel 中打开的工作簿个数仅受可用内存和系统资源的限制。

4. 工作表

工作表在 Excel 中用于存储和处理各种数据，也称电子表格。工作表始终存储在工作簿中。工作表由排列成行和列的单元格组成。在 Excel 2016 中，工作表的行用数字表示，最小是 1，最大是 1048576；列用字母表示，最小是 A，最大是 XFD。

在默认情况下，创建的新工作簿总是包含 1 个标签名为 Sheet1 的工作表。若要处理某个工作表，则可单击该工作表的标签，使之成为活动工作表。

行号、列标可作为按钮使用，可用于选择工作表的行或列，也可用于改变行高、列宽。

在实际应用中，可以对工作表进行重命名。根据需要还可以添加更多的工作表。一个工作簿中的工作表个数仅受可用内存的限制。

5. 数据输入

数字的输入方法与文本的输入方法相同，但是数字的默认对齐方式为右对齐，文本的默认对齐方式为左对齐。

工序 1.2　手工输入数据

1. 数值输入

在 Excel 中，简单的数值可以直接输入，当输入一个超过标准单元格宽度的长数值时，Excel 通常会自动调整列宽来容纳所输入的内容。当输入数字的位数达到 12 位时，Excel 不再调整列宽，而以科学记数法表示数字，并四舍五入。如果不想让超长的数字以科学记数法表示，可以通过在最前面添加单引号将其转换为文本。

2. 年份输入

如果输入两位数的年份，则 Excel 将按如下方式解释年份。

（1）00 至 29 解释为 2000 年至 2029 年。例如，如果输入日期 5/28/19，则 Excel 将认为日期是 2019 年 5 月 28 日。

（2）30 至 99 解释为 1930 年至 1999 年。例如，如果输入日期 5/28/98，则 Excel 将认为日期是 1998 年 5 月 28 日。

3. 自适应输入

若字符数超过了单元格的范围，将鼠标指针指向单元格右边的边界上，当鼠标指针变成双向箭头形状时，双击边界，单元格的宽度将自动适应字符的长度。

4. 文本输入

对于超长的数值或格式特殊的数值，通常需要用文本格式输入。文本通常是指一些非数值的文字，如姓名、性别、单位或部门的名称等。此外，许多不代表数量、不需要进行数值计算的数字也可以作为文本来处理，如学号、QQ 号码、电话号码、邮政编码、身份证号码等。Excel 将不能理解为数值、日期、时间和公式的数据都视为文本。文本不能用于数值计算，但可以比较大小。

输入文本格式数值数据之前，应选中单元格区域后右键单击，在弹出的快捷菜单中选择"设置单元格格式"选项，弹出"设置单元格格式"对话框，如图 4-2 所示。选择"数字"选项卡，选择"分类"列表框中的"文本"选项，使输入数字以文本格式进行处理。

图 4-2　"设置单元格格式"对话框

工序 1.3　工作表操作

如果要在工作簿中添加新的工作表，可在工作表标签栏中单击 ⊕ 按钮，如图 4-3 所示，可以在最后一个工作表后面插入一个新的工作表。如果要插入多张工作表，则可以在完成一次插入工作表操作之后，按"F4"键（重复操作）。

还可以在工作表标签栏中选中要删除的工作表并右键单击，在弹出的快捷菜单中选择"删除"选项，如图 4-4 所示。

图 4-3　"新工作表"按钮　　　　　　　　图 4-4　"删除"选项

工序 1.4　填充数据

假如要向工作表输入一组按一定规律排列的数据，如一组时间、日期和数字序列，则可使用 Excel 的数据填充功能来完成，举例如下。

新建工作表，在 A2 单元格中输入 1，在 A3 单元格中输入 2。选中 A2:A3 单元格区域，将鼠标指针指向单元格填充柄，如图 4-5 所示。当鼠标指针变成黑实心"十"字形时，向下拖动填充柄至 A9 单元格，自动填充数据，如图 4-6 所示。

图 4-5　输入 1 和 2　　　　　　　图 4-6　自动填充数据

工序 1.5　在不同单元格中输入相同内容

按住"Ctrl"键，依次选定要输入相同内容的单元格。在活动单元格中输入数据，如图 4-7 所示。

图 4-7　在活动单元格中输入数据

完成输入后，按"Ctrl+Enter"组合键，使选中的单元格出现相同的内容，如图 4-8 所示。

图 4-8　单元格出现相同的内容

工序 1.6　批注

在 Excel 2016 中，可以通过插入批注来为单元格添加注释。添加注释后，可以编辑批注中的文字，也可以删除不再需要的批注。

1. 输入批注

选中 B3 单元格，单击"审阅"→"批注"→"新建批注"按钮，打开批注文本框，如图 4-9 所示。在文本框中输入批注的内容，关闭文本框后，单元格的右上角出现一个三角。

2. 显示批注

将鼠标指针定位到创建有批注的单元格上，即可显示批注的内容，如图 4-10 所示。

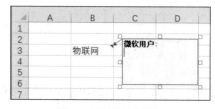

图 4-9　批注文本框　　　　　　　　　　图 4-10　显示批注的内容

3. 删除批注

选中有批注的单元格，单击"审阅"→"批注"→"编辑批注"按钮，可以在打开的批注文本框中编辑批注；单击"审阅"→"批注"→"删除"按钮，如图 4-11 所示，可以删除批注。

图 4-11　"删除"按钮

任务 2 创建和编辑简单表格

任务引述

本任务通过制作一个图 4-12 所示的应聘人员登记表，帮助用户掌握创建和编辑 Excel 表格的基本技能，包括工作簿和工作表的制作和修饰、数据的输入、页面设置、打印预览和打印等。

应聘人员登记表

申请职位（可多填）		1.		2.		3.	
姓　　名		性　别		出生日期		婚姻状况	
民　　族		政治面貌		户　籍			
学　历	日　期	学　校		专　业		学　位	

	时　间	单　位	职　务	离职原因	证明人	联系电话
工作经历						

	获得时间	证书名称		
职业证书				

主要成绩：

性格特点：

爱好与兴趣：

求职动机：

本人需要说明的其他情况：

本人声明：以上所填写的内容均属实，如上述所填写的内容有不实之处，可作为招聘方解除劳动关系的理由。

	签字：		日期：	

图 4-12　应聘人员登记表

任务实施

工序 2.1　新建工作簿

1. 打开 Excel 文件

启动 Excel 2016，如图 4-13 所示，选择界面右侧的"空白工作簿"模板，Excel 默认为用户新建了一个名为"工作簿 1"的空白工作簿，如图 4-14 所示。

2. 另存 Excel 文件

一般需要将 Excel 文件根据自己的喜好重新命名和保存，单击"文件"→"另存为"按钮，如图 4-15 所示。

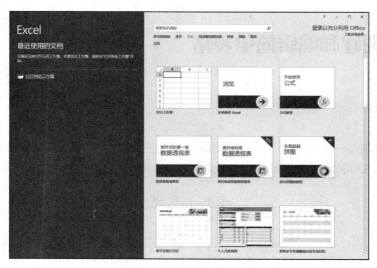

图 4-13　启动 Excel 2016

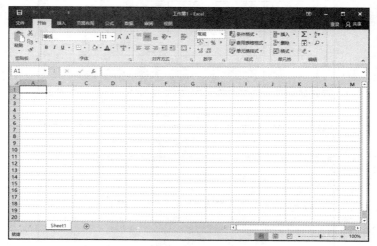

图 4-14　空白工作簿

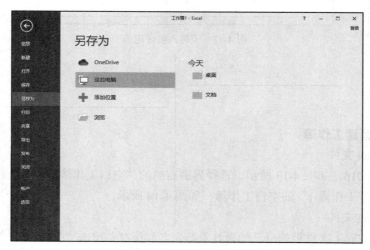

图 4-15　另存为 Excel 文件

3. 重命名 Excel 文件

单击"浏览"按钮，选择自己想要的文件保存目录，弹出"另存为"对话框，如图 4-16 所示，在"文件名"文本框中输入保存文件的名称"应聘人员登记"，在"保存类型"下拉列表中选择保存类型为"Excel 工作簿（*.xlsx）"，单击"保存"按钮即可。

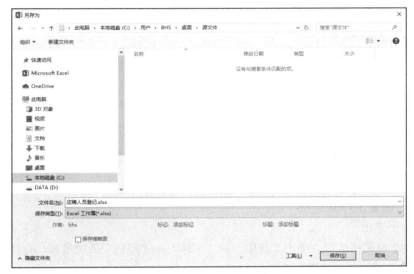

图 4-16　"另存为"对话框

工序 2.2　重命名工作表

1. 打开快捷菜单

右键单击工作表标签栏中的 Sheet1 标签，在弹出的快捷菜单中选择"重命名"选项，如图 4-17 所示。

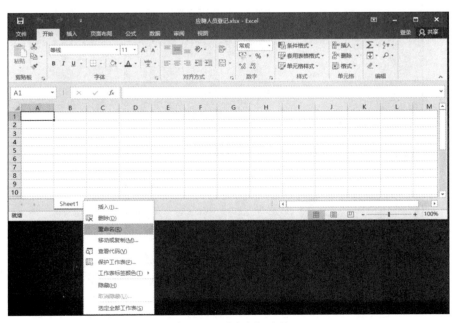

图 4-17　"重命名"选项

2. 输入新名称

标签"Sheet1"呈反白显示，直接输入工作表的名称"应聘人员登记表"，按"Enter"键，即可为该工作表重命名，如图 4-18 所示。

图 4-18　工作表重命名

工序 2.3　设置工作表边框

1. 选择边框选项

选中 A2:I32 单元格区域，单击"开始"→"字体"→"边框"下拉按钮，在弹出的下拉列表（见图 4-19）中选择"其他边框"选项。

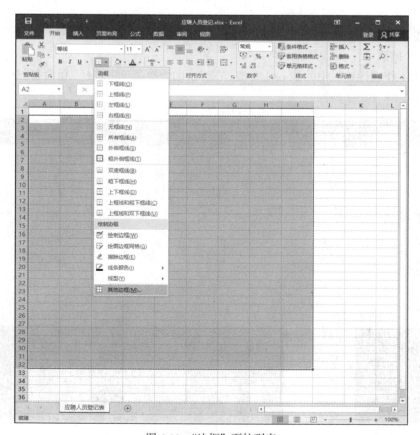

图 4-19　"边框"下拉列表

2．设置内部框线

弹出"设置单元格格式"对话框，在"线条"选项组的"样式"列表框中选择细实线，单击"预置"选项组中的"内部"按钮，将内部框线设置为细实线，可在其下的预览框中进行预览，如图 4-20 所示。

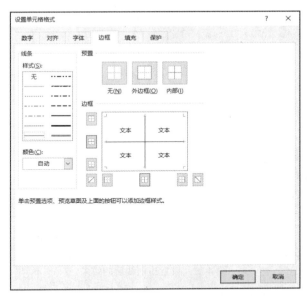

图 4-20　"设置单元格格式"对话框

3．设置外部框线

在"线条"选项组的"样式"列表框中选择粗实线，单击"预置"选项组中的"外边框"按钮，将外部框线设置为粗实线，可在其下的预览框中进行预览，如图 4-21 所示。

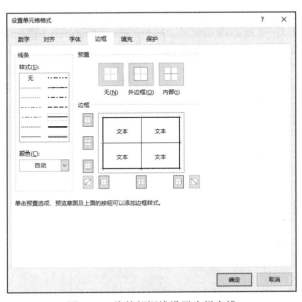

图 4-21　将外部框线设置为粗实线

4．完成设置

完成后单击"确定"按钮，效果如图 4-22 所示。

图 4-22　设置边框线后的效果

工序 2.4　在工作表中输入数据

1. 合并首行单元格

选中 A1 单元格，按住鼠标左键横向拖动鼠标指针到 I1 单元格。单击"开始"→"对齐方式"→"合并后居中"下拉按钮，在弹出的下拉列表中选择"合并后居中"选项，将选中的单元格合并为一个单元格，如图 4-23 所示。

图 4-23　"合并后居中"选项

双击合并后的单元格，输入文字"应聘人员登记表"，如图 4-24 所示。

图 4-24　输入文字"应聘人员登记表"

2．合并其他单元格

使用同样的方法，合并其他单元格，效果如图 4-25 所示。

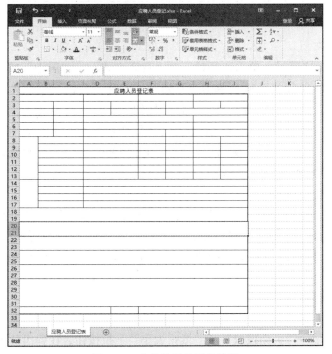

图 4-25　合并单元格后的效果

167

3. 输入竖排文字

双击 A8 单元格，输入"工作经历"。选中该单元格区域，单击"开始"→"对齐方式"→"方向"下拉按钮 ，在弹出的下拉列表中选择"竖排文字"选项，如图 4-26 所示。

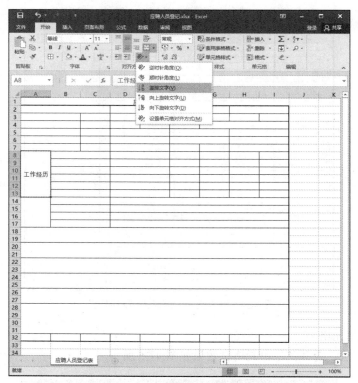

图 4-26 "竖排文字"选项

4. 输入其他文字

选中 A1:I17 单元格区域，单击"开始"→"对齐方式"→"居中"按钮 和"垂直居中" 按钮；选中 A18:I31 单元格区域，单击"开始"→"对齐方式"→"文本左对齐"按钮 和"顶端对齐"按钮 ，完成后单击"自动换行"按钮 ，输入其他文字，选中 E32、H32 单元格，单击"开始"→"对齐方式"→"文本左对齐"按钮 和"垂直居中"按钮 ，输入其他文字，如图 4-27 所示。按"Tab"键可以切换到同行相邻的下一个单元格，按"Shift+Tab"键可以切换到同行相邻的上一个单元格。

工序 2.5 格式化工作表

将标题"应聘人员登记表"的字体设置为"华文彩云"，字号设置为 24，将其他文字的字体设置为"华文仿宋"，字号设置为 11，将鼠标指针定位在行与行的交界处，当鼠标指针变成可调节样式时，按住鼠标左键不放进行拖动即可调整行高，按同样的方法调节列宽，效果如图 4-28 所示。

工序 2.6 页面设置

1. 选择纸张类型

单击"页面布局"→"页面设置"→"纸张大小"下拉按钮，在弹出的下拉列表中选择"A4（210mm×297mm）"选项，如图 4-29 所示。

图 4-27　输入其他文字

图 4-28　格式化工作表后的效果

图 4-29　选择纸张类型

2．设置页边距类型

工作表中出现横、竖两条虚线示意打印区域。单击"页面布局"→"页面设置"→"页边距"下拉按钮，在弹出的下拉列表中选择"窄"选项，如图 4-30 所示。

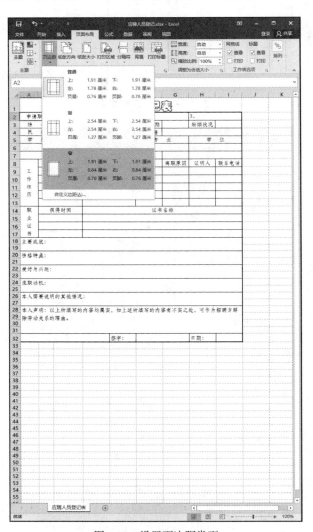

图 4-30　设置页边距类型

3. 调整行高和列宽

设置完纸张大小和页边距后，再调整行高和列宽，使其最大限度地占满页面空间，但不超出虚线的范围，如图 4-31 所示。

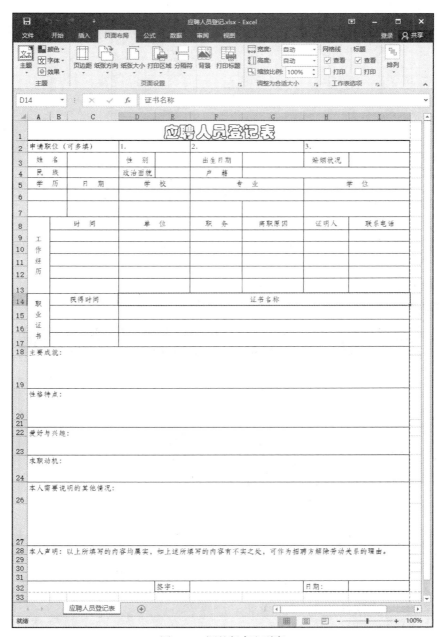

图 4-31 调整行高和列宽

4. 页面设置

单击"页面布局"→"页面设置"组中的对话框启动器，弹出"页面设置"对话框，选择"页边距"选项卡，在"居中方式"选项组中勾选"水平""垂直"两个复选框，如图 4-32 所示，完成后单击"确定"按钮。

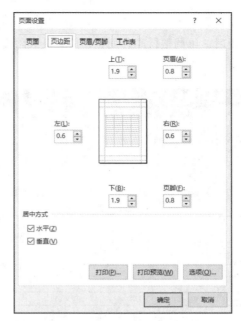

图 4-32 "页面设置"对话框

5. 取消网格线

取消勾选"视图"→"显示"→"网格线"复选框，取消网格线，如图 4-33 所示。

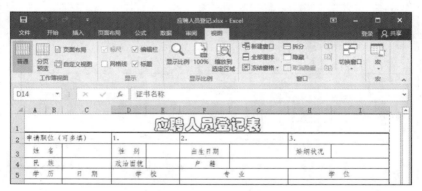

图 4-33 取消网格线

工序 2.7 打印工作表

1. 进入打印界面

单击"文件"→"打印"按钮，进入打印界面，如图 4-34 所示。可以在此界面中选择使用的打印机，设置打印机的属性和进行页面设置。

2. 打印预览

缩放图 4-34 所示的页面，可在界面右侧预览最终打印效果。如果预览发现需对表格进行修改，则可单击 ⊙ 按钮返回工作表的普通视图进行修改。

3. 完成设置

可以在"份数"数值框中设置打印文件的份数，在"设置"选项组中选择打印活动的工作表。完成所有设置后，单击"打印"按钮开始打印，打印机打印输出应聘人员登记表。

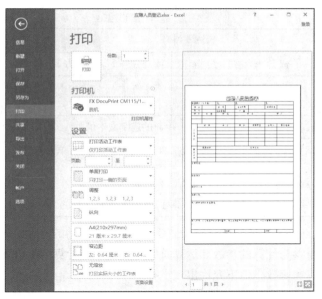

图 4-34　打印界面

任务 3　Microsoft Excel 2016 进阶功能

任务引述

Excel 中的表格是与 Word 表格有较大差别的特殊表格，表格中数据也不是简单堆积的静态数据。Excel 表格的实时动态性，使其能更好地适应有数据变化要求的数据处理环境。因此，Excel 表格有更加强大的数据处理能力，也有更广阔的应用空间。本任务通过介绍 Excel 中表格数据计算、数据管理和图表制作等方法及技巧，让用户体验 Excel 在数据处理和展示方面的强大功能。

任务实施

工序 3.1　表格数据计算

Excel 中的公式和函数是高效计算表格数据的有效工具，也是用户必须学习的重要内容。下面将详细介绍 Excel 公式和函数的使用方法，希望能够帮助用户提高利用函数和公式的能力，顺利解决实际工作中的难题。

1. 公式

公式是由常量、单元格引用、单元格名称、函数和运算符组成的字符串，也是在工作表中对数据进行处理的算式。公式可以对工作表中的数据进行加、减、乘、除等运算。在使用公式运算的过程中，可以引用同一工作表中不同的单元格、同一工作簿的不同工作表中的单元格，也可以引用其他工作簿中的单元格。

（1）运算符。运算符是连接数据组成公式的符号，公式中的数据根据运算符的性质和级别进行运算。运算符可以分为 4 种类型，如表 4-1 所示。

表 4-1　运算符的类型

运算符类型	运算符符号	运算符优先级
算术运算符	+（加）、-（减）、*（乘）、/（除）、%（百分号）、^（乘方）	先计算括号内的运算、先乘方后乘除、先乘除后加减、同级运算按从左到右的顺序进行
比较运算符	=（等于）、>（大于）、<（小于）、>=（大于等于）、<=（小于等于）、<>（不等于）	
文本运算符	&（和号，将两个文本值连接起来产生新的连续文本值）	
引用运算符	:（区域运算符，对两个引用之间包括两个引用在内的所有单元格进行引用） ,（联合运算符，将多个引用合并为一个引用） 空格（交叉运算符，产生同时隶属于两个引用单元格区域的引用）	

（2）公式的组成。Excel 中所有的计算公式都是以“=”开始的，除此之外，它与数学公式的构成基本相同，也是由参与计算的参数和运算符组成的。参与计算的参数可以是常量、变量、单元格地址、单元格名称和函数，但不允许出现空格。

（3）公式的显示、锁定和隐藏。在默认情况下，Excel 只在单元格中显示公式的计算结果，而不是计算公式。为了在工作表中看到实际隐含的公式，可以单击含有公式的单元格，编辑栏中会显示公式，或者双击该单元格，公式会直接显示在单元格中。

锁定公式就是将公式保护起来，别人不能修改。需要注意的是，在锁定或隐藏公式后，必须执行“保护工作表”的操作，这样才能使锁定或隐藏生效。

要“锁定”“隐藏”公式，必须“保护工作表”。“保护工作表”与“锁定”“隐藏”公式的操作顺序不能颠倒，如果先“保护工作表”，则无法对公式进行“锁定”“隐藏”。

2. 单元格引用

使用“引用”可以为计算带来很多方便，但同时会出现一些问题，尤其是在用户进行公式复制的时候。当把计算公式从一个单元格复制到另一个单元格中后，公式会发生改变，改变的原因是在创建公式时使用了引用。

（1）相对引用。相对引用是指单元格引用会随公式所在单元格地址的变化而变化，公式中的单元格地址是指当前单元格的相对位置。当使用该公式的活动单元格地址发生改变时，公式中所引用的单元格地址也相应发生变化。

（2）绝对引用。绝对引用是指引用特定位置的单元格，公式中引用的单元格地址不随当前单元格位置的改变而改变。在使用时，要在单元格地址的列号和行号前增加一个字符“$”。

（3）混合引用。混合引用是指根据实际情况，在公式中同时使用相对引用和绝对引用。例如，$A1 和 A$1 都是混合引用，其中，$A1 表示列地址不变，行地址变化；而 A$1 表示行地址不变，列地址变化。

例如，作为销售部门的统计员，小马每个月都要统计产品销售的情况。小马制作销售报表时，需要计算销售额和利润。利用单元格的引用功能，小马每次都能很快地制作出报表。具体操作步骤如下。

（1）在工作表中输入基本数据，如图 4-35 所示。

	A	B	C	D	E
1	利润率	0.2			
2	商品名称	单价（万元）	销售数量	销售额（万元）	利润额（万元）
3	轿车A	13	1000		
4	轿车B	14	800		
5	轿车C	15	1200		
6	轿车D	16	500		
7	轿车E	17	600		

图 4-35　输入基本数据

（2）在"Excel 选项"对话框中，选择"高级"选项卡，在"此工作表的显示选项"选项组中勾选"在单元格中显示公式而非其计算结果"复选框，可以使单元格显示公式，而不是计算的结果，如图 4-36 所示。

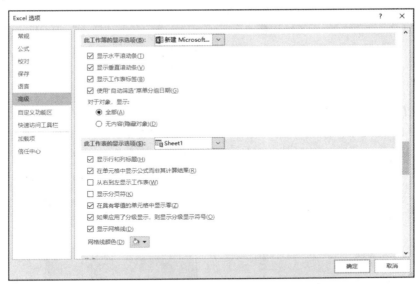

图 4-36　勾选"在单元格中显示公式而非其计算结果"复选框

（3）在 D3 单元格中输入公式"=B3*C3"，拖动 D3 单元格的填充柄至 D7 单元格，填充公式。公式中的"单价（万元）"单元格、"销售数量"单元格的地址随着"销售额（万元）"单元格位置的改变而改变。

（4）在 E3 单元格中输入公式"=D3*$B$1"，拖动 E3 单元格的填充柄至 E7 单元格，填充公式。公式中的"销售额（万元）"单元格的地址随着"利润额（万元）"单元格位置的改变而改变，而"利润率"单元格的地址不变。小马制作的报表如图 4-37 所示。

▲	A	B	C	D	E
1	利润率	0.2			
2	商品名称	单价（万元）	销售数量	销售额（万元）	利润额（万元）
3	轿车A	13	1000	=B3*C3	=D3*$B$1
4	轿车B	14	800	=B4*C4	=D4*$B$1
5	轿车C	15	1200	=B5*C5	=D5*$B$1
6	轿车D	16	500	=B6*C6	=D6*$B$1
7	轿车E	17	600	=B7*C7	=D7*$B$1

图 4-37　小马制作的报表

3．函数

函数是一些已经定义好的公式。大多数函数是经常使用的公式的简写形式。函数由函数名和参数组成，函数的一般格式如下：函数名（参数）。

输入函数有两种方法：一种方法是在单元格中直接输入函数，这与在单元格中输入公式的方法一样，只需先输入一个"="，再输入函数本身即可；另一种方法是通过命令的方式插入函数。

例如，每到年终，单位要对每个员工的工作进行考核，评出各个员工的工作业绩情况。小王把每位员工的工作情况信息输入表中，根据单位制定的评定标准对每位员工进行测评，得到评价结果。如果采用传统的手工计算方式，则任务十分烦琐，为了提高工作效率，小王利用 Excel 的 IF 函数汇总结果。

（1）启动 Excel 2016，建立一个新的工作簿。

（2）在工作表中输入基本数据，如图 4-38 所示。

（3）选中 C2 单元格，在单元格中输入公式 "=IF(B2>=2400，"优秀"，IF(B2>=1600，"称职"，IF(B2<1600，"不称职")))"，按 "Enter" 键确认，在单元格中显示出评价结果 "称职"。

（4）选中 C2 单元格，拖动填充柄到 C8 单元格，所有人员的评价结果便在相应的单元格中显示出来。

（5）分别在 D2、D3、D4 单元格中输入文本 "优秀人数" "称职人数" "不称职人数"。

（6）选中 E2 单元格，在单元格中输入公式 "=COUNTIF(C2:C8,"优秀")"，在 E3 单元格中输入公式 "=COUNTIF(C2:C8,"称职")"，在 E4 单元格中输入公式 "=COUNTIF(C2:C8,"不称职")"，可以统计出各个层次人员的数量，统计结果如图 4-39 所示。

	A	B	C	D
1	姓名	工作量	评价结果	
2	李朋	1900		优秀人数
3	王勇	2398		称职人数
4	李力	1500		不称职人数
5	张娜	1678		
6	宁小林	2588		
7	杨洋	2100		
8	王明	2600		

图 4-38　基本数据

	A	B	C	D	E
1	姓名	工作量	评价结果		
2	李朋	1900	称职	优秀人数	2
3	王勇	2398	称职	称职人数	4
4	李力	1500	不称职	不称职人数	1
5	张娜	1678	称职		
6	宁小林	2588	优秀		
7	杨洋	2100	称职		
8	王明	2600	优秀		

图 4-39　统计结果

小思考

Excel 支持哪些函数？如果内置的函数不能满足工作需要，则可以采用哪些方法？

工序 3.2　数据管理

Excel 具有强大的数据管理功能，在 Excel 中可以对数据进行排序、筛选和分类汇总等操作。进行数据处理可以方便管理，也可以方便使用，因此数据管理是 Excel 的重点。由于 Excel 中的各种数据管理操作具有广泛的应用价值，所以只有全面了解和掌握数据管理方法，才能有效提高数据管理水平。

1．排序

排序是根据一定的规则，将数据重新排列的过程。

排序可以对一列或多列中的数据按文本（升序或降序）、数字（升序或降序）、日期和时间（升序或降序）进行排序，也可以按自定义序列（如大、中和小）或格式（包括单元格颜色、字体颜色或图标集）进行排序。

主关键字是数据排序的依据，在主关键字相同时，按次要关键字进行排序；当第一次要关键字相同时，按第二次要关键字进行排序；以此类推。

2．筛选

筛选就是显示出符合设定条件的表格数据，隐藏不符合设定条件的表格数据。Excel 中提供了 "自动筛选" "高级筛选" 功能。

为了能清楚地看到筛选结果，系统可将不满足条件的数据暂时隐藏起来，当撤销筛选条件后，这些数据会重新出现。

设置完自动筛选后，再次单击筛选按钮，可以取消筛选，回到原始状态。

3．数据汇总

数据汇总表是办公中常用的报表形式，数据汇总也是对数据进行分析、统计得出概括性数据的过程。Excel 具有强大的数据汇总功能，能满足用户对数据进行汇总的各种要求。

在进行分类汇总前，需要对分类字段进行排序，使数据按类排列。

例如，小李是公司的统计员，每月月底要向总公司上报月内的商品销售表。为了使管理层从报表中得到概括性的数据和结论，他利用了表格的分类汇总功能，对每种商品的销售情况进行了分类统计。具体操作步骤如下。

（1）启动 Excel，建立一个新的工作表，以"商品销售表"为名进行保存。

（2）在工作表中输入数据，并对"商品名称"字段按升序排序，如图 4-40 所示。

（3）选中 D 列中的任一单元格，单击"数据"→"分级显示"→"分类汇总"按钮，弹出"分类汇总"对话框，如图 4-41 所示。

	A	B	C	D	E	F	G
1	月份	城市	销售经理	商品名称	单价	销售数量	销售额
2	一月	北京	王林	长虹彩电	2000	1000	2000000
3	一月	上海	李玉	长虹彩电	2100	1100	2310000
4	一月	广州	王林	长虹彩电	2000	1300	2600000
5	二月	北京	王林	长虹彩电	2200	900	1980000
6	二月	上海	李玉	长虹彩电	2300	1000	2300000
7	一月	广州	张二	长虹彩电	2100	1000	2100000
8	一月	北京	王林	格力空调	2500	850	2125000
9	一月	上海	张二	格力空调	2600	1000	2600000
10	一月	广州	李玉	格力空调	2400	900	2160000
11	二月	北京	李玉	格力空调	2550	900	2295000
12	二月	上海	张二	格力空调	2650	1100	2915000
13	二月	广州	张二	格力空调	2450	1000	2450000

图 4-40 升序排序

图 4-41 "分类汇总"对话框

（4）在"分类字段"下拉列表中选择"商品名称"选项，在"汇总方式"下拉列表中选择"求和"选项，在"选定汇总项"列表框中勾选"销售数量""销售额"复选框，其他保持默认，单击"确定"按钮，完成分类汇总，分类汇总结果如图 4-42 所示。

	A	B	C	D	E	F	G
1	月份	城市	销售经理	商品名称	单价	销售数量	销售额
2	一月	北京	王林	长虹彩电	2000	1000	2000000
3	一月	上海	李玉	长虹彩电	2100	1100	2310000
4	一月	广州	王林	长虹彩电	2000	1300	2600000
5	二月	北京	王林	长虹彩电	2200	900	1980000
6	二月	上海	李玉	长虹彩电	2300	1000	2300000
7	一月	广州	张二	长虹彩电	2100	1000	2100000
8				长虹彩电 汇总		6300	13290000
9	一月	北京	王林	格力空调	2500	850	2125000
10	一月	上海	张二	格力空调	2600	1000	2600000
11	一月	广州	李玉	格力空调	2400	900	2160000
12	二月	北京	李玉	格力空调	2550	900	2295000
13	二月	上海	张二	格力空调	2650	1100	2915000
14	二月	广州	张二	格力空调	2450	1000	2450000
15				格力空调 汇总		5750	14545000
16				总计		12050	27835000

图 4-42 分类汇总结果

（5）单击页面左侧的"减号"按钮，可以将数据清单中的明细数据隐藏起来，如图 4-43 所示。

单击"加号"按钮，可以显示数据清单中的明细数据。

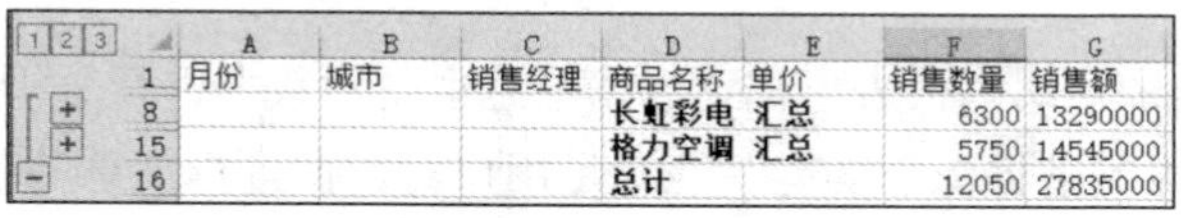

1 2 3		A	B	C	D	E	F	G
	1	月份	城市	销售经理	商品名称	单价	销售数量	销售额
+	8				长虹彩电 汇总		6300	13290000
+	15				格力空调 汇总		5750	14545000
	16				总计		12050	27835000

图 4-43 隐藏明细数据

📎**小提示**

在"分类汇总"对话框中，单击"全部删除"按钮，可以清除数据表中的分类汇总，将数据表恢复到原来的样式。

4．数据透视表

数据透视表是一种对大量数据进行快速汇总和建立交叉列表的交互式表格，提供了操纵数据的强大功能。数据透视表中的数据可以从外部数据库、多张 Excel 工作表或其他数据透视表中获得。

例如，小李认为对大量的数据进行分类汇总可以方便地对一些字段的数据进行统计，但是使用数据透视表可以更加直观地分析并显示最终的结果，于是他利用商品销售表建立了数据透视表。具体操作步骤如下。

（1）启动 Excel，打开"链接 1"中的"商品销售表"。

（2）选中"商品销售表"中的任意一个单元格，单击"插入"→"表格"→"数据透视表"按钮，如图 4-44 所示。

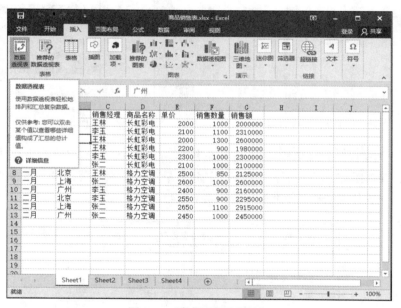

图 4-44 "数据透视表"按钮

（3）弹出"创建数据透视表"对话框，如图 4-45 所示。

（4）在"请选择要分析的数据"选项组中，选中"选择一个表或区域"单选按钮，在"表/区域"文本框中输入或选择建立数据透视表的数据区域；在"选择放置数据透视表的位置"选项组中选中"新工作表"单选按钮，单击"确定"按钮，打开"数据透视表字段"任务窗格，如图 4-46 所示。

图 4-45　"创建数据透视表"对话框

图 4-46　"数据透视表字段"任务窗格

（5）在"数据透视表字段"任务窗格中，选择要添加到数据透视表中的字段，这里勾选"销售经理""商品名称""单价""销售数量""销售额"字段。创建完成的数据透视表将显示在系统新增加的工作表中，如图 4-47 所示。

图 4-47　创建完成的数据透视表

（6）打开 Sheet1 工作表中的原数据，把业务员"李玉"的姓名改成"李刚"。打开新建的数据透视表 Sheet5，单击"数据"→"查询和连接"→"全部刷新"下拉按钮，弹出其下拉列表，如图 4-48 所示。

图 4-48 "全部刷新"下拉列表

（7）选择"全部刷新"或"刷新"选项，数据透视表中的对应数据被改变，业务员"李玉"的姓名会变成"李刚"，如图 4-49 所示。

图 4-49 数据透视表中的对应数据被改变

（8）打开 Sheet1 工作表，在原数据清单最后一条记录后增加一行数据，如图 4-50 所示。打开新建的数据透视表 Sheet5，单击"数据透视表工具-分析"→"数据"→"更改数据源"下拉按钮，弹出其下拉列表，如图 4-51 所示。

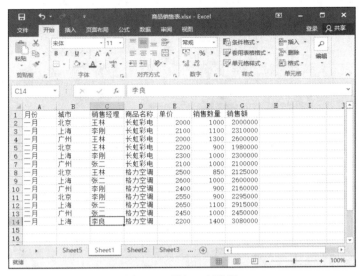

图 4-50　增加一行数据

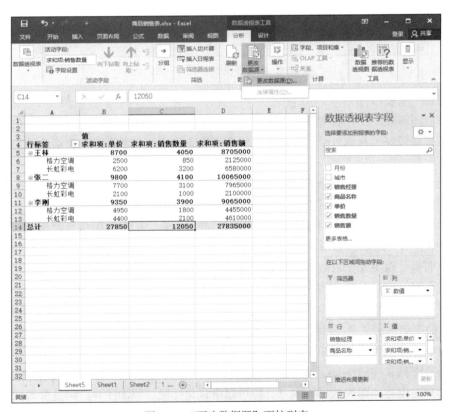

图 4-51　"更改数据源"下拉列表

（9）选择"更改数据源"选项，弹出"创建数据透视表"对话框，在"表/区域"文本框中输入或选择新的工作表数据区域，单击"确定"按钮，在数据透视表中会增加一条新的记录，如图 4-52 所示。

图 4-52 数据透视表中增加一条记录

工序 3.3 图表操作

图表是以图形表示工作表中数据的一种方式。将实际工作中比较呆板的数据转化成形象的图表，不仅能获得较好的视觉效果，还能直观地表现出工作表包含数据的变化信息，为工作决策提供依据。

如果说使用 Excel 电子表格只是对数据信息进行简单的罗列，那么在表格信息的基础之上建立图表，则是对数据进行一种形象化的再加工。图表是办公环境中经常使用的工具，它不但可以清晰地显示数据本身的变化，而且可以提供数据以外的信息，扩大数据信息含量。

Excel 中有两类图表，如果建立的图表和数据是放置在一起的，则这样图和表的结合比较紧密、清晰、明确，也更便于对数据进行分析和预测，这种图表称为内嵌图表。如果建立的图表不和数据放在一起，而是单独占用一个工作表，则称为图表工作表，也称为独立图表。

用户可以创建独立图表和内嵌图表。按"Alt+F1"或"F11"键可以快速建立图表。

单击"数据透视表工具-设计"→"数据"→"选择数据"按钮，可以在图表中增加新的数据。用户在原有的工作表数据区域中删除和更新数据时，图表中的数据会自动进行删除和更新。选中图表中的任意序列，按"Delete"键可以删除图表中的序列，但工作表中的数据并未被清除。

如果用户对创建的图表效果不满意，则可以格式化标题、添加注释、调整及改变图表类型、添加趋势线。利用"标签"组件，可以给图表添加标题和坐标轴标题。单击"数据透视表工具-布局"→"背景"→"图表背景墙"下拉按钮，在弹出的下拉列表中可以选择图表的背景样式。单击"数据透视表工具-设计"→"类型"→"更改图表类型"按钮，可以更改图表类型。在"数据透视表工具-布局"→"分析"组中可以设置趋势线的格式和颜色。

任务 4　创建和编辑复杂表格

任务引述

本任务的目标是制作一个图 4-53 所示的学生成绩表，使用户通过典型实例体会到 Excel 在数据分析统计上的强大功能，并对数据清单的排序、筛选、分类汇总等操作进行详尽的描述。将工作表中的数据以图表的形式展现出来，可以使数据更加直观、生动和醒目，易于阅读和理解，也有利于分析和比较数据。

学号	姓名	性别	传感器技术	C程序设计	单片机应用	上位机程序设计	平均成绩	名次
10904531	朱慧强	男	78	88	78	86	82.5	7
10904532	吴尚	女	98	87	87	90	90.5	2
10904533	高毅	男	52	65	93	78	72	25
10904534	刘会	男	45	67	65	66	60.75	30
10904535	鹏丹	女	77	89	77	66	77.25	17
10904536	孙洁	男	76	82	67	77	75.5	21
10904537	闫纯德	男	75	56	89	89	77.25	18
10904538	黄琳德	男	90	77	89	67	80.75	10
10904539	汤威	男	87	87	65	43	70.5	26
10904540	毛毛	男	77	90	54	82	75.75	20
10904541	司平	男	65	98	68	97	82	8
10904542	董红粉	女	78	100	98	88	91	1
10904543	曹刚	男	92	44	78	67	70.25	27
10904544	梁轩	男	67	35	98	66	68.75	28
10904545	孙晨	女	68.5	87	98	56	77.375	16
10904546	杨烨	男	88	67	90	95	85.25	5
10904547	王婧	女	90	68	86	76	80	13
10904548	刘婧	女	76	69	43	75	65.75	29
10904549	宋文波	女	76	86	77	87	81.5	9
10904550	张立	男	73	67	78	88	76.5	19
10904551	武朝鹤	男	45	89	92	67	73.25	24
10904552	宋飞翔	男	78.5	94	87	78	84.375	6
10904553	顾鑫	男	87	78	85	65	78.75	15
10904554	郝晴晴	女	88	83	88	87	86.5	4
10904555	王福娜	女	90	78	76	79	80.75	11
10904556	王银银	女	88	98	76	88	87.5	3
10904557	徐婴婴	男	66	92	78	87	80.75	12
10904558	陈颖	女	76	67	97	78	79.5	14
10904559	秦晨	男	79	65	64	86	73.5	23
10904560	蔡磊	男	65	75	80	67	74	22

图 4-53　学生成绩表样例

任务实施

工序 4.1　使用"自动填充"功能输入学号

1. 创建工作表

新建工作簿"成绩表"，双击"Sheet1"工作表标签，将其重命名为"2011 下学期"，如图 4-54 所示。

如图 4-55 所示，在单元格中输入文字。

图 4-54　将工作表重命名为"2011 下学期"

	A	B	C	D	E	F	G	H	I
1	经贸学院学生成绩表								
2	学期:	2011（下）		系别:	信息技术系		班级:		
3	学号	姓名	性别	传感器技术	C程序设计	单片机应用	上位机程序设计	平均成绩	名次

图 4-55　输入文字

2. 输入学号和姓名

双击 A4 单元格，输入"'10904531"，在"学号"前加"'"（单引号），表示将该数据视为文本数据处理。将鼠标指针移动到该单元格的右下方，待鼠标指针变成"十"字形，垂直往下拖动鼠标，直到 A33 单元格，会自动出现连续编号的数据，输入"姓名"及所有学生的姓名，如图 4-56 所示。

图 4-56　输入学号和姓名

工序 4.2　"条件格式"功能的使用

1. 启用"条件格式"功能

选中各科成绩记录区 D4:H33，单击"开始"→"样式"→"条件格式"下拉按钮，在弹出的下拉列表中选择"突出显示单元格规则"→"小于"选项，如图 4-57 所示。

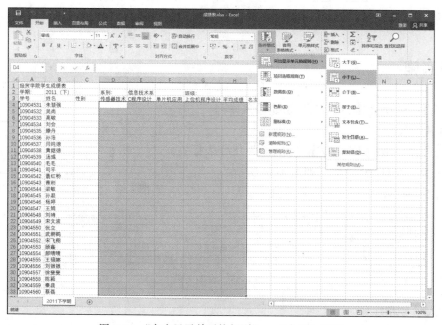

图 4-57　"突出显示单元格规则"→"小于"选项

2. 输入条件

在弹出的"小于"对话框中输入"60"，在"设置为"下拉列表中选择"红色文本"选项（这表示如果某个单元格中的数字小于 60，则该单元格中的数据将以红色文本显示），如图 4-58 所示。设置完成后单击"确定"按钮。在工作表中输入数据，如果某个学生的某科成绩不及格，则会以红色显示其成绩。

图 4-58　"小于"对话框

工序 4.3　"数据有效性"功能的使用

1. 选择区域

录入"性别"信息，在"名称框"中输入 C4:C33 后按"Enter"键，即可快速选中 C4:C33 区域，如图 4-59 所示。

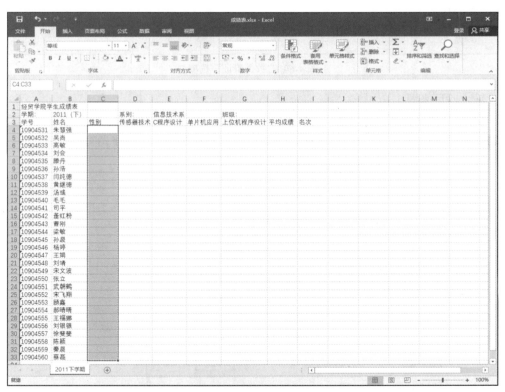

图 4-59　在"名称框"中输入单元格范围

2. 进行数据验证

单击"数据"→"数据工具"→"数据验证"下拉按钮，在弹出的下拉列表中选择"数据验证"选项，如图 4-60 所示。

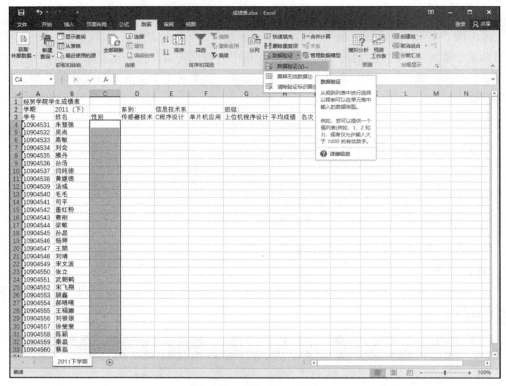

图 4-60 "数据验证"选项

3. 输入验证来源

此时弹出"数据验证"对话框，如图 4-61 所示，在"设置"选项卡中，将"允许"设置为"序列"，将"来源"设置为"男,女"，注意，"来源"文本框中的内容应以半角符号分隔。

图 4-61 "数据验证"对话框

4. 完成验证

单击"确定"按钮，关闭"数据验证"对话框。选中设置了数据有效性的单元格，其右侧会出现一个下拉按钮，单击该下拉按钮即可弹出一个包含性别选择的下拉列表，选择其中的选项即可快速输入数据，如图 4-62 所示。

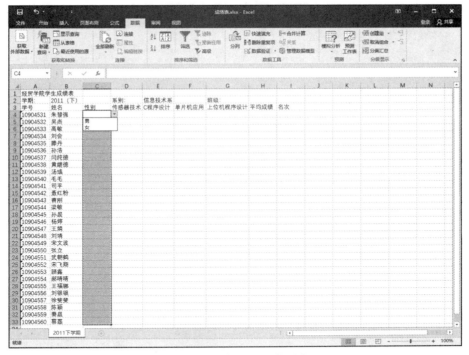

图 4-62　性别选择的下拉列表

5. 设置数值范围验证

选中各科成绩记录区 D4:H33，单击"数据"→"数据工具"→"数据验证"下拉按钮，在弹出的下拉列表中选择"数据验证"选项，弹出"数据验证"对话框。在"设置"选项卡中，将"允许"设置为"小数"，将"最小值"设置为"0"，将"最大值"设置为"100"，如图 4-63 所示，完成后单击"确定"按钮。

图 4-63　"数据验证"对话框

6. 测试验证有效性

如果在输入成绩数据时，不小心输入了 1～100 以外的数据，如误输入 101，确认后将弹出图 4-64 所示的警示框，提示输入有误，应单击"取消"按钮，然后重新输入成绩数据。

计算机应用基础（Windows 10+Office 2016）（第 2 版）

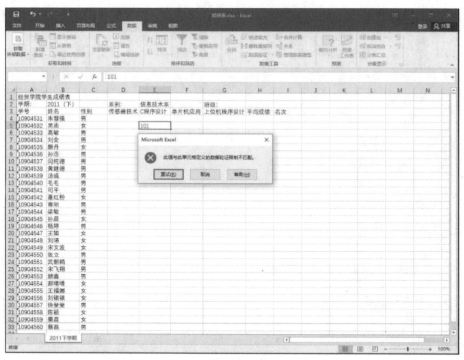

图 4-64 输入错误

7. 输入其他数据

如图 4-65 所示，完成其他数据的输入。

图 4-65 输入其他数据

工序 4.4　运用公式

1. 插入函数

选中 H4 单元格，再单击编辑栏中的"插入函数"按钮 f_x，弹出"插入函数"对话框，在"选择函数"列表框中选择计算算术平均值的函数 AVERAGE，如图 4-66 所示。

2. 选择计算范围

单击"确定"按钮，弹出"函数参数"对话框，由于自动确定的计算范围 D4:G4 与实际需求相符，因此可直接单击"确定"按钮，如图 4-67 所示。

图 4-66　"插入函数"对话框

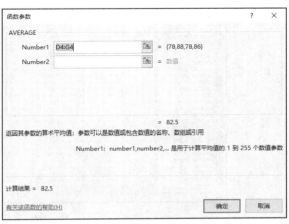

图 4-67　"函数参数"对话框

3. 计算结果

函数计算的结果便出现在 H4 单元格中，如图 4-68 所示。

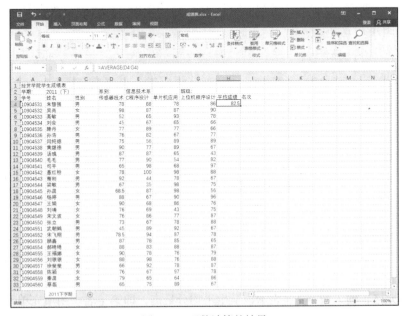

图 4-68　函数计算的结果

4. 自动填充

选中 H4 单元格，将鼠标指针移动到该单元格的右下方，待鼠标指针变成"十"字形时，垂直往下拖动鼠标到 H33 单元格，H 列的值就会自动填充好，计算结果自动完成，如图 4-69 所示。

图 4-69　自动填充

工序 4.5　排序

1. 设置平均分降序排序

选中表中数据区 A4:H33，单击"数据"→"排序和筛选"→"排序"按钮，弹出"排序"对话框，将"主要关键字"设置为"平均成绩"，将"排序依据"设置为"数值"，将"次序"设置为"降序"，如图 4-70 所示。

图 4-70　"排序"对话框

2. 完成平均分排序

单击"确定"按钮，表中的记录即可按平均分从高到低的顺序进行排列，如图 4-71 所示。

3. 填充名次

选中 I4 单元格，输入数字 1，表示该学生平均分最高，即第 1 名。用填充单元格的方法将其填充至 I33，名次就填充好了，如图 4-72 所示。

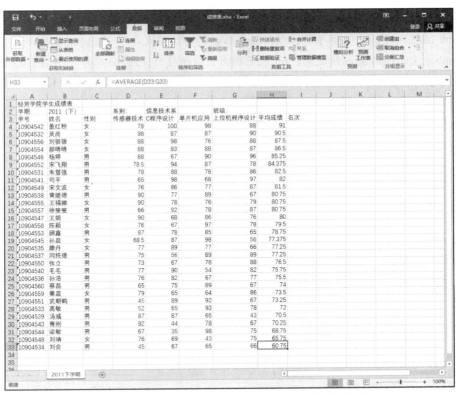

图 4-71　表中的记录按平均分从高到低的顺序进行排列

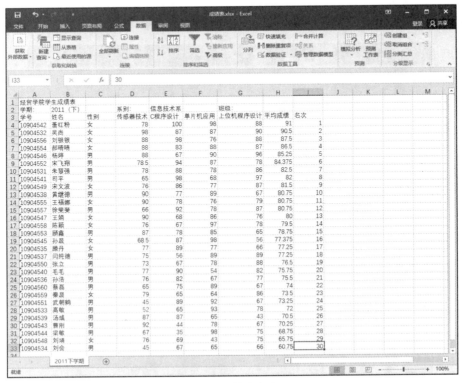

图 4-72　填充名次

📢小提示

用 rank 函数也可以实现排序的功能，rank 函数的语法格式是 "=rank(number, ref, [order])"，其中，number 表示参与排名的数值，ref 表示排名的数值区域，order 有 0 和 1 两个选项，默认的 0 表示从大到小降序排列，1 表示从小到大升序排列。

📢小思考

本任务中实现学生平均成绩排名的 rank 函数应该怎么写？

4. 设置学号升序排序

选中表中数据区 A3:I33，单击"数据"→"排序和筛选"→"排序"按钮，弹出"排序"对话框，将"主要关键字"设置为"学号"，将"排序依据"设置为"数值"，将"次序"设置为"升序"，如图 4-73 所示。单击"确定"按钮，弹出"排序提醒"对话框，如图 4-74 所示。

图 4-73 "排序"对话框

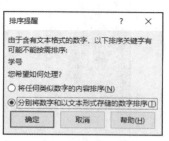

图 4-74 "排序提醒"对话框

5. 完成学号排序

单击"确定"按钮，表中记录便按学号顺序排列好了，如图 4-75 所示。

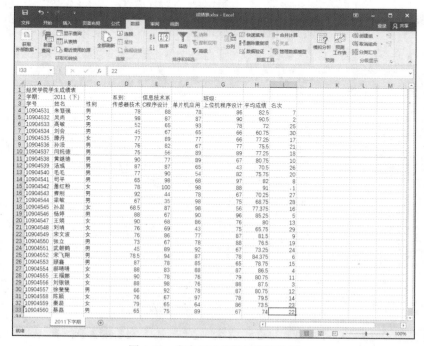

图 4-75 表中记录按学号顺序排列

工序 4.6 设置表格格式

1. 选择表格格式

选中单元格区域 A3:I33，单击"开始"→"样式""套用表格格式"下拉按钮，在弹出的下拉列表中选择一种合适的格式，如图 4-76 所示。

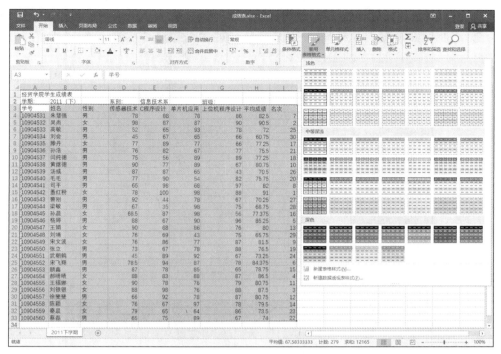

图 4-76 "套用表格格式"下拉列表

2. 确定数据来源

选择"中等深浅 3"格式后，将出现图 4-77 所示的"套用表格式"对话框，直接单击"确定"按钮，即可设置边框效果。

3. 退出自动筛选

套用表格格式后，将自动进入"自动筛选"状态，如图 4-78 所示，单击"数据"→"排序和筛选"→"筛选"按钮，退出"自动筛选"状态即可。

图 4-77 "套用表格式"对话框

4. 调整字体和单元格高度

选中单元格区域 A1:I1，单击"开始"→"对齐方式"→"合并后居中"按钮，将"字体"设置为"方正姚体"，"字号"设置为 36，颜色为蓝色，将鼠标指针移动到 1 和 2 行之间，用拖动的方法调整单元格的高度，相应的，调整第 2 行和第 3 行的行间距，如图 4-79 所示。

工序 4.7 统计学生平均成绩

1. 选择求和函数

合并 F35:G35 单元格区域，输入"学生平均成绩:"，选中 H35 单元格，将其设置为活动单元格。单击"插入函数"按钮，在弹出的"插入函数"对话框中选择"SUM"选项，如图 4-80 所示，单击"确定"按钮。

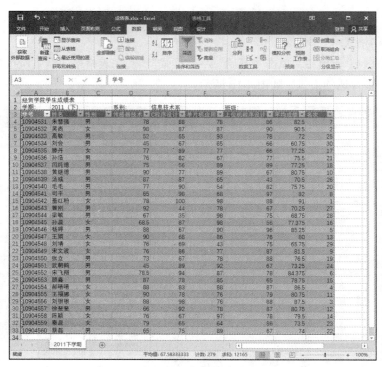

图 4-78　"自动筛选"状态

图 4-79　调整字体和单元格的高度

2．选择参数

弹出图 4-81 所示的"函数参数"对话框，在"Number1"文本框中已经正确显示了要求和的单元格区域 H4:H34，将自动求出选中单元格区域的数值总和。

图 4-80　"插入函数"对话框　　　　　　　　图 4-81　"函数参数"对话框

3．选择计数函数和参数

在编辑栏中单击，在现有公式"=SUM(H4:H34)"之后输入"／"符号，单击编辑栏中的"插入函数"按钮，弹出"插入函数"对话框，如图 4-82 所示，选择 COUNT 函数，单击"确定"按钮，弹出"函数参数"对话框，图 4-83 在"Value1"文本框中已经正确显示了要计数的单元格区域 H4:H34，单击"确定"按钮。

图 4-82　"插入函数"对话框　　　　　　　　图 4-83　"函数参数"对话框

4．计算完成

可以看到已计算出所有学生的平均成绩，同时可在编辑栏中看到计算的公式和函数，如图 4-84 所示。

图 4-84　编辑栏中的公式和函数

工序 4.8　各分数段的人数统计

1. 输入描述文字

如图 4-85 所示，双击 B36 单元格，并输入"各分数段人数统计"，在 A37 至 A41 单元格中分别输入图 4-85 所示的文字。

2. 输入 90 分以上统计函数

在"90 分以上"后面的单元格中输入公式"=COUNTIF($H$4:$H$33,">=90")"，如图 4-86 所示。该公式的作用是统计当前工作表中 H4:H33 单元格区域中数值数据大于或等于 90 的记录的个数。

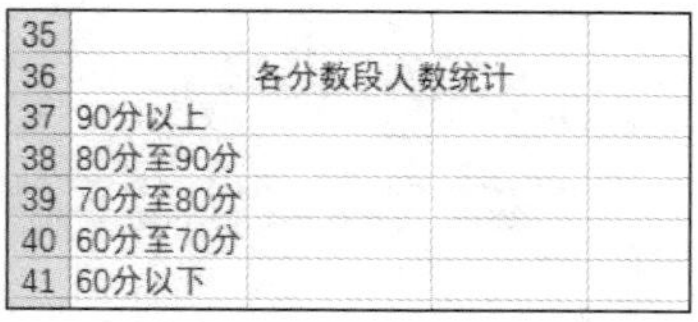

35	
36	各分数段人数统计
37	90分以上
38	80分至90分
39	70分至80分
40	60分至70分
41	60分以下

图 4-85　输入文字

35	
36	各分数段人数统计
37	90分以上　=COUNTIF($H$4:$H$33,">=90")
38	80分至90分
39	70分至80分
40	60分至70分
41	60分以下

图 4-86　输入公式

3. 计算 90 分以上结果

按"Enter"键，即可得到统计结果，如图 4-87 所示。

4. 输入其他统计函数并计算出结果

在"80 分至 90 分"后面的单元格中输入公式"=COUNTIF($H$4:$H$33,">=80")–B37"，该公式的作用是先统计当前工作表中 H4:H33 单元格区域中数值数据大于或等于 80 的记录个数，再减去数值数据大于或等于 90 的记录个数，即得到 80 分至 90 分的记录个数。同理，在"70 分至 80 分"后面的单元格中输入公式"=COUNTIF($H$4:$H$33,">=70")–B37–B38"；在"60 分至 70 分"后面的单元格中输入公式"=COUNTIF($H$4:$H$33,">=60")–B37–B38–B39"；在"60 分以下"后面的单元格中输入公式"=COUNTIF($H$4:$H$33,"<60")"，最终统计结果如图 4-88 所示。

36	各分数段人数统计	
37	90分以上	2
38	80分至90分	
39	70分至80分	
40	60分至70分	
41	60分以下	

图 4-87　统计结果

36	各分数段人数统计	
37	90分以上	2
38	80分至90分	11
39	70分至80分	14
40	60分至70分	3
41	60分以下	0

图 4-88　最终统计结果

工序 4.9　公式的隐藏和锁定

1. 设置单元格格式保护

选中 B37:B41 单元格区域，单击鼠标右键打开快捷菜单，选择"设置单元格格式"选项，弹出"设置单元格格式"对话框，在"保护"选项卡中勾选"锁定""隐藏"复选框，单击"确定"按钮，如图 4-89 所示。

图 4-89　勾选"锁定""隐藏"复选框

2. 设置保护密码

单击"审阅"→"更改"→"保护工作表"按钮，弹出"保护工作表"对话框，勾选"保护工作表及锁定的单元格内容"复选框，在"取消工作表保护时使用的密码"文本框中输入密码，单击"确定"按钮，如图 4-90 所示。

3. 确认密码

弹出"确认密码"对话框，如图 4-91 所示，重新输入密码，进行密码确认。

4. 查看效果

经过以上步骤，就看不到 B37:B41 单元格区域的公式了，如图 4-92 所示。

图 4-90　"保护工作表"对话框

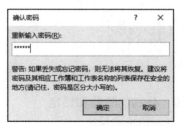

图 4-91　"确认密码"对话框

5. 撤销保护

单击"审阅"→"更改"→"撤销保护工作表"按钮，弹出"撤销工作表保护"对话框，如图 4-93 所示，输入密码，单击"确定"按钮，可以撤销对工作表的保护。

图 4-92　公式被隐藏

图 4-93　"撤销工作表保护"对话框

工序 4.10　图表处理

1. 选择图表类型

选中 A36:B41 单元格区域，将行和列的标题选入，以便生成用标题表示行、列坐标的图表。

单击"插入"→"图表"→"柱形图"下拉按钮，在弹出的下拉列表中选择"三维簇状柱形图"选项，如图 4-94 所示。

2. 选择图表位置

单击"图表工具-设计"→"位置"→"移动图表"按钮，弹出"移动图表"对话框，选中"新工作表"单选按钮，在"新工作表"文本框中输入"各分数段人员统计"，如图 4-95 所示，单击"确定"按钮。

图 4-94　选择图表类型

图 4-95　"移动图表"对话框

3. 图表效果

图表的最终效果如图 4-96 所示。

工序 4.11　学生成绩表的筛选

1. 复制工作表

在"2011 下学期"工作表标签上单击鼠标右键，在弹出的快捷菜单中选择"移动或复制"选项，弹出"移动或复制工作表"对话框，选择"（移至最后）"选项，勾选"建立副本"复选框，如图 4-97 所示。

2. 重命名工作表

将工作表重命名为"学生成绩表的筛选"，单击"数据"→"排序和筛选"→"筛选"按钮，每列中都会显示下拉按钮，如图 4-98 所示。

3. 降序排列

单击"平均成绩"下拉按钮，弹出其下拉列表，选择"降序"选项，如图 4-99 所示。

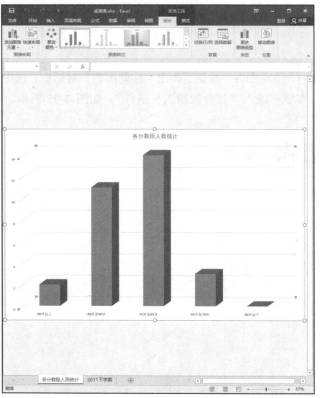

图 4-96　图表的最终效果

图 4-97　"移动或复制工作表"对话框

图 4-98　筛选数据

图 4-99　降序排列

4．平均分筛选和显示

单击"平均成绩"下拉按钮，弹出其下拉列表，选择"数字筛选"→"高于平均值"选项，如图 4-100 所示，显示高于平均分数的学生的信息，如图 4-101 所示。

图 4-100　筛选高于平均值的学生的信息

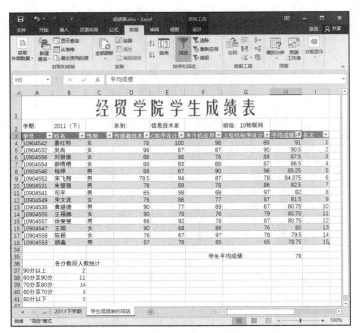

图 4-101　显示高于平均分数的学生的信息

5. 输入筛选条件

在 E36:H37 单元格区域中输入筛选条件，即传感器技术成绩大于 80、C 程序设计成绩大于 80、单片机应用成绩大于 80、上位机程序设计成绩大于 80，建立高级筛选条件区域，如图 4-102 所示。

36		各分数段人数统计		传感器技术	C程序设计	单片机应用	上位机程序设计
37	90分以上	2		>80	>80	>80	>80
38	80分至90分	11					
39	70分至80分	14					
40	60分至70分	3					
41	60分以下	0					

图 4-102　输入筛选条件

6. 高级筛选

单击"数据"→"排序和筛选"→"高级"按钮，弹出"高级筛选"对话框，如图 4-103 所示，在"方式"选项组中选中"将筛选结果复制到其他位置"单选按钮。

7. 筛选结果

在"列表区域"文本框中输入要筛选的数据区域，或者用鼠标选取数据区域。在"条件区域"文本框中输入或选择筛选条件放置的区域。在"复制到"文本框中输入或选择筛选结果的放置位置，可以随意选择区域。如果结果中要排除相同的行，则勾选"选择不重复的记录"复选框。单击"确定"按钮，筛选结果如图 4-104 所示。

图 4-103　"高级筛选"对话框

43	学号	姓名	性别	传感器技术	C程序设计	单片机应用	上位机程序设计	平均成绩	名次
44	10904532	吴尚	女	98	87	87	90	90.5	2
45	10904554	郝晴晴	女	88	83	88	87	86.5	4

图 4-104　筛选结果

工序 4.12　页面设置

单击"页面布局"→"页面设置"组中的对话框启动器，弹出"页面设置"对话框，将"方向"设置为"横向"，如图 4-105 所示。

图 4-105　"页面设置"对话框

任务 5　练习

工序 5.1　输入数据

【实训目的】

（1）掌握 Excel 重命名数据表名称的方式。

（2）掌握 Excel 输入内容的方式。

（3）掌握 Excel 保存数据表的方法。

【实训内容】

（1）打开 Excel，输入图 4-106 所示的数据。

（2）将"Sheet1"重命名为"第一学期"。

（3）将文件保存在 C 盘根目录下，文件名为"全体学生成绩表"。

工序 5.2　公式计算、函数计算及排版

【实训目的】

（1）掌握 Excel 的排版方式。

（2）掌握公式的应用。

（3）掌握 SUM、AVERAGE、COUNTIF、IF 等函数的使用方法。

（4）掌握公式和函数混用的方法。

【实训内容】

（1）按图 4-107 输入数据并排版。

（2）使用公式法计算英语折合分（英语占 60%，听力占 40%）所对应表格的内容。

（3）使用函数计算最高分、总人数和总分。

（4）使用公式和函数混用计算不及格人数和总评（是否为优秀学生）。

工序 5.3　数据管理及页面设置

【实训目的】

（1）掌握数据列表的排序和筛选。

（2）掌握数据的分类汇总。

（3）掌握数据透视表的操作。

（4）掌握页面设置。

【实训内容】

（1）启动 Excel，建立一个表 4-2 所示的数据表，并以 E4.xlsx 为文件名保存在当前文件夹中。

表 4-2　学生成绩表一

姓名	性别	高等数学	大学英语	计算机基础	总分
王大伟	男	78	80	90	248
李博	男	89	86	80	255

续表

姓名	性别	高等数学	大学英语	计算机基础	总分
程小霞	女	79	75	86	240
马宏军	男	90	92	88	270
李梅	女	96	95	97	288
丁一平	男	69	74	79	222
张珊珊	女	60	68	75	203
柳亚萍	女	72	79	80	231

（2）将数据表复制到 Sheet2 中，并进行下列操作。

① 对 Sheet1 中的数据按性别排列。

② 对 Sheet2 中的数据按性别排列，性别相同的按总分降序排列。

③ 在 Sheet2 中筛选出总分小于 240 或大于 270 的女生记录。

（3）将 Sheet1 中的数据复制到 Sheet3 中，对 Sheet3 中的数据进行下列分类汇总操作。

① 按性别分别求出男生和女生的各科平均成绩（不包括总分），平均成绩保留 1 位小数。

② 在原有分类汇总的基础上，汇总出男生和女生的人数（汇总结果放在性别数据下面）。

③ 分级显示并编辑汇总数据。

（4）以 Sheet1 中的数据为基础，在 Sheet4 工作表中建立表 4-3 所示的数据透视表。

表 4-3　数据透视表

性别	数据	分类汇总
男	均值项：高等数学	81.5
	均值项：大学英语	83
女	均值项：高等数学	76.75
	均值项：大学英语	79.25
均值项：高等数学		79.125
均值项：大学英语		81.125

（5）编辑及修改所建立的数据透视表。

（6）对 Sheet3 工作表进行如下页面设置，并打印预览。

① 纸张大小为 A4，文档打印时水平居中，上、下页边距为 3 厘米。

② 设置页眉为"分类汇总表"，文字居中、粗斜体，设置页脚为当前日期，靠右放置。

（7）存盘并退出 Excel 2016，将 E4.xlsx 文档同名另存到 U 盘中。

工序 5.4　创建图表

【实训目的】

（1）掌握图表的创建。

（2）掌握图表的编辑。

（3）掌握图表的格式化。

【实训内容】

（1）启动 Excel 2016，在空白工作表中输入表 4-4 所示的数据，并以 E3.xlsx 为文件名保存在当前文件夹中。

表 4-4　学生成绩表二

姓名	高等数学	大学英语	计算机基础
王大伟	78	80	90
李博	89	86	80
程小霞	79	75	86
马宏军	90	92	88
李梅	96	95	97

（2）对表格中的所有学生的数据，在当前工作表中嵌入三维簇状柱形图，图表标题为"学生成绩表"。

（3）以王大伟、李梅的高等数学和大学英语的数据创建独立的柱形图。

（4）对在 Sheet1 中创建的嵌入图表进行如下编辑操作。

① 将该图表移动、放大到 A9:G23 单元格区域。

② 将图表中的"高等数学""计算机基础"的数据系列删除，再将"计算机基础"的数据系列添加到图表中，并使"计算机基础"数据系列位于"大学英语"数据系列的前面。

③ 为图表中"计算机基础"的数据系列增加以值显示的数据标记。

④ 为图表添加分类轴标题"姓名"及数值轴标题"分数"。

（5）对在 Sheet1 中创建的嵌入图表进行如下格式化操作。

① 将图表区的字号设置为 11 号，并选用最粗的圆角边框。

② 将图表标题"学生成绩"设置为粗体、14 号、单下划线；将分类轴标题"姓名"设置为粗体、11 号；将数值轴标题"分数"设置为粗体、11 号、45 度方向。

③ 将图例的字体改为 9 号，边框改为带阴影边框，并将图例移动到图表区的右下角。

④ 将数值轴的主要刻度间距改为 10，字号设置为 8 号；将分类轴的字号设置为 8 号。

⑤ 去掉背景墙区域的图案。

⑥ 将"计算机基础"数据标记的字号设置为 16 号、上标效果。

⑦ 在图表中加上指向最高分的箭头与文字框。文字框中的字体设置为 10 号，并添加 25% 的灰色背景。

（6）存盘并退出 Excel 2016，将 E3.xlsx 文档同名另存到 U 盘中。

信息展示与发布——Microsoft PowerPoint 2016 的应用

学习目标

【知识目标】

识记：PowerPoint 2016 的功能、运行环境、启动与退出。

领会：幻灯片版式、设计模板、配色方案、动画方案、自定义动画、幻灯片切换。

【技能目标】

能够创建、打开、输入和保存演示文稿以及进行幻灯片的基本操作。

能够使用演示文稿视图。

能够设计演示文稿（动画设计、放映方式、切换效果等）。

能够选用演示文稿主题与设置幻灯片背景。

能够对演示文稿进行打包和打印。

【素质目标】

通过对 PPT 演示文稿的练习，培养学生精益求精的工作态度。

能够根据需求设计完成 PPT 演示文稿，培养学生独立设计的能力和创新意识。

任务 1　初识 Microsoft PowerPoint 2016

任务引述

PowerPoint 是 Microsoft Office 办公套件中的演示文稿软件，通常被简称为 PPT。用户制作出 PPT 文件后，可以在计算机屏幕或投影仪上进行演示并放映给观众观看。一套完整的 PPT 文件一般包含片头、动画、PPT 封面、前言、目录、过渡页、图表页、图片页、文字页、封底、片尾动画等，能够采用的素材也很丰富，包括文字、图片、图表、动画、声音、影片等。下面以 Microsoft PowerPoint 2016 为例说明 PPT 的基本概念和基本使用方法。

🐟小思考

有哪些软件能够做信息展示？PowerPoint 和其他演示软件相比有哪些特点？

任务实施

工序 1.1　PowerPoint 2016 工作界面

启动 PowerPoint 2016 后将进入其工作界面，熟悉其工作界面各部分的组成是制作演示文稿的基础。PowerPoint 2016 工作界面是由标题栏、快速访问工具栏、菜单栏、工具栏、幻灯片缩略图、幻灯片编辑区、备注窗格和状态栏等部分组成的，如图 5-1 所示。

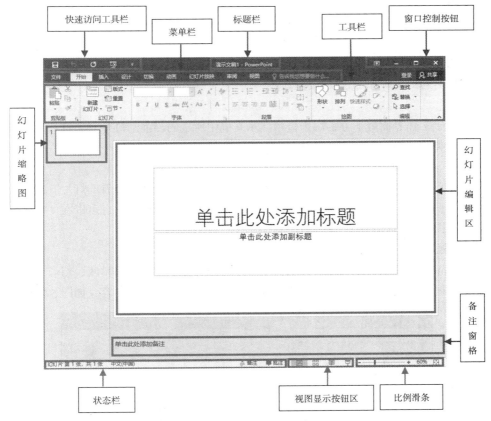

图 5-1　PowerPoint 2016 工作界面

PowerPoint 2016 工作界面各部分的组成及作用如下。

1. 标题栏

标题栏位于 PowerPoint 工作界面的最上面，它用于显示演示文稿名称和程序名称，最右侧的 3 个按钮分别用于对窗口执行最小化、最大化和关闭等操作。

2. 快速访问工具栏

该工具栏提供了最常用的"保存""撤销""恢复""从头开始"等按钮，单击对应的按钮可执行相应的操作。如需在快速访问工具栏中添加其他按钮，则可单击其下拉按钮，在弹出的下拉列表中选择所需的选项即可。

3. 菜单栏

菜单栏用于执行 PowerPoint 演示文稿的基本操作，为软件大多数功能的入口。

4. 工具栏

工具栏中集中了 PowerPoint 2016 的所有命令集。选择某个菜单，可切换到相应的工具栏，不同的工具栏中放置了与其相关的按钮或列表框。

5. 幻灯片窗格

幻灯片窗格用于显示演示文稿的幻灯片数量及位置，通过它可以看到整个演示文稿中幻灯片的编号及缩略图，从而更加方便地掌握整个演示文稿的结构。

6. 幻灯片编辑区

幻灯片编辑区是整个工作界面的核心区域，用于显示和编辑幻灯片，在其中可输入文字内容、插入图片和设置动画效果等，是使用 PowerPoint 制作演示文稿的操作平台。

7. 备注窗格

备注窗格位于幻灯片编辑区下方，可供幻灯片制作者或幻灯片演讲者查阅该幻灯片信息或在播放演示文稿时对幻灯片添加说明和注释。

8. 状态栏

状态栏位于工作界面最下方，用于显示演示文稿中所选的当前幻灯片、幻灯片总张数、幻灯片采用的模板类型、视图切换按钮以及页面显示比例等。

工序 1.2　PowerPoint 的视图切换

为满足用户不同的需求，PowerPoint 提供了多种视图模式以编辑查看幻灯片。在工作界面下方单击视图切换按钮中的任意一个按钮，即可切换到相应的视图模式，也可以在"视图"菜单中切换不同的视图。下面对各视图进行简单介绍。

1. 普通视图

PowerPoint 默认显示普通视图，在该视图中可以同时显示幻灯片编辑区、幻灯片窗格及备注窗格。普通视图主要用于调整演示文稿的结构并编辑单张幻灯片中的内容，如图 5-2 所示。

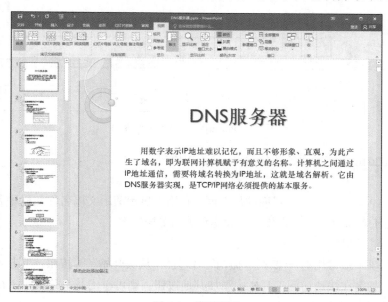

图 5-2　普通视图

2．大纲视图

大纲视图列出了当前演示文稿中各张幻灯片中的文本内容，如图 5-3 所示。

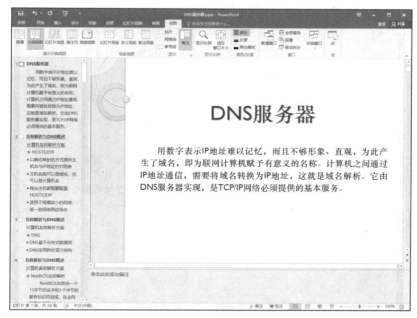

图 5-3　大纲视图

3．幻灯片浏览视图

在幻灯片浏览视图模式下可浏览幻灯片在演示文稿中的整体结构和效果，如图 5-4 所示。在该模式下可以改变幻灯片的版式和结构，如更换演示文稿的背景、移动或复制幻灯片等，但不能对单张幻灯片中的具体内容进行编辑。

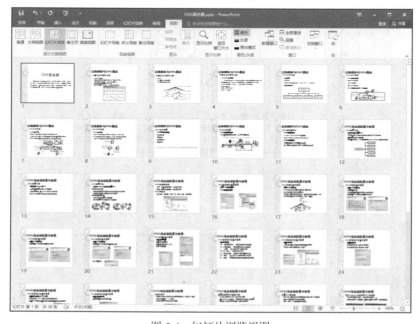

图 5-4　幻灯片浏览视图

4. 阅读视图

该视图仅显示标题栏、阅读区和状态栏，主要用于浏览幻灯片的内容，如图 5-5 所示。在该模式下，演示文稿中的幻灯片将以窗口大小进行放映。

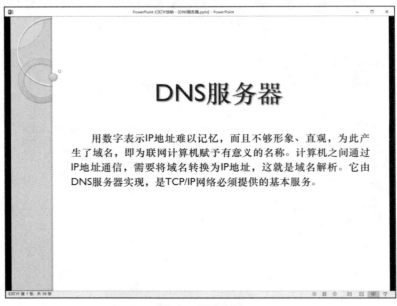

图 5-5　阅读视图

5. 幻灯片放映视图

在该视图模式下，演示文稿中的幻灯片将全屏动态放映，如图 5-6 所示。该模式主要用于预览幻灯片在制作完成后的放映效果，以便及时对在放映过程中不满意的地方进行修改，测试插入的动画、更改声音等效果，还可以在放映过程中标注出重点，观察每张幻灯片的切换效果等。

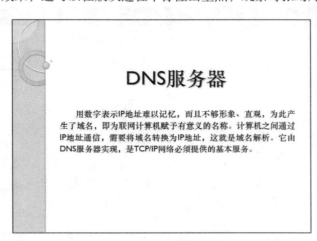

图 5-6　幻灯片放映视图

6. 备注页视图

备注页视图与普通视图相似，只是没有幻灯片窗格，如图 5-7 所示。在该模式下，幻灯片编辑区中完全显示当前幻灯片的备注信息。

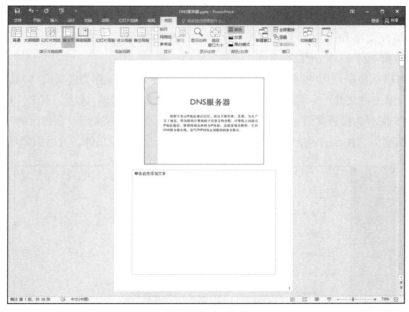

图 5-7　备注页视图

工序 1.3　模板、主题和母版

在制作演示文稿的过程中，正确使用模板、主题和母版，可提高制作演示文稿的速度，还能为演示文稿设置统一的背景、外观，使整个演示文稿风格统一。

1. 模板

所谓 PPT 模板，是指已经事先做好了页面的排版布局等设计工作，但并没有实际内容的 PPT，所有应该编写实际内容的地方都只放置了使用提示，如"添加标题内容""添加文本内容"等，如图 5-8 所示。

图 5-8　PPT 模板

由于模板已经完成了 PPT 视觉设计方面的工作，因此，使用者获得 PPT 模板后，只需要简单填充内容，如填充文字和图片，无须掌握太多的软件操作技巧以及平面设计知识即可制作出高质量的 PPT，大大降低了制作 PPT 的难度。

PPT 模板可以从免费开源的网站下载，也可以自己做好 PPT 后保存为模板文件，其扩展名为.potx。如图 5-9 所示，单击"文件"→"导出"按钮，选择"更改文件类型"选项，双击"模板（*.potx）"即可将当前 PPT 保存为模板文件；或者，如图 5-10 所示，直接另存文件，在弹出的"另存为"对话框中选择保存类型为"PowerPoint 模板（*.potx）"，生成自己的模板文件，为后面套用模板做准备。

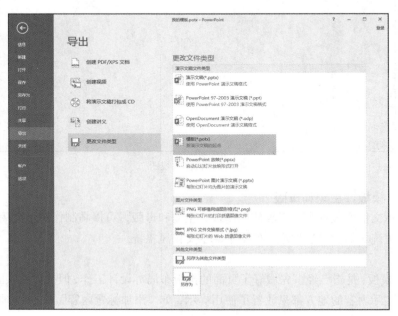

图 5-9 导出模板

图 5-10 "另存为"对话框

2. 主题

PowerPoint 内置了一些主题，主题实际上可以看作设计了主题字体、主题颜色等精细规范的高级精品模板，用户使用主题可以更方便地快速设置统一的演示文稿外观。

PowerPoint 2016 中预设了多种主题样式，单击"设计"→"主题"组右边的下拉按钮，弹出其下拉列表，其中列出了可选择的所有预设主题样式，如图 5-11 所示。

图 5-11　预设的主题样式

选择"浏览主题"选项，弹出"选择主题或主题文档"对话框，可以选择在本地计算机中事先制作好的 PPT 模板，单击"应用"按钮即可套用模板的格式，如图 5-12 所示。

图 5-12　"选择主题或主题文档"对话框

3．母版

PowerPoint 中的母版可以看作模板的一部分，它实际上是一种特殊的幻灯片，如图 5-13 所示。用户可以在幻灯片母版视图中统一编辑背景、颜色、样式、动画效果、占位符等信息。

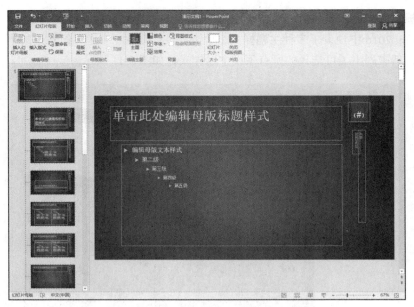

图 5-13　幻灯片母版

PPT 前台显示的每一张幻灯片都有一个后台的母版幻灯片作为支持，所以一旦针对母版进行了修改，那么所有采用此母版的幻灯片都会自动应用修改。

工序 1.4　认识占位符

在 PowerPoint 中，占位符是幻灯片上的一个预先设置好格式的容器，用来放置内容（文本、图形或视频）。通过预设的格式可以更轻松地设置幻灯片格式。占位符的格式是在幻灯片母版视图中设置的，内容则是在普通视图中添加的。

1. 文本占位符

文本占位符主要用于输入文本，由于文本占位符实际上也是一种文本框，因此对于文本占位符，也可对其位置、大小或边框等进行编辑，制作出自定义的各种版式效果。文本占位符可分为横排文本占位符和竖排文本占位符，如图 5-14 和图 5-15 所示。

单击此处添加标题

图 5-14　横排文本占位符

单击此处添加标题

图 5-15　竖排文本占位符

2. 项目占位符

项目占位符主要用于插入图片、图表、图示、表格和视频文件等对象。项目占位符的中央有一个快捷工具箱，单击其中的各按钮可插入相应的对象，如图 5-16 所示。

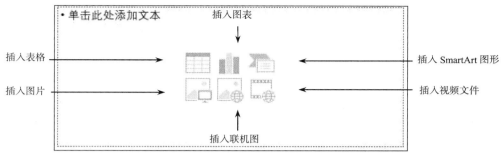

图 5-16 项目占位符

任务 2 基于模板制作 PPT 相册

任务引述

PPT 不仅要展现文稿的信息，还要给观众留下深刻的印象和愉悦的观感，所以 PPT 的模板设计和图片排版等操作就显得尤为重要。一套好的 PPT 模板可以让一篇 PPT 文稿的形象得到迅速提升，大大增加 PPT 文稿的可观赏性。同时，PPT 模板可以让 PPT 思路更清晰、逻辑更严谨，更方便处理。本任务就以"制作学院风景相册"为例，为大家介绍电子相册的制作。

📖 小思考

有哪些适合制作电子相册的软件工具？用 PowerPoint 制作相册的主要优势是什么？

任务实施

工序 2.1 任务准备

1. 工具选择

电子相册的制作工具和制作方法有很多。在众多工具和方法中，PowerPoint 相对专业，简单易学。借助现成的 PowerPoint 模板，可以在很短时间内制作出高质量的电子相册。相册预期效果如图 5-17 所示。

图 5-17 相册预期效果

2．素材准备

拍摄用于学院风景相册 PPT 的照片，适当修饰后以图片文件形式保存到本地文件夹中。

3．模板准备

事先设计好或从网络下载适用于相册的 PPT 模板，将其保存为扩展名为.potx 的模板文件。

工序 2.2　使用模板

启动 PowerPoint 2016，在模板主题中选择事先保存好的"现代型相册"模板，如图 5-18 所示。

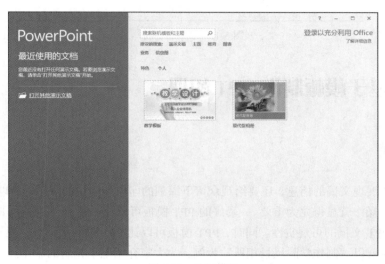

图 5-18　选择模板

工序 2.3　修改页面

1．选择第 1 张幻灯片

在打开的模板文件中单击第一张幻灯片缩略图，使第一张幻灯片在工作区中显示，如图 5-19 所示。

图 5-19　第 1 张幻灯片

2. 删除原图片

单击幻灯片左上角的占位符，按"Delete"键删除占位符中的图片，如图 5-20 所示。

图 5-20　删除占位符中的图片

3. 插入新图片

单击幻灯片左上角占位符中的图片标志，弹出"插入图片"对话框，插入办公楼素材图片，幻灯片效果如图 5-21 所示。

图 5-21　插入办公楼素材图片

4. 修改首页文字

删除第 1 张幻灯片占位符中的文本"现代型相册"，输入"校园风貌"，将字体设置为"隶书"，字号设置为"60"，如图 5-22 所示。

图 5-22　修改文字

5. 选择第 2 张幻灯片

单击工作区中垂直滚动条的下拉按钮，使第 2 张幻灯片成为当前幻灯片，如图 5-23 所示。

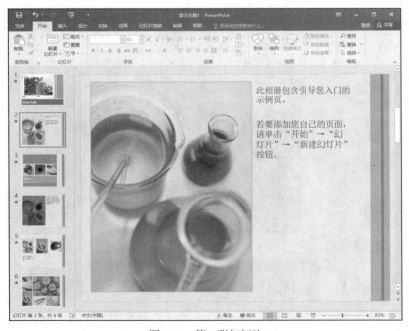

图 5-23　第 2 张幻灯片

工序 2.4　设置版式

1. 弹出"版式"下拉列表

单击"开始"→"幻灯片"→"版式"下拉按钮，弹出"版式"下拉列表，如图 5-24 所示。

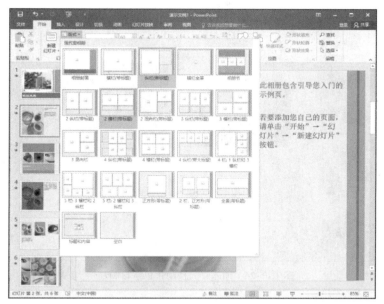

图 5-24　"版式"下拉列表

2. 修改版式

选择"2 横栏（带标题）"选项，修改当前幻灯片的版式，如图 5-25 所示。

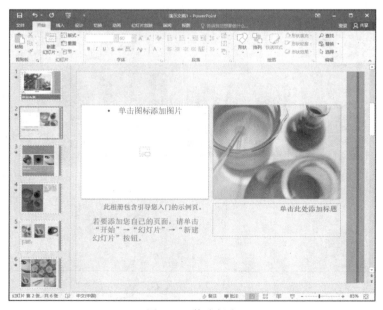

图 5-25　修改版式

3. 插入图片

单击幻灯片左边占位符中的图片标志，弹出"插入图片"对话框，插入办公楼前景色素材图片，如图 5-26 所示。

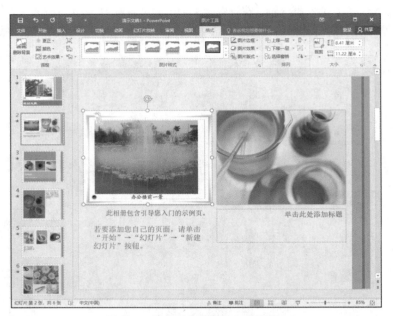

图 5-26　插入办公楼前景色素材图片

4．输入文字

删除标题占位符中的文本，输入图片的相关信息"办公楼前一景"，如图 5-27 所示。

图 5-27　输入文字

工序 2.5　设置形状格式

1．弹出占位符快捷菜单

右键单击占位符边框，弹出其快捷菜单，选择"设置形状格式"选项，如图 5-28 所示，打开

"设置形状格式"任务窗格。

2. 选择对齐方式

选择"文本选项"选项，单击"文本框"图标，在"垂直对齐方式"下拉列表中选择"中部居中"选项，如图 5-29 所示。

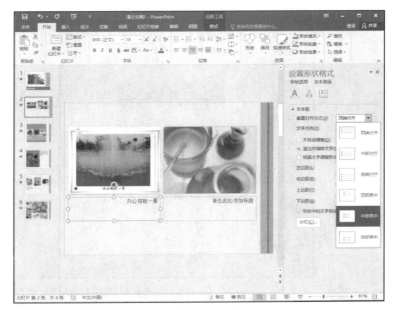

图 5-28　选择"设置形状格式"选项　　　　　图 5-29　选择"中部居中"选项

3. 设置字号

选中文本"办公楼前一景"，将字号设置为 40，幻灯片效果如图 5-30 所示。

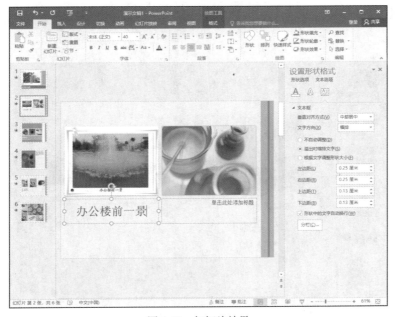

图 5-30　幻灯片效果

221

4. 删除预设图片

单击幻灯片右边占位符中的图片，按"Delete"键删除模板中预设的图片，如图 5-31 所示。

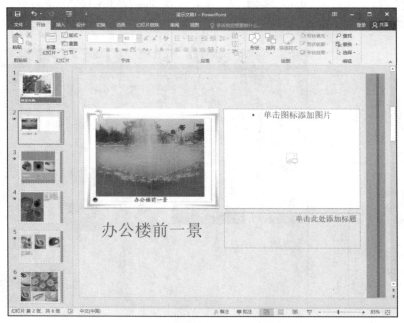

图 5-31　删除模板中预设的图片

5. 插入新图片

参照前面的操作插入大学生活动中心素材图片，并在标题占位符中输入文本"大学生活动中心"，如图 5-32 所示。

图 5-32　插入大学生活动中心素材图片

6. 删除不需要的幻灯片

选中第 3 张幻灯片，按住"Shift"键，选中当前演示文稿中的最后一张幻灯片，按"Delete"键，将选中的幻灯片删除。

7. 保存

以"学院风景"为文件名保存该演示文稿。

8. 放映

按"F5"键，可放映当前演示文稿，观看效果。

任务 3　基于主题制作 PPT 演示文稿

任务引述

设计 PPT 内容时要遵循"突出重点、多用图形和图表、巧妙排版、多元素结合与统一"的原则，目的是通过丰富多样的内容、巧妙设计的精致画面，增强作品的感染力，提高观众的兴趣。本任务的目标就是制作一个图 5-33 所示的图文并茂、内容丰富的学院介绍幻灯片。

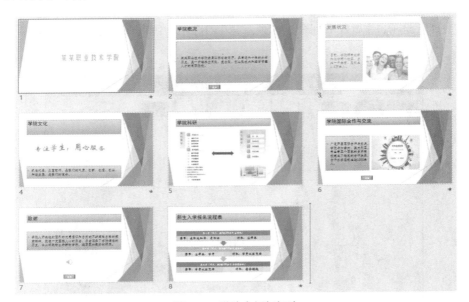

图 5-33　学院介绍幻灯片

任务实施

工序 3.1　输入文本

1. 查看可选主题

启动 PowerPoint 2016，单击"设计"→"主题"组右边的下拉按钮，弹出各种可选择的内置主题，如图 5-34 所示。

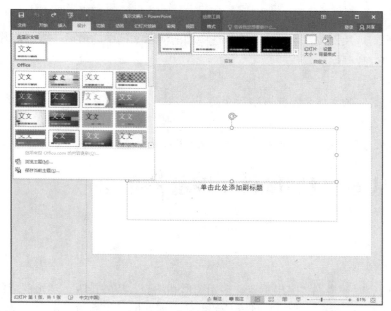

图 5-34　可选择的内置主题

2. 选择主题

选择"平面"选项，主题效果如图 5-35 所示，在幻灯片的中间有两个文本框，可以输入标题和副标题。

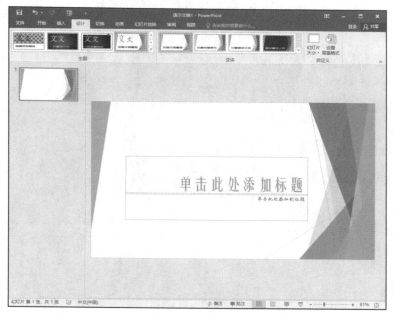

图 5-35　主题效果

3. 输入文字

在标题文本框中输入学院的名称"某某职业技术学院"，用同样的方法在副标题文本框中输入学院网址，如图 5-36 所示。

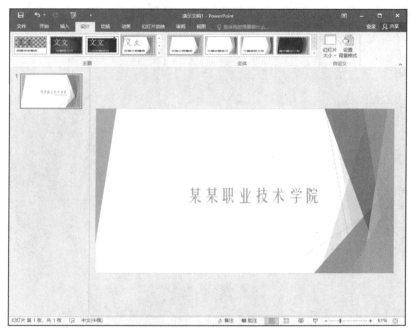

图 5-36　输入文字

工序 3.2　设置文本格式

1. 新建第 2 张幻灯片

单击"开始"→"幻灯片"→"新建幻灯片"下拉按钮，弹出其下拉列表，如图 5-37 所示。选择"标题和内容"选项，在第 2 张幻灯片标题文本框中输入"学院概况"，如图 5-38 所示。

图 5-37　"新建幻灯片"下拉列表

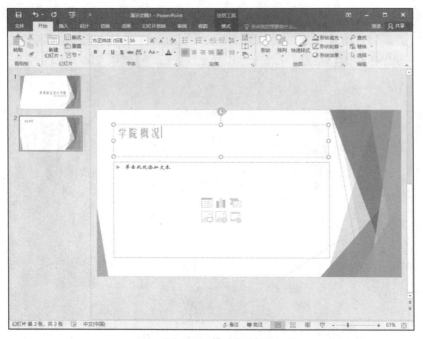

图 5-38　输入标题

2. 设置文字格式

　　选中"学院概况"文本，单击"开始"→"字体"→"字体"下拉按钮，在弹出的下拉列表中选择"黑体"选项；单击"开始"→"字体"→"字号"下拉按钮，在弹出的下拉列表中选择"36"选项，如图 5-39 所示。

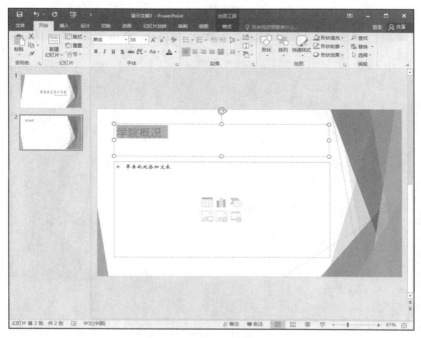

图 5-39　设置文字格式

3. 设置标题框样式

单击"开始"→"绘图"→"快速样式"下拉按钮，在弹出的下拉列表中选择"细微效果-绿色，强调颜色 1"选项，如图 5-40 所示。

图 5-40　选择"细微效果-绿色，强调颜色 1"选项

4. 输入文字

将 Word 文档中"学院概况"余下的文本粘贴到第 2 张幻灯片的内容占位符中。选中该段文本，将该段文本的字体设置为"仿宋"，字号设置为"24"，单击"开始"→"段落"→"对齐文本"下拉按钮，在弹出的下拉列表中选择"中部对齐"选项，如图 5-41 所示。

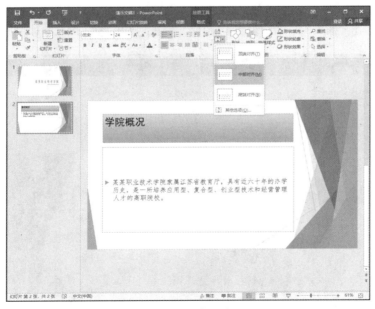

图 5-41　中部对齐

5. 设置文本框样式

选中内容文本框，单击"开始"→"绘图"→"快速样式"下拉按钮，在弹出的下拉列表中选择"微细效果-绿色，强调颜色 1"选项，完成第 2 张幻灯片的制作，效果如图 5-42 所示。

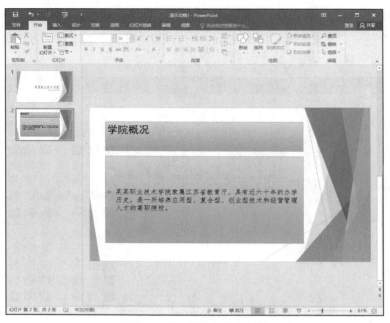

图 5-42　第 2 张幻灯片的效果

工序 3.3　插入图片

1. 新建第 3 张幻灯片

按"Ctrl+C"组合键复制第 2 张幻灯片，按"Ctrl+V"组合键粘贴幻灯片，生成第 3 张幻灯片。

2. 输入文本

在复制的幻灯片中修改标题文本为"发展状况"，再修改内容文本，调整文本框大小至适当的位置，如图 5-43 所示。单击"插入"→"图像"→"图片"按钮，弹出"插入图片"对话框，如图 5-44 所示。

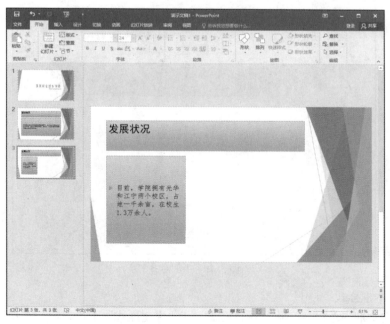

图 5-43　为第 3 张幻灯片输入文本

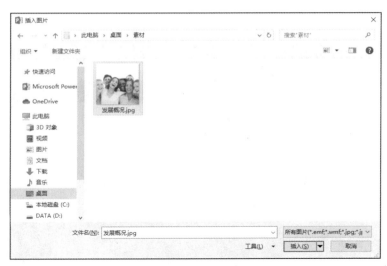

图 5-44　"插入图片"对话框

3．插入图片

在图 5-47 所示的对话框中选择素材图片"发展概况.jpg"，单击"插入"按钮，插入图片并拖动调整图片的位置。

4．设置图片大小

选中插入的图片，将鼠标指针移动到图片左上角，当鼠标指针变为双向箭头形状时，往右下角方向拖动，将图片缩小到适当大小后松开鼠标左键，此时，第 3 张幻灯片的效果如图 5-45 所示。

图 5-45　第 3 张幻灯片的效果

5. 设置图片样式

单击"图片工具-格式"→"图片样式"组中的下拉按钮，在弹出的下拉列表中选择"减去对角，白色"选项，如图 5-46 所示。

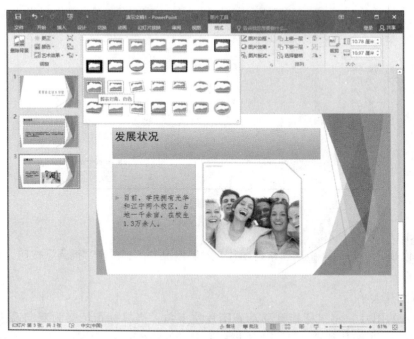

图 5-46　设置图片样式

6. 调整

根据自己的设计需求，精细调整文本框和文字位置，第 3 张幻灯片的最终效果如图 5-47 所示。

图 5-47　第 3 张幻灯片的最终效果

工序 3.4　使用艺术字和自选图形

1. 新建第 4 张幻灯片

复制并粘贴第 2 张幻灯片，生成第 4 张幻灯片，在复制的幻灯片中将标题修改为"学院文化"，再修改内容文本，并调整占位符的位置，如图 5-48 所示。

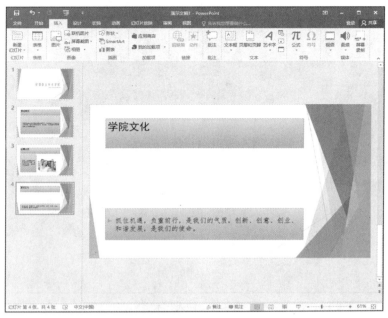

图 5-48　第 4 张幻灯片

2. 选择艺术字样式

单击"插入"→"文本"→"艺术字"下拉按钮，在弹出的下拉列表中选择如图 5-49 所示的艺术字样式。此时，幻灯片文本框中显示应用该样式的文本"请在此放置您的文字"，如图 5-50 所示。

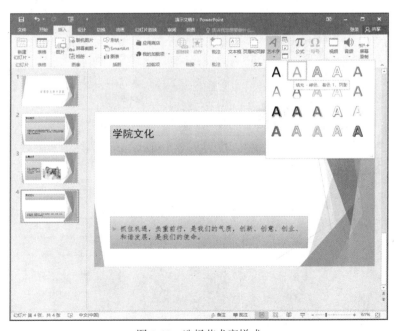

图 5-49　选择艺术字样式

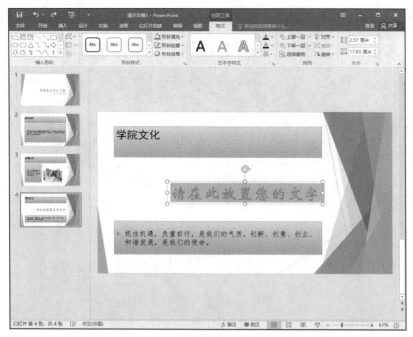

图 5-50　插入艺术字

3. 选择艺术字效果

单击"绘图工具-格式"→"艺术字样式"→"文本效果"下拉按钮，在弹出的下拉列表中选择"转换"→"弯曲"→"正三角"选项，如图 5-51 所示。

图 5-51　选择艺术字效果

4. 选择字体颜色

单击"绘图工具-格式"→"艺术字样式"→"文本填充"下拉按钮，在弹出的下拉列表中选择"标准色"→"绿色"选项，如图 5-52 所示。

图 5-52 选择字体颜色

5. 输入艺术字

选中文本框中的文本后输入文字"专注学生，用心服务"，调整文本框和文字的位置。第 4 张幻灯片的效果如图 5-53 所示。

图 5-53 第 4 张幻灯片的效果

6. 新建第 5 张幻灯片

用前面同样的方法制作第 5 张幻灯片，修改第 5 张幻灯片的标题文本，插入素材图片"教育教学.jpg""科学研究.jpg"，在"图片工具-格式"→"图片样式"下拉列表中选择"简单框架，白色"样式选项。此时，第 5 张幻灯片的初步效果如图 5-54 所示。

图 5-54　第 5 张幻灯片的初步效果

7．插入箭头

单击"插入"→"插图"→"形状"下拉按钮，在弹出的下拉列表中选择"箭头总汇"→"左右箭头"选项，将鼠标指针移动到幻灯片中，当鼠标指针变为向右的箭头形状时，按住鼠标左键拖动，绘制"左右箭头"图形，箭头效果如图 5-55 所示。

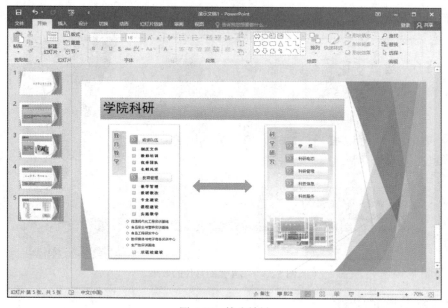

图 5-55　箭头效果

8. 选择填充色

单击"绘图工具-格式"→"形状样式"→"形状填充"下拉按钮，在弹出的下拉列表中选择红色填充色，如图 5-56 所示。

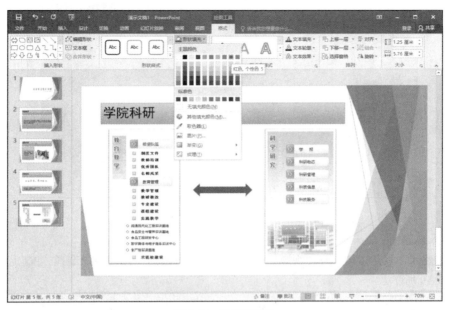

图 5-56　选择填充色

9. 调整文本框

调整文本框的位置，完成第 5 张幻灯片的制作。第 5 张幻灯片的最终效果如图 5-57 所示。

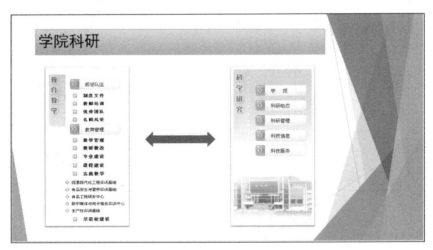

图 5-57　第 5 张幻灯片的最终效果

工序 3.5　插入影片和声音

1. 新建第 6 张幻灯片

通过复制幻灯片的方法制作第 6 张幻灯片，修改标题文本后输入内容文本，如图 5-58 所示。

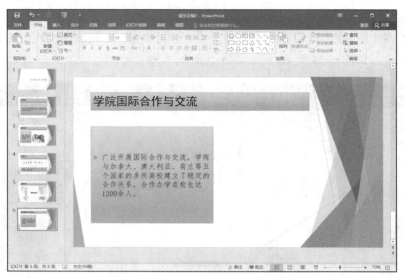

图 5-58　第 6 张幻灯片的文本

2. 插入视频

单击"插入"→"媒体"→"视频"下拉按钮，在弹出的下拉列表中选择"PC 上的视频"选项，如图 5-59 所示。

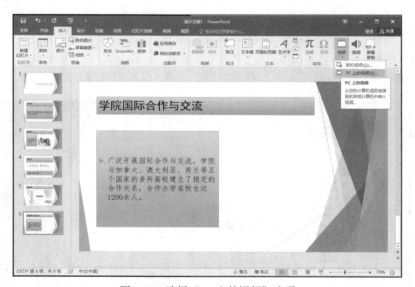

图 5-59　选择"PC 上的视频"选项

3. 选择视频

弹出"插入视频文件"对话框，从本地计算机目录中选择要使用的视频文件，单击"插入"按钮，如图 5-60 所示。

4. 调整视频文件

调整视频文件在幻灯片中的大小和位置，如图 5-61 所示。

5. 新建第 7 张幻灯片

用复制幻灯片的方法制作第 7 张幻灯片，修改标题文本后输入内容文本，如图 5-62 所示。

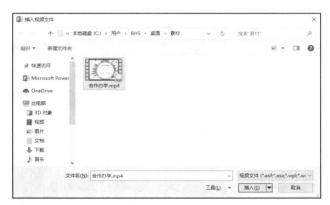

图 5-60　选择视频

图 5-61　调整视频文件在幻灯片中的大小和位置

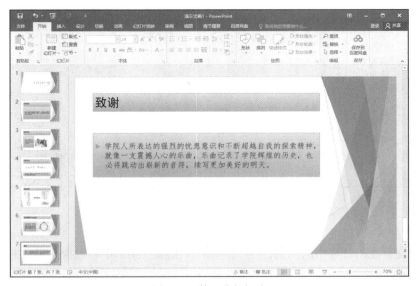

图 5-62　第 7 张幻灯片

6. 插入音频

单击"插入"→"媒体"→"音频"下拉按钮，在弹出的快捷菜单中选择"PC 上的音频"选项，如图 5-63 所示。

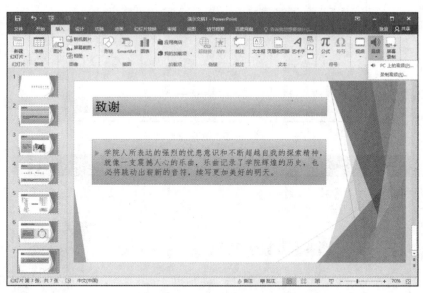

图 5-63　选择"PC 上的音频"选项

7. 选择音频

弹出"插入音频"对话框，从本地计算机目录中选择要使用的音频文件，单击"插入"按钮，如图 5-64 所示。

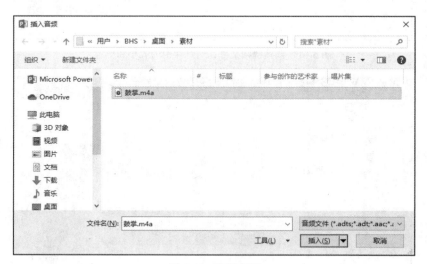

图 5-64　选择音频

8. 调整音频文件

调整音频文件在幻灯片中的位置，在"音频工具-播放"菜单中可以根据自己的需要调整播放参数，如图 5-65 所示。

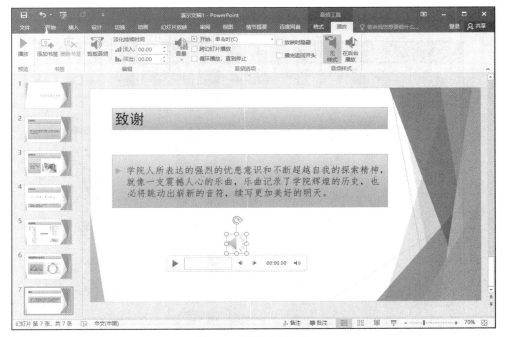

图 5-65 调整音频文件

工序 3.6 插入 SmartArt 图形

在 PowerPoint 中，用户可以利用 SmartArt 创建各种图形图表，提高工作效率和展示效果。

1. 选择 SmartArt 图形

通过复制幻灯片的方法制作第 8 张幻灯片，修改标题文本，删除文本框，单击"插入"→"插图"→"SmartArt"按钮，弹出"选择 SmartArt 图形"对话框，如图 5-66 所示。

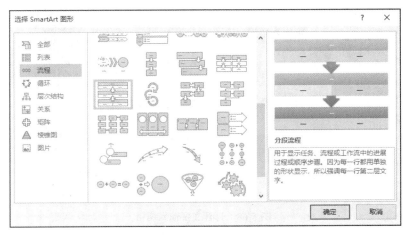

图 5-66 "选择 SmartArt 图形"对话框

2. 插入流程图

选择"流程"选项卡，选择"分段流程"选项，单击"确定"按钮，流程图即可出现在幻灯片中，如图 5-67 所示。选中流程图，图形的周围出现边框，在该边框上移动鼠标指针，当鼠标指针变成双向箭头时，可拖动整个图形到合适的位置。如果想要取消 SmartArt 图形的选中状态，则可以在图形外的任意位置单击。

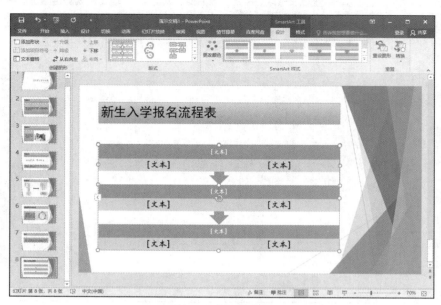

图 5-67　插入流程图

3．打开文字输入窗格

单击 SmartArt 图形左侧的箭头，打开文字输入窗格，如图 5-68 所示。

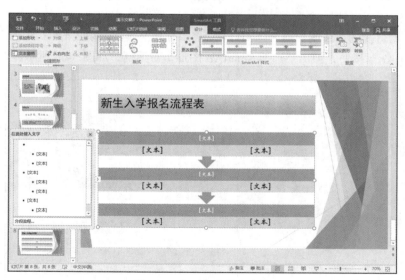

图 5-68　打开文字输入窗格

4．输入文字

如图 5-69 所示，在每行中分别输入文本"第一步（地点：教 B 楼 206 房间　注册处）""携带：录取通知书、身份证""领取：注册表""第二步（地点：综合楼 110 房间　财务科）""携带：注册表、学费""领取：学费收款凭据""第三步（地点：教 A 楼 109 房间　宿舍管理处）""携带：学费收款凭据""领取：宿舍钥匙"。

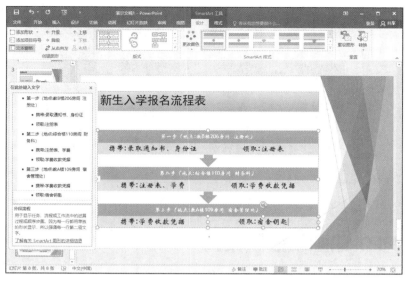

图 5-69 输入文字

5. 更改颜色

如图 5-70 所示，单击"SmartArt 工具-设计"→"SmartArt 样式"→"更改颜色"下拉按钮，在弹出的下拉列表中选择"彩色"→"彩色-个性色"选项。

图 5-70 更改颜色

6. 设置艺术字样式

选中最后一个形状中的文本"宿舍钥匙"，单击"SmartArt 工具-格式"→"艺术字样式"组中的下拉按钮，在弹出的下拉列表中选择"图案填充-红色，着色 1，浅色下对角线，轮廓-着色 1"选项，流程图的效果如图 5-71 所示。

7. 保存

保存制作好的演示文稿，文件名为"学院介绍.pptx"。

图 5-71　流程图的效果

任务4　PPT动画和放映设置

任务引述

虽然演示文稿中包括图片、文本和音乐，但是为了使演示文稿更具有趣味性，应适当地为幻灯片中的文字、图片、形状或其他对象添加动画效果，以突出演示文稿的重点，控制信息的流程。本任务即为学院演示文稿的每张幻灯片设置不同的出现效果，幻灯片的内容也有不同的变换效果，由此进一步对幻灯片进行设置以加大视觉冲击力，提高幻灯片的观赏性和趣味性。

小思考

在 PowerPoint 上设置动画遵循哪些原则会有良好的效果？在同时连接多个显示器和投影仪的情况下应该如何进行放映设置？

任务实施

工序 4.1　设置幻灯片切换方案

1. 打开文件

启动 PowerPoint 2016，单击"文件"→"打开"按钮，弹出"打开"对话框，在该对话框中选择"学院介绍.pptx"演示文稿。

2. 选择切换效果

单击"切换"→"切换到此幻灯片"→"快速样式"组中的下拉按钮，在弹出的下拉列表中选择"淡出"选项，如图 5-72 所示。

3. 选择切换声音

单击"切换"→"计时"→"声音"右侧的下拉按钮，在弹出的下拉列表中选择"风铃"选项，如图 5-73 所示。

4. 选择效果选项

单击"切换"→"切换到此幻灯片"→"效果选项"下拉按钮，在弹出的下拉列表中选择"平滑"选项，如图 5-74 所示。

图 5-72　选择"淡出"选项

图 5-73　选择"风铃"选项

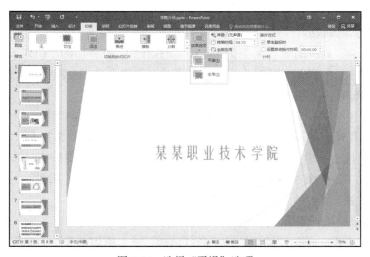

图 5-74　选择"平滑"选项

5. 选择换片方式

勾选"切换"→"计时"→"换片方式"选项组中的"单击鼠标时"复选框。

6. 预览

设置完成后，单击"切换"→"预览"→"预览"按钮，此时，幻灯片编辑区中将播放设置的切换效果。

7. 设置其他幻灯片切换效果

依次选择其他各张幻灯片，用前面的方法为每一张幻灯片设置不同的切换效果。

工序 4.2　设置幻灯片动画

1. 打开动画选项

选中第 1 张幻灯片，选中标题文本框，单击"动画"（见图 5-75）→"动画"组中的下拉按钮，弹出其下拉列表。

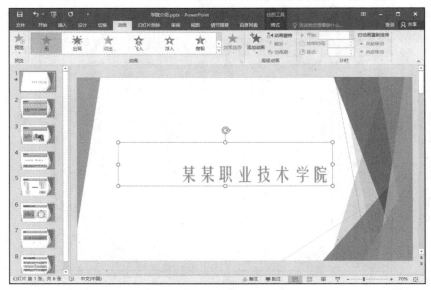

图 5-75　"动画"菜单

2. 为标题添加动画效果

单击"动画"→"高级动画"→"添加动画"下拉按钮，在弹出的下拉列表中选择"进入"→"飞入"选项，如图 5-76 所示。此时为标题添加了动画效果，文本框左侧标注图标 1 。

3. 设置效果选项

单击"动画"→"高级动画"→"动画窗格"按钮，打开"动画窗格"任务窗格。单击"标题 1"下拉按钮，在弹出的下拉列表中选择"效果选项"选项，如图 5-77 所示。弹出"飞入"对话框，在"效果"选项卡中，单击"设置"选项组中的"方向"下拉按钮，在弹出的下拉列表中选择"自顶部"选项，如图 5-78 所示，再单击"计时"选项卡中的"期间"下拉按钮，在弹出的下拉列表中选择"快速（1 秒）"选项，如图 5-79 所示。

4. 为副标题添加动画效果

选中副标题文本框，单击"动画"→"高级动画"→"添加动画"下拉按钮，在弹出的下拉列表中选择"进入"→"形状"选项，文本框左侧出现标注图标 2 ，如图 5-80 所示。

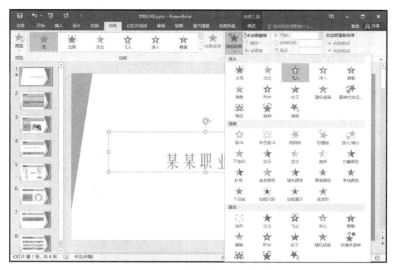

图 5-76　为标题添加动画效果

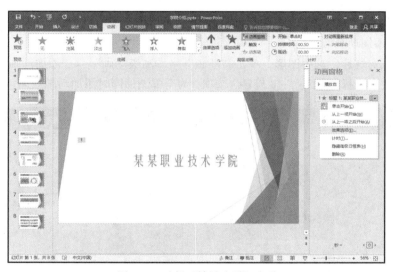

图 5-77　选择"效果选项"选项

图 5-78　设置"方向"

图 5-79　设置"期间"

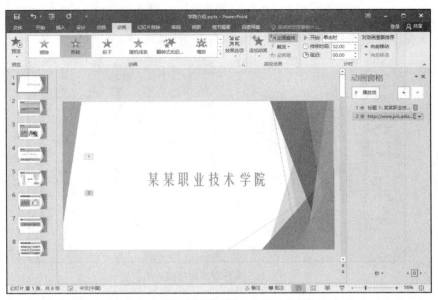

图 5-80　为副标题添加动画效果

5．为图形添加动画效果

选中第 3 张幻灯片，选中图形，单击"动画"→"高级动画"→"添加动画"下拉按钮，在弹出的下拉列表中选择"进入"→"旋转"选项，为全部图形同时添加动画效果，如图 5-81 所示。

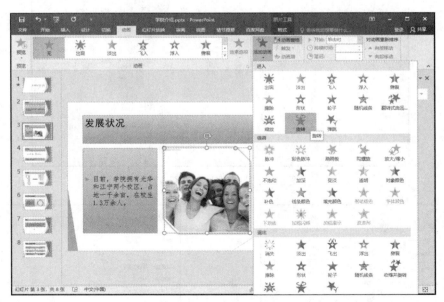

图 5-81　为图形添加动画效果

6．为艺术字添加动画效果

选中第 4 张幻灯片，选中艺术字，单击"动画"→"高级动画"→"添加动画"下拉按钮，在弹出的下拉列表中选择"进入"→"飞入"选项，如图 5-82 所示。用图 5-78 和图 5-79所示的同样方法设置动画效果选项，在"效果"选项卡的"方向"下拉列表中选择"自左侧"选项，在"计时"选项卡中的"期间"下拉列表中选择"快速（1 秒）"选项。

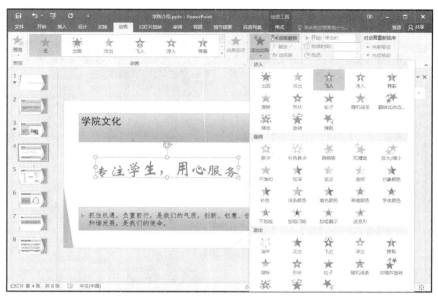

图 5-82　为艺术字添加动画效果

7．为第 6 张幻灯片添加动画效果

选中第 6 张幻灯片，可以为文本添加动画效果，先选中"学院国际合作与交流"标题，为其添加"进入"→"飞入"的动画效果，再选中内容文本框，为其添加"进入"→"随机线条"的动画效果，如图 5-83 所示。

图 5-83　为第 6 张幻灯片添加动画效果

8．为第 8 张幻灯片添加动画效果

选中第 8 张幻灯片，可以为 SmartArt 图形添加两种动画效果，先选中 SmartArt 图形，为其添加"进入"→"轮子"动画效果，再次选中 SmartArt 图形，为其添加"退出"→"淡出"动画效果，如图 5-84 所示。

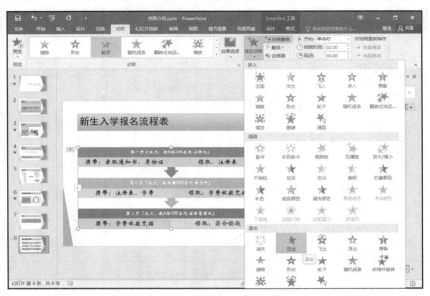

图 5-84　为第 8 张幻灯片添加动画效果

9. 为其他幻灯片添加动画效果

用和前面类似的方法，为其余幻灯片添加动画效果。

工序 4.3　添加动作按钮

1. 选择自定义动作按钮

选中第 2 张幻灯片，单击"插入"→"插图"→"形状"下拉按钮，在弹出的下拉列表中选择"动作按钮"→"动作按钮：自定义"选项，如图 5-85 所示。

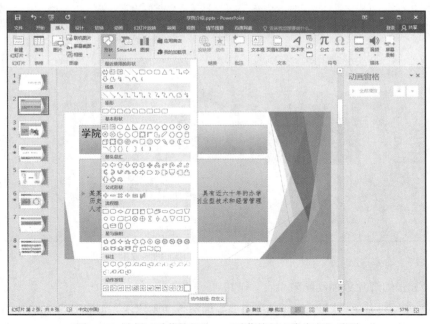

图 5-85　选择"动作按钮"→"动作按钮：自定义"选项

2. 绘制矩形动作按钮

将鼠标指针移动到幻灯片中，拖动鼠标左键绘制一个矩形，同时弹出"操作设置"对话框，如图 5-86 所示。

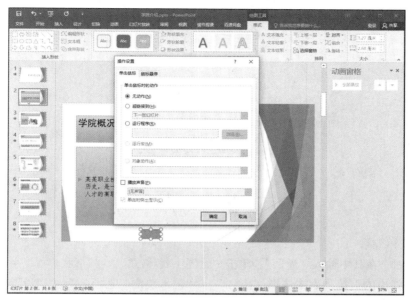

图 5-86　绘制矩形动作按钮

3. 设置动作超链接

选择"单击鼠标"选项卡，在"单击鼠标时的动作"选项组中选中"超链接到"单选按钮，并在其下的下拉列表中选择"幻灯片…"选项，如图 5-87 所示。弹出"超链接到幻灯片"对话框，选择"1.某某职业技术学院"选项，如图 5-88 所示，完成后单击"确定"按钮。

图 5-87　选择"幻灯片…"选项

图 5-88　"超链接到幻灯片"对话框

4. 设置播放声音

选中"播放声音"复选框，并在其下的下拉列表中选择"单击"选项，如图 5-89 所示。单击

"确定"按钮，完成动作按钮声音的设置。

图 5-89 设置播放声音

5. 设置按钮效果

选中该按钮，在其中输入"返回"，单击"绘图工具-格式"→"形状样式"→"形状效果"下拉按钮，在弹出的下拉列表中选择"棱台"→"艺术装饰"选项，为按钮设置装饰效果，如图 5-90 所示。复制"返回"动作按钮，分别在第 6 张和第 7 张幻灯片中执行粘贴操作。

工序 4.4 放映幻灯片

1. 选择自定义放映

单击"幻灯片放映"→"开始放映幻灯片"→"自定义幻灯片放映"下拉按钮，在弹出的下拉列表中选择"自定义放映"选项，如图 5-91 所示。

图 5-90 设置按钮效果

图 5-91　选择"自定义放映"选项

2．选择自定义放映幻灯片

弹出"自定义放映"对话框，如图 5-92 所示，在该对话框中单击"新建"按钮，弹出"定义自定义放映"对话框，在"在演示文稿中的幻灯片"列表框中选择需要放映的幻灯片，单击"添加"按钮，在"在自定义放映中的幻灯片"列表框中将显示选择的幻灯片，如图 5-93 所示。

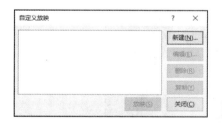

图 5-92　"自定义放映"对话框 1

图 5-93　"定义自定义放映"对话框

3．确定自定义放映名称

在"幻灯片放映名称"文本框中输入"学院 1"，单击"确定"按钮，回到"自定义放映"对话框，如图 5-94 所示。单击"关闭"按钮，退出该对话框。

4．查看放映效果

单击"幻灯片放映"→"开始放映幻灯片"→"自定义幻灯片放映"下拉按钮，在弹出的下拉列表中将显示"学院 1"选项，选择该选项，即可观看自定义的放映效果，如图 5-95 所示。

图 5-94　"自定义放映"对话框 2

图 5-95　选择"学院 1"选项

5．隐藏放映幻灯片

选中第 3 张幻灯片，单击"幻灯片放映"→"设置"→"隐藏幻灯片"按钮，将隐藏幻灯片，如图 5-96 所示。

图 5-96　隐藏幻灯片

6．弹出"设置放映方式"对话框

单击"幻灯片放映"→"设置"→"设置幻灯片放映"按钮，弹出"设置放映方式"对话框。

7．设置放映方式

在"设置放映方式"对话框的"放映类型"选项组中选中"演讲者放映（全屏幕）"单选按钮，在"放映选项"选项组中勾选"放映时不加旁白"复选框，在"绘图笔颜色"下拉列表中选择"黄色"选项，在"换片方式"选项组中选中"手动"单选按钮，单击"确定"按钮，如图 5-97 所示。

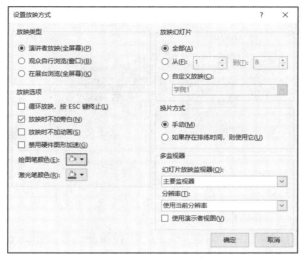

图 5-97　"设置放映方式"对话框

8. 放映幻灯片

按"F5"键，开始放映幻灯片，单击后，演示文稿将进行动画效果的切换。

9. 放映时快速定位

在放映幻灯片的过程中，有时需要快速定位幻灯片，此时可右键单击，在弹出的快捷菜单中选择"查看所有幻灯片"选项，如图 5-98 所示，以显示所有幻灯片，如图 5-99 所示，单击要定位的幻灯片，即可快速切换到该幻灯片。

图 5-98　选择"查看所有幻灯片"选项

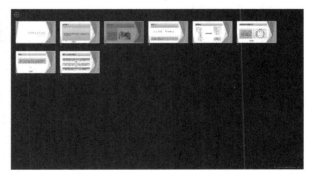

图 5-99　显示所有幻灯片

10. 放映时标注

在放映的幻灯片中通过勾画重点或添加注释，幻灯片中的重点内容可更加突出地展现出来。在放映幻灯片时右键单击，在弹出的快捷菜单中选择"指针选项"→"荧光笔"选项，鼠标指针将转换为"荧光笔"形状。用荧光笔在幻灯片中按住鼠标左键拖动即可进行标注，如图 5-100 所示。

11. 选择是否保存墨迹

当演示文稿放映完或按"Esc"键退出幻灯片放映时，将弹出是否保存墨迹提示对话框，可选择"保留"或"放弃"。

图 5-100　用荧光笔进行标注

工序 4.5　打印幻灯片

1. 弹出"幻灯片大小"对话框

单击"设计"→"自定义"→"幻灯片大小"下拉按钮，在弹出的下拉列表中选择"自定义幻灯片大小"选项。

2. 选择幻灯片大小和方向

如图 5-101 所示，弹出"幻灯片大小"对话框，在该对话框的"幻灯片大小"下拉列表中选择"A4 纸张（210×297 毫米）"选项，在"幻灯片编号起始值"数值框中输入"1"，单击"确定"按钮，弹出缩放提示对话框，如图 5-102 所示，单击"确保适合"按钮完成设置。

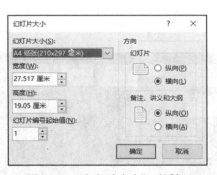

图 5-101　"幻灯片大小"对话框

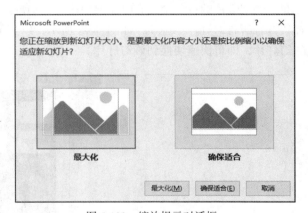

图 5-102　缩放提示对话框

3. 打印预览

单击"文件"→"打印"按钮，进入打印预览界面，如图 5-103 所示，在"设置"选项组中的"打印全部幻灯片"下拉列表中选择"2 张幻灯片中讲义（每页 2 张幻灯片）"选项，再选择"横向"选项，查看页面设置后的效果。

4. 打印

单击"打印"按钮，打印机将按照打印设置进行打印操作。

工序 4.6　打包演示文稿

1. 进行打包操作

单击"文件"→"导出"按钮，进入导出界面，选择"将演示文稿打包成 CD"选项，如

图 5-104 所示，单击"打包成 CD"按钮。

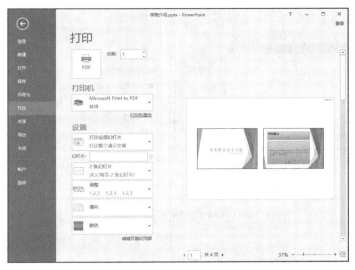

图 5-103　打印预览界面

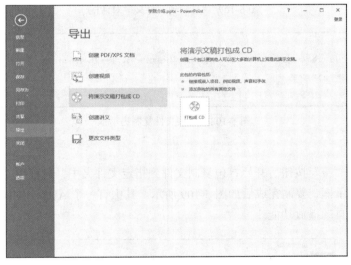

图 5-104　导出界面

2. 设置打包选项

弹出"打包成 CD"对话框，如图 5-105 所示，单击"选项"按钮，弹出"选项"对话框，如图 5-106 所示，勾选"链接的文件""嵌入的 TrueType 字体"复选框，单击"确定"按钮，返回到"打包成 CD"对话框中。

3. 打包复制

单击"复制到文件夹"按钮，弹出"复制到文件夹"对话框，在"文件夹名称"文本框中输入想要的名称，在"位置"文本框中输入保存路径或单击"浏览"按钮以选择保存路径，如图 5-107 所示。单击"确定"按钮，弹出链接文件复制提示框，如图 5-108 所示，选择是否复制链接的文件。

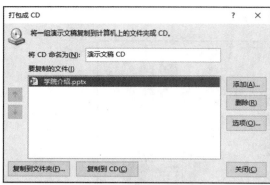

图 5-105　"打包成 CD"对话框

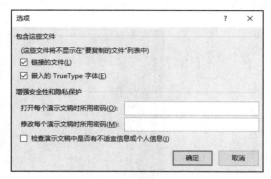

图 5-106　"选项"对话框

图 5-107　"复制到文件夹"对话框

图 5-108　链接文件复制提示框

4. 查看打包

单击"是"或"否"按钮后开始打包复制文件到指定文件夹中，过程中将弹出"正在将文件复制到文件夹"提示框，复制完成后如图 5-109 所示。其中有一个 AUTORUN.INF 文件，如果其在光盘上，则具备自动播放功能。

图 5-109　复制完成后

✎ 小提示

将 PPT 文件另存为.pps 格式的文件，再用 PowerPoint 软件打开后，可以自动播放幻灯片。如果想在没有安装 PowerPoint 软件的计算机上也能进行播放，可以借助一些第三方工具软件将 PPT 文件转换为.exe 可执行格式。

任务 5 练习

工序 5.1   PowerPoint 基本操作

【实训目的】

（1）了解 PowerPoint 2016 演示文稿及幻灯片的基本操作。

（2）练习在 PowerPoint 2016 中输入并编辑幻灯片的内容，以及应用设计模板和配色方案。

（3）练习幻灯片放映及打包演示文稿。

【实训内容】

为了在中秋时节展示中华美食——月饼，要求制作月饼相册。要求展示提供的图片素材，并为图片配简单的说明文字。

（1）创建幻灯片文件"糕点节.pptx"。

（2）使用"创建相册"功能，插入文件夹中的图片"snoopy 月饼""叮当猫月饼""米豆果月饼""奶薄荷月饼""南瓜月饼""双黄月饼"。每张幻灯片显示两张图片，带标题，图片相框的形状为"椭圆形"。

（3）定义文件母版的格式。标题字号为 44，字体为隶书，颜色为蓝色，各级标题字体为华文新魏，字号使用默认值，颜色为蓝色。在母版上添加图片"卡通月饼"，适当缩小，将其放置在页面左上角。

（4）第一张幻灯片标题为"糕点节"，副标题为"中秋特辑"。第二张幻灯片至第四张幻灯片标题分别为"明星月饼""风味月饼""营养月饼"。为所有的图片添加注释，注释文本为图片中月饼的名称，注释的形状为自选图形中的"云形标注"。

（5）制作导航器。选择自选图形中的"横卷形"，添加文本"明星月饼""风味月饼""营养月饼"，并将它们分别链接到相应的页面；字体为华文彩云，字号为 18，颜色为蓝色；为导航器设置动画，进入方式为单击时快速"渐变缩放"。将导航器放置到所有幻灯片中。

制作完成后，幻灯片的效果如图 5-110 所示。

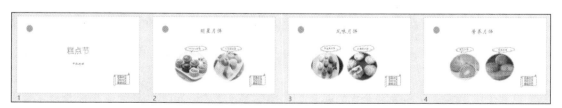

图 5-110   幻灯片的效果

工序 5.2   制作学校的宣传片

【实训目的】

（1）掌握在演示文稿中添加、删除幻灯片的方法。

（2）掌握在演示文稿中插入图片及其他多媒体对象的方法。

（3）掌握演示文稿的动画设置方式。

（4）掌握超链接的制作方法。

【实训内容】

（1）制作一个关于学校的演示文稿，至少有 6 张以上的幻灯片。

（2）演示文稿中应包含图片、声音、动画等多媒体对象。

（3）演示文稿中要有自定义动画的设置以及页面切换效果的设置。

（4）演示文稿的每页都要包含超链接。

学习目标

【知识目标】

识记：计算机网络的概念；计算机网络协议理论；网络安全基础理论；云计算、大数据、人工智能等新技术基础概念。

领会：计算机网络配置方法；常见网络应用；网络安全基本防护措施。

【技能目标】

能够组建简单的计算机网络。

能够使用适当措施保护计算机网络安全。

能够合理使用计算机网络应用程序完成常见工作。

【素质目标】

通过对网络的设计、配置和管理，培养学生独立解决问题的能力。

通过网络知识技能的学习，培养学生的网络安全意识和科技报国的情怀。

任务 1　计算机网络构建

任务引述

当今世界，计算机网络已经成为现代社会不可缺少的基础设施，并在政治、经济、教育、文化、体育、军事等各领域发挥着越来越重要的作用。在 2020 年席卷全球的新冠病毒疫情期间，正是高效可靠的计算机网络支撑住了大规模网络授课、网络视频会议（见图 6-1）、网络购物和网络娱乐等产生的超大流量，保障了社会生活的正常运转。

目前，计算机设备很少单机使用，而是被放置在某个局域网中，或直接连接到互联网中。往往在联网状态下，配合适当的网络应用程序，计算机设备才能完整发挥其作用，帮助用户完成各种工作任务。

计算机网络技术还在不断发展，正逐步走向无线化和智能化，联网的设备也不限于传统的计算机，能达到万物互联的物联网（Internet of Things，IoT）被公认是未来的发展目标。然而，传统计算机网络仍然是当前世界网络的基础和核心，在现代社会，即使是非专业用户，也经常需要通过自主配置，在家庭、工作单位和外出等环境下将一个或多个计算机设备接入网络，因此大家很有必要通过学习网络基础理论掌握基本的计算机网络构建技能。

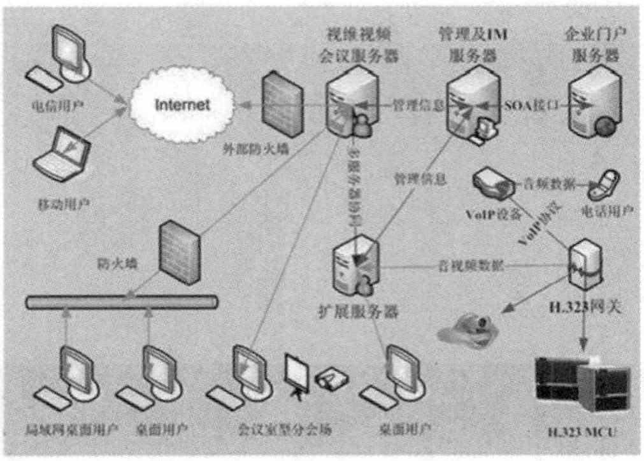

图 6-1　网络视频会议技术示意图

小思考

用哪些方法可以在家庭或单位组建实用的计算机网络？

任务实施

工序 1.1　网络基础知识

1.1.1　计算机网络定义

可以从不同的角度来定义网络，目前网络定义通常采用资源共享的观点，将地理位置不同的具有独立功能的计算机或由计算机控制的外部设备，通过通信设备和线路连接起来，按照约定的通信协议进行信息交换，实现资源共享的系统称为计算机网络。

从这个定义可以看出，计算机网络主要涉及以下 3 个方面。

1．通信主体

一个计算机网络可以包含多台具有独立功能的计算机。被连接的计算机有自己的 CPU、主存储器、终端，甚至辅助存储器，还有完善的系统软件，能单独进行信息处理加工。因此，通常将这些计算机称为"主机"，在网络中又叫作节点或站点。一般而言，网络中的共享资源（硬件、软件和数据）均分布在这些计算机中。

2．通信设备和线路

构成计算机网络需要使用通信的手段，把有关的计算机连接起来。连接要依靠通信设备和通信线路，通信线路分为有线（如同轴电缆、双绞线、光纤等）和无线（如红外、蓝牙、微波、卫星通信等）两种形式。

3．通信协议

计算机通信网是由许多具有信息交换和处理能力的节点互连而成的。要使整个网络有条不紊地工作，就要求每个节点必须遵守一些事先约定好的有关数据格式，以及时序等规则，即网络相互通信时需要遵守的约定和规则。网络协议由语法、语义和时序组成。

建立计算机网络的主要目的是实现通信的交互、信息资源的交流、计算机分布资源的共享或者协同工作。

1.1.2　计算机网络的功能

计算机网络的主要功能包括资源共享和数据通信。

1．资源共享

网络的核心作用是资源共享，其目的是无论资源的物理位置在哪里，网络上的用户都能使用网络中的程序、设备，尤其是数据。这样可以使用户摆脱"地理位置的束缚"，同时带来经济上的效益。资源共享包括硬件资源共享（如网络打印机等各种设备的共享）、信息共享（如各种数据库、数字图书馆等的共享）、软件资源共享（如各种软件的共享）。

2. 数据通信

数据通信是指计算机之间或计算机用户之间的相互通信与交往、计算机之间或计算机用户之间的协同工作。计算机网络可以为分布在世界各地的人员提供强大的通信手段，如交换信息和报文、发送或接收 E-mail、协同工作等。

1.1.3 计算机网络的基本组成

计算机网络主要由网络硬件系统、网络软件系统、网络信息组成。

1. 网络硬件系统

网络硬件系统由计算机（包括普通计算机主机、工作站、网络服务器、其他终端设备等）、通信设备（包括集线器、交换机、路由器、特殊网关设备等）、通信线路（包括双绞线、光纤、无线电波等）及辅助设备（包括打印机、扫描仪等）组成。

2. 网络软件系统

在网络中，每个用户都可享用系统中的各种资源，所以需要通过网络软件系统对各种资源进行合理的调配和管理，以防止资源的丢失和破坏。网络软件系统主要包括网络操作系统、网络协议、网络通信软件、网络管理软件和网络应用软件等。

3. 网络信息

在计算机网络中存储、传送的信息称为网络信息。网络信息主要是指，网络工作者通过各种输入设备上传到计算机网络上，并且每时每刻都在不断地进行补充、更新、修复的大量的资料、数据、图书等各类信息。

1.1.4 计算机网络分类

计算机网络分类有多种方法，最基础、最常见的一种分类方法是按照地理范围分为局域网、广域网和城域网。

1. 局域网

局域网（Local Area Network，LAN）是在有限的地域范围内（一般是几千米到十几千米的范围）构成的计算机网络，它把分散在一定范围内的计算机、终端、带大容量存储器的外围设备、控制器、显示器，以及用于连接其他网络而使用的网络间连接器等相互连接起来，进行高速数据通信。

局域网一般是由个人或者单位在小范围内自主建设的，所以组网采用的硬件和软件协议可以做到统一规划，也容易达到很高的网络传输速度和很低的传输延迟。如图 6-2 所示，局域网的主要连接设备是交换机。

2. 广域网

广域网（Wide Area Network，WAN）又称远程网，在地理上可以跨越很大的距离。网络上，计算机之间的距离一般在几万米以上，往往跨越一个地区、一个国家或洲，可将一个集团公司、团体或一个行业的各个部门和子公司连接起来。广域网一般容纳多个网络，并能和电信部门的公用网络互连，能够实现局域资源共享与广域资源共享相结合，并能形成地域广大的远程处理和局域处理相结合的网际网系统。

世界上第一个广域网是 ARPANET，它利用电话交换网互连分布在美国各地的不同型号的计算机和网络。经过发展至今形成的互联网（Internet，中文正式名称是因特网）正是当今世界上最大的公共广域计算机网络。

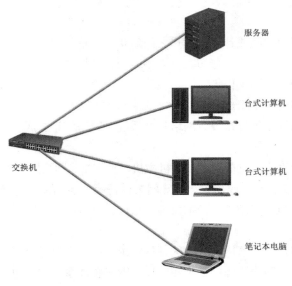

图 6-2　局域网

　　如图 6-3 所示，广域网是由多个处于不同地理位置的本地网络远程连接构成的。广域网（包括因特网）中用于连接多个不同网络的主要核心设备是路由器。

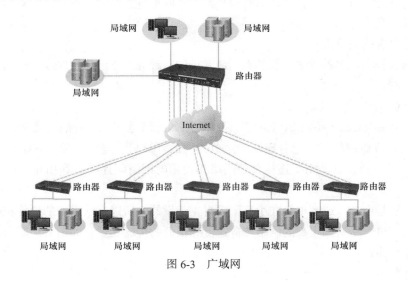

图 6-3　广域网

3．城域网

　　计算机网络发展初期，经常提到的一个概念是城域网（Metropolitan Area Network，MAN），多指在一个城市范围内所建立的计算机通信网，作用范围介于局域网和广域网之间，现在基本不再使用，多被认为是广域网的一种。

1.1.5　计算机网络拓扑结构

　　局域网的拓扑结构通常是指局域网的通信链路（传输介质）和工作节点（连接到网络上的任意设

备，如服务器、工作站及其他外围设备）在物理上连接在一起的布线结构，即指其物理拓扑结构。

局域网拓扑结构的选择往往和传输介质及介质访问控制方法紧密相关。选择拓扑结构时，应该考虑的主要因素是费用、灵活性和可靠性。

最普通的几种拓扑结构有总线型、星形、环形和树形。

1. 总线型拓扑结构

总线型拓扑结构是网络拓扑结构中的最简单的形式，实现起来也最便宜。这种拓扑结构只用一条电缆把网络中的所有计算机连接起来，不用任何有源电子设备来放大或改变信号，如图 6-4 所示。

总线型拓扑结构是一种无源拓扑，因为每台计算机只监控总线上的信号，信号不通过计算机中的网络接口控制器（Network Interface Controller，NIC）传送。当增加这些信号之间的距离时，信号电平就会降低，即所谓的衰减。提高总线型拓扑中信号传输距离的一种方法是增加中继器。中继器是一种有源设备，能再生输入的信号，当信号传过中继器时，这些信号便会被增强。

2. 星形拓扑结构

星形拓扑结构是由中央节点和通过点到点链路接到中央节点的各站点组成的，如图 6-5 所示。双绞线将各节点（计算机或其他网络设备）连接到中央设备上，中央设备通常是集线器或交换机。

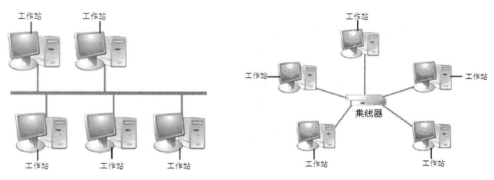

图 6-4　总线型拓扑结构　　　　　　图 6-5　星形拓扑结构

3. 环形拓扑结构

环形拓扑结构由链路和许多中继器或适配器组成，每个中继器通过链路分别连接至两边的两个中继器，形成单一的闭合环。信号从一个节点顺序传到下一节点，直至传遍所有节点，最后又回到起始节点。每个节点都接收上一站点的数据，并以同样的方式将信息传往下一站点，如图 6-6 所示。

4. 树形拓扑结构

树形拓扑结构是从总线型拓扑结构演变过来的，形状像一棵树，它有一个带分支的根，每个分支还可延伸出子分支。树形拓扑结构通常采用同轴电缆作为传输介质，并且使用宽带传输技术。

树形拓扑结构和带有几个段的总线型拓扑结构的主要区别在于根的存在。当节点发送时，根接收该信号，再重新广播发送到全网，如图 6-7 所示。

1.1.6　网络体系结构

经过多年的技术发展、竞争和淘汰，目前不管是局域网、广域网还是互联网，在网络体系结构上已经基本统一，都采用 TCP/IP 协议族，都运行相同的关键服务。

因为计算机网络通信非常复杂，所以通信协议不适合采用单层结构，而是将功能结构化和模块化，即将整体功能划分为几个相对独立的子功能层次，各功能层次间有机连接在一起，下层支持上层，上层调用下层，从而组成了网络整体的分层体系结构。

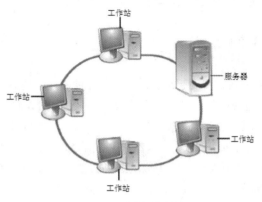

图 6-6　环形拓扑结构

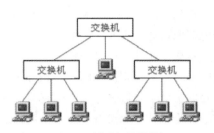

图 6-7　树形拓扑结构

目前，影响力最大的两个分层网络协议模型是开放系统互连（Open System Interconnection，OSI）模型和实际广泛采用的 TCP/IP 模型。

1. OSI 模型

OSI 模型是由国际标准化组织在 1979 年开发制定的一个参考模型，它定义了一套用于异构网互连的标准框架。

如图 6-8 所示，OSI 模型是分层描述的，它将整个网络的通信功能划分为七层，每一层完成各自的功能。

（1）物理层。物理层用于建立、维护和拆除物理链路机械的、电气的、功能的和规程的特性，把实体连接起来，在物理介质上传输比特流。

（2）数据链路层。数据链路层用于加强物理层的传输功能，建立一条无差错的传输线路；将物理层传输的比特组合成帧，确定帧边界及速率；差错纠正。数据链路层分为介质访问控制（Media Access Control，MAC）子层和逻辑链路控制（Logical Link Control，LLC）子层。MAC 子层主要组织帧、封装帧和解析帧，并对网上多个节点实现介质访问控制。LLC 子层在顶端提供多个服务访问点，为多个用户进程提供多条数据链路。

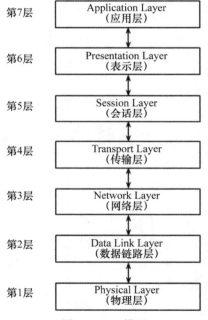

第7层	Application Layer（应用层）
第6层	Presentation Layer（表示层）
第5层	Session Layer（会话层）
第4层	Transport Layer（传输层）
第3层	Network Layer（网络层）
第2层	Data Link Layer（数据链路层）
第1层	Physical Layer（物理层）

图 6-8　OSI 模型

（3）网络层。网络层用于确定把数据包传送到其目的地的路径。网络层可把逻辑网络地址转换为物理地址。如果数据包太大不能通过路径中的一条链路送到目的地，则网络层的任务便是把这些包分成较小的包，解决如何将源端发出的分组经过各种途径（包括寻址、路径交换、路由的搜索和选择）送到目的端。

（4）传输层。传输层用于在源端与目的端之间建立可靠的端到端服务，隔离网络的上下层协议，使得网络应用与下层无关。在网络中，传输层负责错误控制、流量控制及顺序控制问题。

（5）会话层。会话层用于为会话用户提供建立连接及在网络上按顺序传送数据的方法；负责管理每一站究竟什么时间可以传送与接收数据。会话层与传输层有差别，前者需双方同意才可中断连接，后者可单方中断，与电话的逻辑类似。

（6）表示层。表示层可将用户信息转换成易于发送的比特流，在目的端再将比特流转换回去。表示层的功能包括数据压缩、数据转换、数据加密。

（7）应用层。应用层为软件提供了硬件接口，从而使得应用程序能够使用网络服务。

2．TCP/IP 模型

TCP/IP（Transmission Control Protocol/Internet Protocol）即传输控制协议/网际协议，又叫网络通信协议，这个协议是国际互联网络的基础。TCP/IP 规范了网络中的所有通信设备，尤其是一个主机与另一个主机之间的数据往来格式及传送方式，它成功地解决了不同网络之间难以互连的问题，实现了异构网互连通信。

OSI 模型是学术界推出的严谨规范的网络协议标准，但工业界的网络设备厂家并没有完全遵循，而是采用了 TCP/IP 模型，并使其成功成为事实上的网络标准。由于互联网最初起源于军事用途，因此这个模型在有些资料上也以美国国防部（Department of Defense，DoD）来命名，称为 DoD 模型。

TCP/IP 模型的分工不像 OSI 模型那么精细，只是简单地分为图 6-9 所示的 4 层。

（1）应用层。应用层用于定义应用程序如何提供服务，例如，浏览器程序如何与 WWW 服务器沟通，邮件软件如何从邮件服务器下载邮件等。

（2）传输层。传输层又称为主机对主机（Host-To-Host）层，负责传输过程中的流量控制、错误处理、数据重发等工作。TCP 和 UDP 为传输层最具代表的协议。

第4层	Application Layer（应用层）
第3层	Transport Layer（传输层）
第2层	Network Layer（网际层）
第1层	Network Interface Layer（网络接口层）

图 6-9　TCP/IP 模型

（3）网际层。网际层又称为互联网（Internet）层，决定了数据如何传送到目的地，如编定地址、选择路径等。IP 便是此层最著名的通信协议。

（4）网络接口层。网络接口层又称为数据链接层，负责对硬件的沟通。网卡的驱动程序或广域网的帧中继便属于此层。

虽然 TCP/IP 模型与 OSI 模型各有自己的结构，但是大体上两者仍能互相对照，如图 6-10 所示。

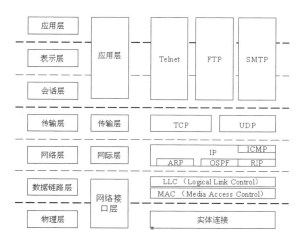

图 6-10　OSI 模型和 TCP/IP 模型对照

1.1.7　IP 地址

TCP/IP 模型中的网际层是承上启下的核心层，正是它规定了网络中的所有设备都必须有一个独一无二的 IP 地址（IP Address）。IP 地址的查看和设置也是一般网络用户最容易遇到的网络配置要求，因此下面将做较详细的说明。

目前，IP 地址有两个版本，即 IPv4 和 IPv6。

1.　IPv4

IPv4 地址是 32 位的二进制数，看起来就是一长串的 0 或 1，如图 6-11 所示。每个 IP 地址又分成两个部分，即网络地址和主机地址。网络地址用于标识大规模 TCP/IP 网际网络中的单个网段；主机地址用于识别每个网络内部的 TCP/IP 节点。

通常将 IP 地址的 32 位二进制数分成 4 个 8 位字节数，再将 8 位字节数转换成一个十进制数，并用英文句号分隔。例如，一个 32 位 IP 地址 10000011 01101011 00010000 11001000（称其为八位二进制数表示法），转换成带点的十进制数表示为 130.108.19.201（称其为点分十进制数表示法）。

IP 标准定义了 5 类地址：A 类、B 类、C 类、D 类、E 类。其中，A 类、B 类和 C 类 IP 地址用于指派 TCP/IP 节点，D 类和 E 类 IP 地址是组播和实验保留地址，还额外规定了一些有特殊含义的地址。

（1）A 类。A 类地址是为非常大型的网络提供的，共有 $2^7-2=126$ 个可用的 A 类地址，在每个具体的 A 类网络内，可有 $2^{24}-2=16777214$ 台计算机。例如，28.128.68.188 即是一个 A 类地址。其中，28 为网络地址，128.68.188 为主机地址。A 类 IP 地址如图 6-12 所示。

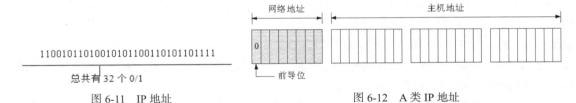

图 6-11　IP 地址　　　　　　　　　　　　　图 6-12　A 类 IP 地址

（2）B 类。B 类地址用于大中型网络，共有 $2^{14}-2=16382$ 个网络地址，每个网络中最多可以容纳 $2^{16}-2=65534$ 台主机。例如，162.253.116.189 就是一个 B 类地址。其中，162.253 为网络地址，116.189 为主机地址。B 类 IP 地址如图 6-13 所示。

（3）C 类。C 类地址用于小型网络，共有 $2^{21}-2=2097150$ 个网络地址，每个网络中可有 $2^8-2=254$ 台计算机。例如，192.168.0.1 就是一个 C 类地址。其中，198.168.0 为网络地址，1 为主机地址。C 类 IP 地址如图 6-14 所示。

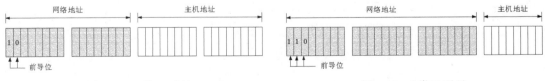

图 6-13　B 类 IP 地址　　　　　　　　　　　图 6-14　C 类 IP 地址

（4）D 类。D 类地址用于多路组播用户。D 类地址的高 4 位被设置为 1110，第 1 个 8 位数组介于 224 和 239 之间，其余位用于指明客户机所属的组，在组播操作中没有表示网络或主机的位。

（5）E 类。E 类地址是一种供实验用的地址，没有实际的应用。它的高 4 位被设置为 1111，第 1 个 8 位数组介于 240 和 255 之间。

（6）特殊 IP 地址。前面提及的 IP 地址数量都只是数学上各种排列组合的总量。在实际应用中，有些网络地址与主机地址会有特别的用途，因此在分配或管理 IP 地址时，要特别留意这些限制。下面是一些特殊的 IP 地址。

主机地址全为 0 的 IP 地址用来代表"这个网络"，以 C 类地址为例，203.74.205.0 用来代表该 C 类网络。

主机地址全为 1 的 IP 地址代表网络中的全部设备，也就是"广播"的意思。以 C 类地址为例，假设某一网络的网络地址为 203.74.205.0，若网络中有一台计算机送出目的地址为 203.74.205.255 的信息包，则代表这是对 203.74.205.0 这个网络的广播信息包，所有位于该网络中的设备都会收到此信息包。事实上，只要沿途的路由器支持，位于其他网络的设备，也可传送此类广播信息包给 203.74.205.0 这个网络中的所有设备。

若网络地址与主机地址都为 1，即 255.255.255.255，则该信息包被称为"受限"或"局域"广播信息包。此种广播的范围仅限于所在的网络，即只有同一网络中的设备可收到此种广播。

各类地址的最后一个网络地址代表"回环"地址。回环（绕回来，即不能出去的意思）地址主要用来测试本地计算机上的 TCP/IP。当 IP 信息包目的端为回环地址时，IP 信息包不会送到实体的网络中，而是送给系统的回环驱动程序来进行处理。例如，A 类的 127.0.0.1 便是常用的回环地址。

众所周知的是，IP 地址被表示成 xxx.xxx.xxx.xxx 的形式，其中，xxx 为 1~255 的整数。由于近年来计算机的发展速度太快，实体的 IP 地址已经有点不足了，好在早在规划 IP 时就已经预留了 3 个网段的 IP 地址作为内部网域专用。这 3 个预留的网段分别如下。

A 类：10.0.0.0~10.255.255.255。

B 类：172.16.0.0~172.31.255.255。

C 类：192.168.0.0~192.168.255.255。

凡是这几个网段内的地址都是所谓的内网地址，可以由局域网管理员自行分配，而不会像非内网的公网 IP 地址那样，必须由互联网权威管理机构（包括 InterNIC、APNIC 和 ENIC）统一分配。

6-1 小知识：运营商级 NAT 地址

内网不会被路由到互联网公网中，如果具有内网 IP 地址的计算机要上网，则只能借助网络地址转换（Network Address Translation，NAT），由网关将内网地址翻译转换成公网地址才行。

2．IPv6

IPv6 是"Internet Protocol version 6"的缩写，也被称作下一代互联网协议，它是由 IETF 小组设计的用来替代现行的 IPv4 的一种新的 IP。

我们知道，Internet 上的主机都有一个唯一的 IP 地址，IP 地址用一个 32 位二进制数表示一台主机的地址，但 32 位地址资源有限，已经不能满足用户的需求了，而 IPv6 采用 128 位地址长度，几乎可以不受限制地提供地址。按保守方法估算，如果使用 IPv6 的地址，整个地球的每平方米面积上仍可分配 1000 多个地址。在 RFC1884 中（RFC 是 Request For Comments 的缩写。RFC 实际上就是 Internet 有关服务的一些标准），规定的标准语法建议把 IPv6 地址的 128 位（16 个字节）写成 8 个 16 位的无符号整数，每个整数用 4 个十六进制位表示，这些数之间用冒号（：）分开，例如，3ffe:3201:1401:1280: c8ff:fe4d:db39。

与 IPv4 相比，IPv6 主要有以下优势。

（1）明显扩大地址空间。IPv6 采用 128 位地址长度，几乎可以不受限制地提供 IP 地址，从而确保了端到端连接的可能性。

（2）提高了网络的整体吞吐量。IPv6 的数据包可以远远超过 64KB，应用程序可以利用最大传输单元获得更快、更可靠的数据传输；同时在设计上其改进了选路结构，采用了简化的报头定长结构和更合理的分段方法，使路由器加快了数据包处理速度，提高了转发效率，从而提高了网络的整体吞吐量。

（3）极大地改善了整个服务的质量。报头中的业务级别和流标记通过路由器的配置可以实现优先级控制和 QoS 保障，从而极大地改善了 IPv6 的服务质量。

（4）安全性得到了更好的保证。采用了 IPSec，可以为上层协议和应用提供有效的端到端安全保证，能提高在路由器水平上的安全性。

（5）支持即插即用和移动性。设备接入网络时通过自动配置可自动获取 IP 地址和必要的参数，实现即插即用，简化了网络管理，易于支持移动节点。IPv6 不仅从 IPv4 中借鉴了许多概念和术语，还定义了许多移动 IPv6 所需的新功能。

（6）更好地实现了组播功能。IPv6 的组播功能中增加了"范围""标志"，限定了路由范围，并且可以区分永久性与临时性地址，更有利于组播功能的实现。

IPv6 很先进，是下一代网络的发展方向，目前计算机网络中几乎所有设备都支持 IPv6。但 IPv6 取代 IPv4 的进程比早期预期的要慢得多，尤其是没有实现大规模商用，这主要是因为 NAT 技术的广泛使用大大缓解了 IPv4 公网地址不足的问题。

1.1.8 域名系统

1. 域名系统的作用

域名系统（Domain Name System，DNS）是因特网的一项核心服务，它作为可以将域名和 IP 地址相互映射的一个分布式数据库，能够使人们更方便地访问互联网，而不用去记忆供机器直接读取的 IP 地址。

例如，在浏览器的地址栏中输入"http://www.sina.com.cn"，便能连接到新浪的网站，而不用输入类似"http://115.238.190.240"这样难记的地址。

通过 DNS，可以由一台主机的完整域名（Fully Qualified Domain Name，FQDN）查到其 IP 地址，也可以由其 IP 地址查到主机的完整域名。

所谓"完整域名"，是由"主机名"+"域名"+"."所组成的。以"www.sina.com.cn"为例，"www"就是这台 Web 服务器的主机名称；"sina.com.cn"就是这台 Web 服务器所在的域名。

2. DNS 结构

整个 DNS 是由许多的域（Domain）组成的，每个域下又细分为更多的域，这些细分的域又可以再分割成更多的域，不断地循环下去。每个域最少都由一台 DNS 服务器管辖，该服务器只需存储其管辖域内的数据，同时向上层域的 DNS 服务器注册，例如，管辖".sina.com.cn"的 DNS 服务器要向管辖".com.cn"的服务器注册，层层向上注册，直到位于树状层次最高点的 DNS 服务器为止。

除了查询效率的考虑外，为了方便管理及确保网络中每一台主机的 FQDN 绝对不会重复，整个 DNS 结构设计为 5 层，分别是根域（Root Domain）、顶级域（Top Level Domain）、二级域（Second Level Domain）、子域（Subdomain）和主机（Host），如图 6-15 所示。

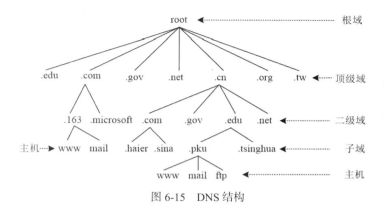

图 6-15　DNS 结构

（1）根域。这是 DNS 结构的最上层，当下层的任何一台 DNS 服务器无法解析某个 DNS 名称时，它们便可以向根域的 DNS 服务器寻求协助。理论上，只要所查找的主机有按规定注册，那么无论它位于何处，从根域的 DNS 服务器往下层查找，一定可以解析出它的 IP 地址。

（2）顶级域。顶级域名又分为两类：一是国家顶级域名（national Top Level Domain names，nTLDs），200 多个国家或地区都按照 ISO 3166 国家代码分配了顶级域名，例如，中国是.cn，美国是.us，日本是.jp 等；二是国际顶级域名（international Top Level Domain names，iTLDs），例如，表示工商企业的.com，表示网络提供商的.net，表示顶级标杆、个人的.top，表示非营利组织的.org 等。

（3）二级域。二级域名是指顶级域名之下的域名，在国际顶级域名下，它是指域名注册人的网上名称，如 ".ibm" ".yahoo" ".microsoft" 等；在国家顶级域名下，它表示注册企业类别的符号，如 ".com" ".edu" ".gov" ".net" 等。

（4）子域。子域是指在原有的域上再划出一个小的区域并指定新的 DNS 服务器，这样可以减轻主域名服务器的压力并有利于管理。

（5）主机。最后一层是主机，这一层是由各个域的管理员自行建立的，不需要通过管理域名的机构批准。例如，可以在 ".sina.com.cn" 这个域下再建立 "www.sina.com.cn" "ftp.sina.com.cn" 及 "username.sina.com.cn" 等主机。

工序 1.2　接入互联网

在通常情况下，计算机要上网指的就是要接入互联网。我们在家庭、学校、工作单位和外出的情况下都经常遇到要对自己的计算机进行简单配置从而接入互联网的需求。当前典型的接入方式有单机拨号上网、有线连接路由器、无线连接路由器 Wi-Fi、连接手机流量开设的 Wi-Fi 热点等。一般来说，各种拨号方式、路由器、Wi-Fi 热点等上网配置已经由用户或其他网络管理员设置好了，要上网的计算机只需正确设置网络适配器（网卡）的 IP 地址等参数即可接入互联网。

下面以目前常见的 Windows 10 操作系统为例，介绍计算机网卡设置网络参数连接互联网的过程，其他操作系统（如 Windows 7、Windows 2008）的设置方法大同小异。

1. 打开 "网络和 Internet" 窗口

选择 "开始"→"控制面板" 选项，打开 "控制面板" 窗口，在类别视图下选择 "网络和 Internet" 选项，打开 "网络和 Internet" 窗口，如图 6-16 所示。

2. 打开 "网络和共享中心" 窗口

打开 "网络和 Internet" 窗口后，选择 "网络和共享中心" 选项，打开 "网络和共享中心" 窗口，用户可以查看本机系统的基本网络信息，如图 6-17 所示。

图 6-16　"网络和 Internet"窗口

图 6-17　"网络和共享中心"窗口

3. 打开"网络连接"窗口

在"网络和共享中心"窗口的左侧选择"更改适配器设置"选项，打开"网络连接"窗口，如图 6-18 所示。

图 6-18　"网络连接"窗口

4. 弹出"以太网属性"对话框

计算机上可能安装有多张网卡，选择当前需要连接到互联网的网卡，这里假设是本地有线以太网卡，故选择"以太网"选项并右键单击，在弹出的快捷菜单中选择"属性"选项，弹出"以太网属性"对话框，如图 6-19 所示。

5. 弹出"Internet 协议版本 4（TCP/IPv4）属性"对话框

在"以太网属性"对话框的"网络"选项卡中勾选"Internet 协议版本 4（TCP/IPv4）"复选

框，单击"属性"按钮，弹出"Internet 协议版本 4（TCP/IPv4）属性"对话框，如图 6-20 所示。

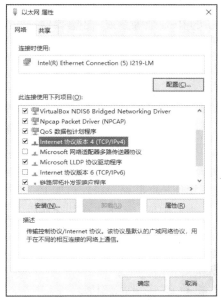

图 6-19　"以太网属性"对话框

图 6-20　"Internet 协议版本 4（TCP/IPv4）属性"对话框

　　当前，在大部分情况下，网络中已经被管理员配置好了 DHCP 自动网络参数推送服务，所以不需要手工静态设置，只需选中"自动获得 IP 地址""自动获得 DNS 服务器地址"单选按钮，单击"确定"按钮即可。

　　如果网络中没有 DHCP 服务，则必须手动配置正确的网络参数，包括 IP 地址、子网掩码、网关、DNS 服务器地址等，如图 6-21 所示，这些参数需要从网络管理员那里获取。

　　6. 查看网络参数

　　如有需要，可以用命令检查网络参数是否设置成功，方法是打开命令提示符窗口，在命令提示符窗口中输入"ipconfig /all"命令，如图 6-22 所示。

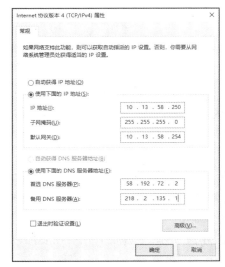

图 6-21　手动设置　　　　　　　　　　图 6-22　查看网络参数

工序 1.3　网络组建

在很多情况下，人们需要自己组建包含多台计算机和其他设备的网络，如在家庭和单位组建小型局域网，并接入互联网。此时，不仅要设置联网设备的 IP 地址等参数，还需要做一些简单的网络规划设计，以及完成路由器、交换机等网络设备的简单配置工作。

下面以一个当前比较典型的家庭局域网为例，简单说明网络组建流程。

1.3.1　规划设计

如图 6-23 所示，组网之前先要弄清需求，根据需求做合理规划设计。这里假设家庭中要联网的设备较多，有台式计算机，也有笔记本电脑、手机、平板电脑，还有用于存储的网络附属存储（Network Attached Storage，NAS）系统和监控摄像头，所有设备都要求处在一个内网网段内，通过电信服务商提供的光 Modem（光调制解调器）接入互联网。因此选择了高性能的路由器，路由器支持 Wi-Fi 5（802.11ac）或 Wi-Fi 6（802.11ax）标准，用作核心联网设备，再加上一个吉比特交换机保证有线连接的性能（如果设备不多，性能要求不高，则可以省下吉比特交换机，直接使用无线路由器集成的交换机即可）。

图 6-23　组建家庭局域网

1.3.2　连线组网

将所有要联网的设备根据设计拓扑图连接起来，因为是吉比特连接，所以有线连接所用的连接线至少要是超五类双绞线，现在已普遍采用六类双绞线。

对于无线设备，例如手机、笔记本电脑和平板电脑，只要保障其能接收到的无线路由器的 Wi-Fi 信号强度足够即可，如果由于遮挡等原因出现信号衰减，则可以考虑采用无线桥接等措施。

1.3.3　设备配置

1. WAN 配置

现在的无线路由器设备都支持通过 Web 网站界面进行管理，即使普通用户也可以轻松进行设置。这里以华为 Q2 无线路由器为例，打开浏览器，在 URL 地址栏中输入无线路由器管理网站的地址，再输入账号和密码，登录后即可进入管理界面。

要接入互联网，首先必须正确配置设备的广域网口，如图 6-24 所示，这里配置用户在 ISP（中国电信、中国移动或中国联通）注册的账号和密码。

图 6-24　WAN 设置

2. LAN 配置

如图 6-25 所示，内部局域网可以由用户根据需要自由设置。一般情况下，为了简化联网终端设备的网络参数配置，局域网网段的 DHCP 服务器上的自动网络参数推送服务均处于开启状态。

3. 无线配置

如图 6-26 所示，为了让家庭内网中的设备能够通过无线连接，还需要进行无线配置。因为无线信道是开放的，为了安全，一般建议用高强度的加密保护 Wi-Fi 热点，只让合法用户连接到无线网络。

图 6-25　LAN 设置

图 6-26　无线设置

4. 终端配置

在网络连接和设备配置都正确完成的情况下，所有计算机和其他终端设备只需按照类似工序 1.2 中介绍的方法设置好 IP 地址等网络参数，即可成功接入家庭局域网，进而接入互联网。

任务2　计算机网络应用

任务引述

成功组建网络后，我们就可以在计算机或其他网络终端设备上利用某个应用程序去访问网络上的各种资源，包括基本的信息浏览、搜索、邮件传输、即时通信、文件传输、电子商务、游戏娱乐等，也包括随着社会和技术发展不断出现的各种新型网络应用。

对普通用户来说，目前大部分网络应用是在网页浏览器上进行的，也有部分网络应用需要通过安装专门的网络应用工具才能使用。因为使用这些网络工具并不牵涉复杂专业的开发和配置工作，所以用户一般只需简单上手练习一番即可学会，从而满足工作、学习和生活娱乐等各方面的需求。

小思考

你平时经常使用哪些网络应用？怎样才能充分通过计算机网络提高我们学习和工作的效率？

任务实施

工序 2.1　网页浏览器的使用

在 Internet 标准领域中，Web 或万维网（World Wide Web，WWW）是一种基于超文本和 HTTP 的、全球性的、动态交互的、跨平台的分布式图形信息系统。Web 系统是建立在 Internet 上的一种网络服务，为浏览者在 Internet 上查找和浏览信息提供了图形化的、易于访问的直观界面，其中的文档及超链接将 Internet 上的信息节点组织成一个互为关联的网状结构。

从 1989 年 CERN（欧洲粒子物理研究所）发明 Web 系统以来，Web 系统因其高效和简单易用的特性获得了爆炸性发展，已经成为 Internet 上最成功的应用。目前互联网上的绝大部分业务可以以 Web 网站的方式提供，用户无论使用的是什么终端设备，安装的是什么操作系统，都无须专门安装网络客户端软件，只需打开某个网页浏览器（Browser）访问 Web 服务器上的网站即可进行交互操作。这种方式即所谓的浏览器/服务器（Browser/Server，B/S）结构，它能极大地降低用户学习网络应用的门槛，并具有优秀的跨平台适应性。

浏览器作为网络访问入口的特殊地位使其获得了各 IT 公司的极大重视，各大公司都极力设法使自家的浏览器产品占有更多的市场。浏览器的开发难度极高，某种程度上不亚于开发操作系统，市面上具有独立内核的浏览器并不多，大致有微软公司在早期 Windows 操作系统中集成的 IE（已不再更新）和 Windows 10 中集成的 Edge 浏览器，Google 公司的 Chrome 浏览器，Mozilla 基金会与开源团体共同开发的 Firefox 浏览器，苹果公司的 Safari 浏览器等，在国内使用比较多的还有 360 和 UC 等浏览器，用户可根据自己的需求和喜好选用浏览器。

随着技术的发展，Web 网站和浏览器的功能越来越强大，现在使用浏览器几乎可以实现任何网络应用，但最常用的还是信息浏览和搜索、收发电子邮件和传输文件功能。

2.1.1　信息浏览

信息浏览是 Web 浏览器最基本的功能。浏览器获取 Web 浏览器文档的过程如图 6-27 所示。浏览器是通过统一资源定位器（Universal Resource Locator，URL）地址向特定的 Web 服务器发出请求获取信息的。

图 6-27　浏览器获取 Web 服务器文档的过程

一个完整的 URL 地址的格式为"协议名://主机名:接口号/路径名/文件名.扩展名"。其中，"协议名"用来指示浏览器用什么协议来获取服务器的文件；"主机名"用来标识用户所要访问的计算机（服务进程运行其上的机器）；"接口号"的作用是区分访问计算机上的具体应用程序（标识机器上的服务进程）；"路径名""文件名.扩展名"用来指示用户要获取的文件。

如图 6-28 所示，浏览器地址栏中显示了一个 URL 地址，其中，HTTP 是协议名称，表示采用超文本传输协议；www.cnpaf.net 是主机名，表示此文档页面所在服务器的域名；接口号则由于采用了默认的 80 号 Web 服务端口，所以省略了；rfc 是文档在服务器上的目录路径名，rfc3022.txt 是浏览器请求获取的文件。

图 6-28　浏览文档

现代 Web 网站的功能早就不限于展示静态页面文件了，而是支持各种动态网页技术，信息一般保存在后台数据库中，并可以通过网页表单等形式接收用户的请求进行互动回应。用户通过浏览器访问动态网站即可使用各种专业服务，例如，国内流行的淘宝、天猫、京东和苏宁提供的电子商务服务，优酷、腾讯、爱奇艺等提供的视频播放服务，各种专业论坛上的学习和讨论服务等。图 6-29 所示为天猫商城首页。

2.1.2　信息搜索

用户要想在互联网上的海量信息中找到自己需要的信息，需要借助搜索技术的帮助，因此信息搜索也是非常重要的网络应用服务。国内常用的提供搜索服务的网站有百度、搜狗、360、必应等，国际上流行的有 Google（谷歌）搜索。

搜索网站的简单搜索非常简单，只需在页面搜索框中输入用户想查找的关键字，按"Enter"键即可返回搜索结果，如图 6-30 和图 6-31 所示。不过，这种简单搜索通常返回的信息太多，如果用户需要更精确地查找到自己真正想要的信息，则需要使用一些搜索技巧。常用的一种方法是使用搜索引擎提供的高级搜索功能。例如，图 6-32 所示的百度高级搜索界面中支持关键字的逻辑组合、特定时间范围、文档格式和搜索网站范围等的设置。

图 6-29　天猫商城首页

图 6-30　百度搜索

图 6-31　搜索结果

图 6-32　百度高级搜索界面

另一种方法是直接在搜索框中使用高级搜索功能搜索相关关键字。一般搜索网站支持的几个常见的高级搜索关键字如下。

（1）site：限定搜索网站域名。

（2）intext：限定网页正文。

（3）inurl：限定网址。

（4）filetype：限定文件类型。

（5）intitle：限定网页标题。

如图 6-33 所示，利用关键字 filetype 可以限制只搜索 DOC 类型的文档。

2.1.3　收发电子邮件

电子邮件是一种在运行模式上类似传统邮政服务，通过计算机网络与其他用户相互传送消息的通信手段。电子邮件服务由于具有简便、快速和廉价的特性，在 Internet 中的使用极其广泛，也许是仅次于 Web 服务的业务。

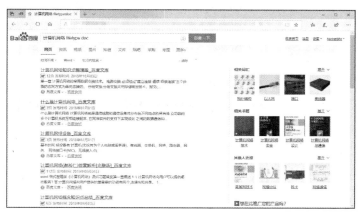

图 6-33　关键字搜索

在网络中，电子邮箱可以自动接收网络中任何电子邮箱所发送的电子邮件，并能存储规定大小的多种格式的电子文件。电子邮件像普通的邮件一样需要地址。邮件服务器根据这些地址，将每封电子邮件传送到各个用户的信箱中，电子邮箱地址就是用户的信箱地址。就像普通邮件一样，能否收到电子邮件，取决于是否取得了正确的电子邮件地址。

一个完整的 Internet 电子邮件地址由两部分组成，格式为"登录名@主机名.域名"。其中，中间用一个"@"符号分开，符号的左边是对方的登录名，符号的右边是完整的主机名——由主机名与域名组成。域名由几部分组成，每一部分称为一个子域，各子域之间用圆点"."隔开，每个子域都会告诉用户一些有关这台邮件服务器的信息。例如，zhangsan@mydomain.com，符号@前面的"zhangsan"是邮箱登录名，后面的 mydomain.com 是电子邮件服务器所在域的主机名。

在早期，用户收发电子邮件需要用专门的电子邮件客户端，如微软的 Office 办公套件中的 Outlook（见图 6-34），或简易的 Outlook Express，也有很多人选择第三方邮件客户端，如 Foxmail。在一般情况下，电子邮件需要从邮件服务器上下载到本地进行管理。使用这些专业电子邮件客户端收发邮件时需要事先在电子邮件服务器上开启 POP3 功能。

图 6-34　Outlook

下面以早期 Windows 版本中自带的 Outlook Express 为例说明收发电子邮件的操作过程。

1. 打开 Outlook Express 邮件客户端

在 Windows 操作系统中打开 Outlook Express 软件，会进行类似图 6-35 所示的 Outlook Express 操作界面。

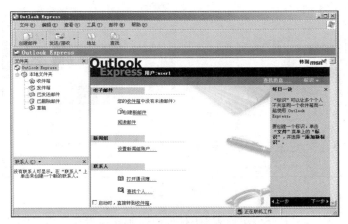

图 6-35　Outlook Express 操作界面

2. 设置邮箱

在收发邮件之前，需要设置一下邮箱的属性，如图 6-36 所示。

3. 写邮件

在 Outlook Express 操作界面中单击"创建新邮件"链接，编写准备给另一个邮箱账号发送的电子邮件，如图 6-37 所示。

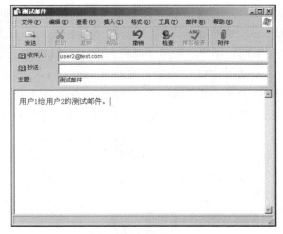

图 6-36　设置邮箱的属性　　　　　　　　图 6-37　写邮件

4. 添加附件

如果需要，可以给邮件添加附件，单击回形针状态的"附件"按钮，弹出"插入附件"对话框，选择某个本地目录中的文件，单击"附件"按钮，完成添加附件工作，如图 6-38 和图 6-39 所示。

5. 发送邮件

邮件准备好以后，单击"发送"按钮，将邮件成功发送到邮件服务器，在"已发送邮件"中还可以查看已经发送出去的邮件，如图 6-40 所示。

图 6-38　选择文件

图 6-39　完成附件添加

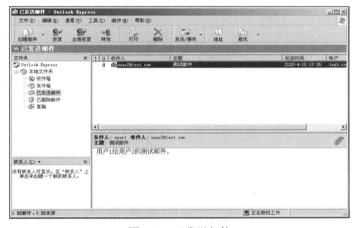

图 6-40　已发送邮件

6. 接收邮件

远程的邮件接收方同样打开自己操作系统中的 Outlook Express，单击"发送/接收"按钮，可以将邮件从服务器下载到本地，如图 6-41 所示。

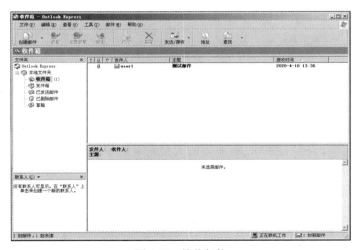

图 6-41　接收邮件

7. 查看邮件内容

单击邮件，可以打开并查看邮件内容，如图 6-42 所示。

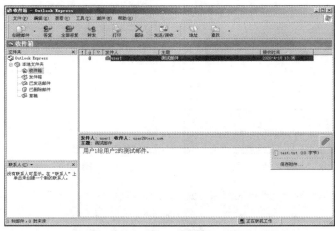

图 6-42　查看邮件内容

8. 查看邮件附件内容

如果接收到的邮件带有附件，则同样可以单击代表附件的回形针状图标，将附件文件打开进行查看或下载到本地目录，如图 6-43 所示。

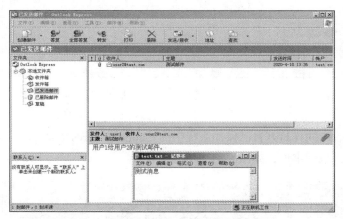

图 6-43　查看邮件附件内容

6-2　小知识：QQ
邮箱操作步骤

现在为了方便，一般没有本地专业管理邮件需求的普通用户会直接用浏览器登录到自己注册电子邮箱账号的网站收发及管理邮件，如图 6-44 所示。国内常用的公共电子邮箱服务商有 QQ 邮箱、新浪邮箱、搜狐邮箱、163 邮箱等。许多有需求、有实力的大型企事业单位也会架设自己的电子邮箱服务，为员工分配带有自己单位域名的电子邮箱，使用专用的电子邮件客户端进行邮件管理。

2.1.4　文件传输

浏览器并不是专业的文件传输工具，但由于其具有强大的通用性，因此可以用于基于 HTTP 的普通文件上传及下载。

图 6-44　收发及管理邮件

用浏览器下载一般文件和图片时，只需在对应超链接或图片上右键单击，在弹出的快捷菜单中选择"另存为"或"将图片另存为"选项，将其保存到计算机本地某个目录中即可。

如果需要更高的性能和更多的功能，包括断点续传、流媒体支持、P2P 传输等，则一般不再使用浏览器，而采用更专业的文件传输工具。

浏览器也支持 FTP 文件传输，只要将地址栏中 URL 地址开头的协议从 HTTP 改成 FTP，加上 FTP 服务器的 IP 地址和域名，成功登录后，如图 6-45 所示，用鼠标直接进行拖动操作，即可进行文件上传和下载。

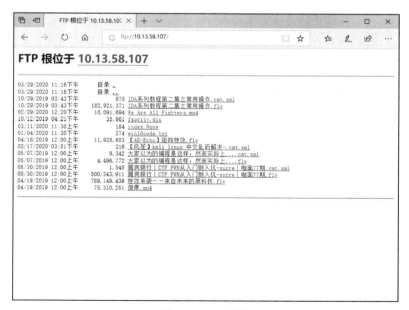

图 6-45　FTP 登录

工序 2.2　专业网络应用程序的使用

虽然当前浏览器功能已经非常强大，但是出于网络应用效率等的考虑，不适合用浏览器作为客户端，需要安装专门的客户端软件。除了 PC 端，移动领域安装的各种网络应用也属于此类。

需要专门客户端的网络应用的种类有很多，且随着技术和需求的发展还在不断涌现。下面列举几类常见的应用。

2.2.1　即时通信

网上的单独或群组即时沟通交流是使用最频繁的网络应用之一，因为这些应用对实时性要求比较高，所以一般不用 HTTP 协议，也不用浏览器做客户端，需要专门下载客户端安装后使用。在中国使用最广泛的即时通信软件工具有 QQ 和微信，其界面分别如图 6-46 和图 6-47 所示。

图 6-46　QQ 界面　　　　　　　　　　　　图 6-47　微信（计算机版）界面

专业的视频会议、视频直播系统在某种程度上也算是一种即时通信工具。视频会议和直播系统在在线上班、在线教学和在线会议中发挥了重要作用，当前比较常见的此类系统有腾讯会议、腾讯课堂、钉钉、Zoom 会议系统（见图 6-48）等。

图 6-48　Zoom 会议系统

2.2.2　文件传输工具

稳定的文件上传和下载是网络基本需求之一，FTP 文件服务是一种虽然古老但是仍然有价值并被广泛应用的网络应用。前面介绍过用浏览器也可以进行 FTP 文件上传和下载，但便利程度和稳定性是不如 FlashFXP 等专业 FTP 客户端的。

如图 6-49 所示，FlashFXP 登录到远程的 FTP 服务器上，界面左边显示的是本地计算机的目录结构，界面右边显示的是远程服务器的目录结构，只需简单地在左右界面之间进行拖动操作即可进行文件上传和下载。

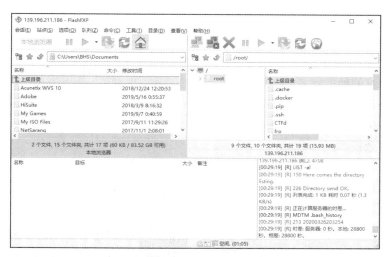

图 6-49　FlashFXP

还有一种和传统的客户端/服务器（Client/Server，C/S）架构不同的所谓 P2P 传输工具，即不依赖中心服务器，而采用点对点结构，让所有客户端都能提供带宽存储空间和计算能力。P2P 传输工具往往更容易提供比传统文件传输工具更高的下载速率，在一些文件资源分发共享场合显然更有吸引力。常见的 P2P 传输工具有迅雷、BitTorrent、Emule 等。

2.2.3　网络备份和同步

许多计算机系统内保存着高价值的数据，如果出现意外导致丢失会损失惨重，故需要经常及时备份。传统的通过手工备份到移动磁盘的方式效率太低且容易出错，现在的趋势是通过网络自动备份到公有或私有云空间。

和备份需求类似，很多用户经常在多个设备上对同样的文档进行操作，或者需要多人协同编辑文件，也需要通过网络自动同步文件的功能，即在某个地方编辑好的文件，在另一个地方能自动修改到最新状态。

网络备份和同步可以在公有云存储空间中进行设置，如百度网盘（见图 6-50）。如果具备条件，也可以在家庭或单位自行架设的私有网络存储系统中进行设置，如现在较流行的群晖备份同步工具（见图 6-51）。

2.2.4　远程控制

对于比较专业的用户，经常有通过网络远程管理自己设备的需求，例如，在单位访问家庭的计算机，在家庭访问单位的计算机，在出差状态下访问家庭和单位的计算机等。完成这些任务，需要专门的远程控制工具。

图 6-50　百度网盘

图 6-51　群晖备份同步工具

远程控制工具的种类繁多，有操作系统自带的工具，也有第三方开发的工具，有命令行界面运行的终端型工具，也有使用图形界面的工具。由于现在公网 IPv4 地址已经分配完毕，经常出现远控端和被远控端计算机之一或全部都处于内网环境的情况，此时要想顺利实现远程控制，往往需要用到内网穿透技术。

如图 6-52、图 6-53 和图 6-54 所示，常见的图形界面远程控制工具有 Windows 操作系统中自带的远程桌面、Linux 操作系统中常用的 VNC 及商业软件 TeamViewer 等。如果采用命令界面的远控终端，则有类似 Putty、Xshell 等工具可以选择。

图 6-52　远程桌面

图 6-53　VNC

图 6-54　TeamViewer

任务 3　网络安全防护

任务引述

要想用好计算机网络，除了关注功能之外，还需要关注安全问题。一方面，计算机网络现在是极其重要的基础设施；另一方面，现代计算机网络在技术上也是极其复杂的。因此，自然会有很多人企图利用计算机网络的安全漏洞进行攻击以获取利益，被攻击方自然也会竭力防止利益受损。实际上，现代社会中围绕网络安全的攻防较量在频繁地进行着。

如图 6-55 所示，根据国家互联网应急中心的公开报告，中国是网络黑客攻击的主要受害者之一，仅 2019 年上半年就捕获计算机恶意程序样本约 3200 万个。

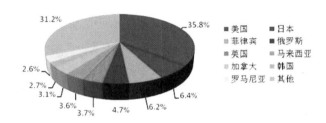

图 6-55　计算机恶意代码传播源境外分布情况

当前，不论是政府机构、大中型企业还是个人用户，都面临着较高的网络攻击风险，攻击包括信息泄露、网络欺骗、账号失窃、DDoS（分布式拒绝服务攻击）和木马病毒攻击等多种形式。

面对复杂严峻的网络安全形式，安全防护很重要，即使是非专业的个人用户，也非常有必要通过学习及理解网络安全的基础理论，掌握一些实用的网络安全防护基本技能，以更好地保护自己的网络资产。

小思考

你有没有遭受过或听说过网络攻击导致的损失？有哪些可靠的方法能避免网络攻击，保护网络资产的安全。

任务实施

工序 3.1　网络安全

ISO 对"计算机网络安全"的定义如下："计算机网络安全指为数据处理系统建立和采取的技术和管理的安全保护，保护网络系统的硬件、软件及其系统中的数据不因偶然的或者恶意的原因而遭受到破坏、更改、泄露，系统连续可靠、正常地运行，网络服务不中断。"

计算机网络系统是一个非常复杂的包含软/硬件的综合系统，从理论上说，任何复杂度超过一定程度的系统都几乎无法避免漏洞的存在；总体来说，安全和方便是一对矛盾，越是安全的系统往往使用越不方便。因此，没有绝对的网络安全，我们能做到的是用合理的资源保护自己的网络资产不会被轻易入侵。

网络安全是一门涉及计算机科学、网络技术、通信技术、密码技术、信息安全技术、应用数学、数论、信息论等的综合性学科。从总体上说，网络安全可以分成两大方面：网络攻击技术和网络防御技术。只有全面把握这两个方面的内容，才能真正掌握计算机网络安全技术。

3.1.1　网络攻击技术

网络攻击技术主要包括以下几种。

1. 网络扫描

网络扫描是指利用程序去扫描目标计算机开放的端口等，其目的是发现漏洞，为入侵该计算机做准备。

2. 网络监听

网络监听是指自己不主动去攻击别人，在计算机上设置一个程序去监听目标计算机与其他计算机通信的数据。

3. 网络入侵

网络入侵是指当探测发现对方存在漏洞以后，入侵者利用远程控制等手段从目标计算机获取信息。

4. 网络后门

网络后门是指成功入侵目标计算机后，入侵者为了对"战利品"进行长期控制，在目标计算机中种植木马等后门。

5. 网络隐身

网络隐身是指入侵者入侵完毕退出目标计算机后，将自己入侵的痕迹清除，从而防止被对方管理员发现。

3.1.2　网络防御技术

网络防御技术主要包括以下几种。

1. 加密技术

为了防止被监听、盗取和篡改数据，要利用加密技术对数据进行加密和认证。

2. 防火墙技术

利用防火墙，对传输的数据进行限制，能够有效防止被入侵。

3. 反病毒技术

利用专门的反病毒软件可以清除恶意软件，从而保证网络安全。

4. 入侵检测

如果防火墙等普通防线被攻破了，则需要用入侵检测等其他手段检测恶意

6-3　小知识：渗透测试和 CTF

行为，并上报系统和管理员处理。

工序 3.2　网络攻击

下面列举几种当前最常见的网络攻击类型并做简单分析，为后续有针对性地提出安全防护措施做准备。

3.2.1　系统漏洞攻击

现在的操作系统和大型应用软件非常庞大、复杂，代码量很容易达到百万条甚至千万条的级别，开发人员由于水平所限或疏忽留下安全漏洞是几乎无法避免的。实际上，所有操作系统和主流应用软件都会定期升级、发布安全补丁。在所有的安全漏洞中，有些危险的漏洞会导致攻击者

无须任何授权，就可以直接通过网络远程控制受害计算机，随意操作或安装恶意软件。如果攻击者挖掘出了操作系统或应用软件的某个安全漏洞，而厂家还不知道且没有发布安全补丁，则会发生危害最严重的所谓的"0day攻击"，导致理论上所有网上符合型号的计算机都处于不设防状态。即使厂家已经发布了安全补丁，但如果用户还没有来得及安装补丁，那么网络中的计算机仍然暴露在无防护的危险状况中，因此及时安装安全补丁非常重要。

Windows操作系统在历史上就曾经多次爆出过能导致攻击者直接远程控制受害者计算机的安全漏洞，其中最有名的是2008年的ms08_067漏洞和2017年的ms17_010漏洞（利用ms17_010漏洞的勒索病毒如图6-56所示，此病毒又名永恒之蓝，导致当年大规模的计算机被加密勒索）。

3.2.2　口令攻击

口令是计算机本地系统和网络中用来验证用户身份的最简单、最基本的方法，如果口令被攻击者获取，则会产生严重的后果，会导致信息泄露甚至被远程控制。常用口令包括操作系统登录账号口令、远程控制账号口令、网站前台和后台用户口令、重要服务口令等。经常出现用户为了方便，使用默认口令或简单口令，以及口令长期不更换，多个不同网站使用相同口令等情况，这些都是不符合安全规范的危险行为。

网络黑客等攻击者会使用暴力破解工具，加上精心选择的字典，对目标口令进行暴力穷举破解。如图6-57所示，如果密码不够复杂，则很容易在短时间内被工具破解出来。

图 6-56　利用 ms17_010 漏洞的勒索病毒

图 6-57　破解 Windows 登录口令

另一种经常出现的对账号及口令的攻击方式是所谓的"撞库"攻击，即攻击者无法破解用户在防护严密的大型正规网站注册的账号及口令，但用户用同样的账号和口令注册过一些小型的、防护措施弱的网站，这些弱网站的数据库易被黑客攻击，攻击者通过破解的数据库中的账号及口令到正规网站尝试登录，如果匹配即成功入侵。

3.2.3　网络欺骗攻击

由于网络的匿名性和复杂性，网络上的欺骗行为多种多样，防不胜防。一方面，由于年代久远，或设计不当，当前很多还在使用的网络通信协议和网络应用缺乏可靠的加密和认证保护，黑客通过使用一些特殊工具或通过自己编程，有可能绕过正常网络通信的规定，发送假冒伪造的非法通信数据包，达到某种欺骗攻击目的。另一方面，网络上有通过所谓的"社会工程"，利用人类心理弱点进行欺骗的手段，伪造一个界面和真实网站一模一样的网站，如图6-58所示，诱骗用户输入账号及口令，从而窃取敏感信息。通过伪造和正常邮件相似的恶意电子邮件，欺骗用户打开电子邮件或邮件附件，同时后台静默执行恶意软件工具也是经常被使用的手段。

图 6-58　伪造钓鱼网站

3.2.4　恶意软件攻击

这里的恶意软件是广义的，指能危害计算机的所有非正常软件，包括计算机病毒、蠕虫、木马后门、间谍软件、勒索软件、流氓软件等。

计算机病毒是目前普通用户最熟悉的恶意软件。广义上，有人将所有恶意软件都看作计算机病毒，但如果严格按照正式定义，多数恶意软件不属于计算机病毒。

《中华人民共和国计算机信息系统安全保护条例》中明确定义了计算机病毒，计算机病毒是指"编制者在计算机程序中插入的破坏计算机功能或者破坏数据，影响计算机使用并且能够自我复制的一组计算机指令或程序代码"。

计算机病毒具有寄生性、传染性、破坏性、隐蔽性、潜伏性和可触发性等特点。

1. 寄生性

计算机病毒寄生在一些程序中，当程序执行时，病毒就会破坏文件。

2. 传染性

平常所说的生物病毒，在适当的条件下，病源会大量繁殖，感染其他生物。计算机病毒也具有此特性，一段病毒代码一旦进入计算机并得以执行，就会搜寻其他符合其传染条件的程序或存储介质，确定目标后再将自身代码插入其中，达到自我繁殖的目的。通常，病毒的感染对象是计算机中的可执行文件，如 Windows 操作系统中扩展名为.com 和.exe 的文件。

3. 破坏性

计算机一旦中毒，轻则导致程序无法正常执行，重则使计算机内的其他文件甚至整台计算机瘫痪。

4. 隐蔽性

计算机病毒具有很好的隐蔽性，有的可以通过杀毒软件查出来，有的根本查不出来，有时即便查出来了，用一般的杀毒软件也杀不掉。

5. 潜伏性

有些病毒潜伏进计算机后，不一定当时就发作，它可能会在计算机中待几天，甚至几年，等时机成熟再爆发。这些时间都是早就预计好的。例如，著名的黑色星期五病毒，不到预定时间一点都觉察不出来，等到条件具备的时候会一下子"爆炸"开来，对系统进行破坏。

6. 可触发性

病毒在植入计算机时，都会有一个触发机制，一旦启动，它就会进行感染或者攻击。

计算机病毒具有类似生物病毒的危害性，其本质特征是能够通过感染宿主文件来复制自己。和以前相比，纯粹的计算机病毒现在已经不多见，因为以前有很多病毒是黑客纯粹地为了炫技而开发的，现在的恶意软件多是为了某种利益而开发的，它们会尽量隐藏自己。

　　蠕虫和计算机病毒类似，但它不能通过感染宿主计算机文件而进行自我复制。

　　木马是现在多数黑客的首选攻击工具，其本质上是一种特化的远程控制程序，分为服务器端和客户端。攻击者设法将木马的服务器端植入受害者计算机中运行，通过客户端就可以远程控制被害者的计算机。

　　间谍软件和木马类似，也是隐藏在受害者计算机上运行的，其会监控受害者行为并将敏感信息发回给攻击者。

　　多数勒索软件也是由木马演变而来的。一旦在受害者系统内执行，勒索软件会在极短的时间内查找并加密用户计算机中的重要文件，让受害者无法正常工作，并要求受害者支付赎金才能解密文件。

　　流氓软件指介于恶意软件和正规软件之间的灰色地带的一些软件，一般不影响用户计算机正常使用，但往往会不经用户授权收集用户信息并弹出广告宣传页面。

　　以前恶意软件多是通过软盘、U 盘、移动硬盘等移动介质进行传播的，现在大多通过计算机网络进行传播。一般而言，恶意软件要想进入受害者计算机，需要通过其他安全漏洞的帮助，如利用系统漏洞、弱口令或通过实施网络欺骗进行植入。

工序 3.3　网络防护

　　根据前面所述的网络安全基本原理和常见的网络攻击类型，一般用户可以有针对性地采用下列防护措施来降低被攻击的概率，从而达到保护网络资产的目标。

3.3.1　保持系统更新

　　操作系统和应用软件的安全漏洞是网络安全面临的最根本威胁，如果操作系统本身或应用软件本身有漏洞，那么即使其他安全配置做得再好也有可能防护失败，所以用户首先需要确保自己运行的操作系统和安装的基础应用软件都安装了最新的安全补丁。

　　现代操作系统都具有联网更新的功能，如图 6-59 所示，Windows 10 操作系统默认情况下会自动下载及安装必要的更新，用户确认此功能打开即可。如果没有自动更新功能，则用户可以手动或借助第三方工具安装安全补丁。

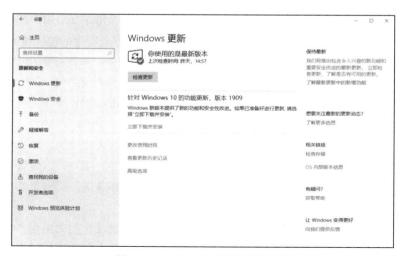

图 6-59　Windows 10 操作系统更新

如图 6-60 所示，在 Windows 操作系统中使用命令 systeminfo 可以查看系统信息，包括当前已经安装的补丁，以便于在发现缺少的安全补丁后手动或使用第三方工具进行安装。

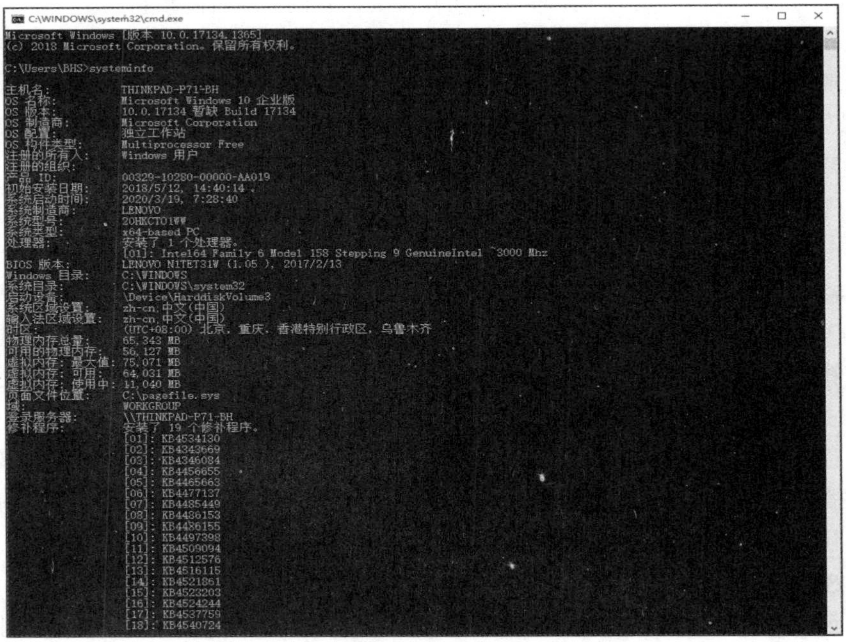

图 6-60　查看系统信息

和操作系统一样，应用程序也会出现安全漏洞，所以用户需要确保应用程序及时升级，保证安装了厂家的安全补丁。如果有些应用程序过于古老而没有新版和安全补丁，那么就要尽量避免安装及使用。

3.3.2　安装防火墙

防火墙是当前保护网络安全的基本措施之一，可以有效防御很多网络攻击行为。防火墙配置得当后，即使操作系统或应用服务存在未修补的安全漏洞，往往也能阻止攻击者的恶意入侵行为。

防火墙的工作原理如下：在受信任的内部和不受信任的外部网络之间建立一道隔离墙，检查进入内部的信息是否允许通过、外出的信息是否允许出去、是否允许响应用户的服务请求，从而阻止对内部网络的非法访问和非授权用户的出入。防火墙也可以禁止特定的协议通过相应的网络。

防火墙可以是硬件设备，也可以是软件工具，保护对象可以是一个完整的网络区域，也可以是单独的一台计算机。普通用户接触的基本是自己的计算机操作系统自带的软件防火墙，如 Windows 操作系统目前用得最多的 Windows 7 操作系统和 Windows 10 操作系统都带有防火墙功能模块，如图 6-61 所示。

在没有特殊需求的情况下，建议打开普通用户操作系统的防火墙功能。防火墙的详细配置涉及入口和出口，不同放行策略的问题比较复杂，但在一般情况下，用户可以设置只放行必需的网络应用程序端口，其他端口默认关闭，这样既不影响计算机对外通信，又有足够的安全性。

3.3.3　安装杀毒软件

杀毒软件也是当前保护网络安全的基本措施。一般的防火墙没有能力阻止各种恶意软件的运行，用手动方式查找和清除恶意软件对技术水平的要求也超出了大部分用户的能力，因此需要在计算机中安装专门的杀毒软件。

图 6-61　Windows 10 操作系统防火墙

　　杀毒软件属于系统级的应用软件，与操作系统内核交互频繁，还需要有较高的智能性——既能识别清楚恶意软件，又不会误伤正常软件，因此杀毒软件开发技术难度很高，以前都是商业收费软件，后来随着对安全需求的提升和商业模式的改变，也出现了很多免费的杀毒软件。

　　Windows 操作系统中常用的杀毒软件有系统自带的 Windows Defender、卡巴斯基、诺顿、360 杀毒（见图 6-62）、火绒杀毒等。不同杀毒软件各有优缺点，用户根据自己的需求和喜好选择一个即可，安装好以后只要保持更新，打开实时防护功能并定期进行安全扫描即可满足防护要求。

图 6-62　360 杀毒

3.3.4　其他安全设置

　　除了上述基本安全防护措施之外，用户还应该养成下列良好的上网习惯，从而大幅降低自己的计算机被网络入侵的概率。

　　1. 强化口令

　　所有账号使用足够复杂的强口令，定期更新口令，不在不同网站注册相同的账号及口令，必要时使用专门的口令密码管理软件。

　　2. 谨慎上网

　　注意防范网络欺骗，不去访问不可靠的可疑网站，不看可疑电子邮件和附件，在互联网上下载软件时，尽量直接到可信官方网站下载，不依赖不可靠的搜索引擎。

　　3. 加密

　　在需要时用加密技术保护自己的网络通信和隐私安全，尽量使用安全协议和可靠网络应用程序。

4. 备份

定期备份重要数据，防止一旦被攻击后不可挽回的损失。

任务4 网络相关新技术

任务引述

计算机网络已经是现代社会不可缺少的基础设施，同时在需求引领下仍然处于高速发展阶段，各种和网络相关的新概念、新技术层出不穷，如软件定义网络、边缘计算、智能网络、5G 网络、云计算、大数据、人工智能、区块链、虚拟现实和增强现实等。网络新技术引领了一些非常有发展前途的新领域，其中以云计算、大数据和人工智能最有代表性。

在前面 3 个任务中，我们已经简单讲述了当前计算机网络在构建、使用和安全防护方面的基础知识。为了开阔眼界，与时俱进，为未来的应用做好准备，普通用户需要学习及了解网络相关新技术的基本知识。

🐢 小思考

在日常生活中，有哪些云计算、大数据和人工智能技术应用？你认为未来哪些网络新技术最有发展前途。

任务实施

工序 4.1 云计算概述

随着计算机网络和虚拟化技术的长足发展，从比较传统的并行计算（Parallel Computing）、分布式计算（Distributed Computing）和网格计算（Grid Computing）发展出了当前热门的云计算（Cloud Computing）技术。

根据定义，云计算是一种商业计算模型，它将计算任务分布在大量计算机构成的资源池中，使各种应用系统能够根据需要获取计算力、存储空间和其他信息服务。

云计算的目标是，让原本复杂难配置的计算机服务资源变得像水、电那样能够通过网络廉价、按需获取。如图 6-63 所示，根据当前的交付服务类型，云计算可大致分为基础设施即服务（Infrastructure as a Services，IaaS）、平台即服务（Platform as a Service，PaaS）和软件即服务（Software as a Service，SaaS）3 种类型。

IaaS 是将硬件设备等基础资源封装成服务供用户使用的，以开源的 OpenStack 技术为代表；PaaS 对资源的抽象层次更进一步，

图 6-63 云计算服务类型

提供用户应用程序运行环境，可以说是目前云计算技术最热门的领域，以 Docker 容器技术和

Kubernetes 容器集群技术为代表；SaaS 针对性更强，它将某些特定应用软件功能封装成服务，可以说是未来最有商业前途的发展方向。

云计算根据部署模式，还可以分为公有云（云基础设施被部署给广泛公众开放使用）、私有云（云基础设施由单一的组织部署和独占使用）和混合云（云基础设施是由两种或两种以上的公有云或私有云组成的）3 种类型。

得益于使用的便利性和超高的性价比，各种计算机和网络服务的云化已经势不可当，国内外各大 ICT 公司都在抢占云计算市场和技术标准制定权。对于目前流行的公有云，国外有 Amazon 的 AWS 平台、Google 云和微软的 Azure 平台，国内有阿里云、腾讯云、华为云和百度云等。

云计算技术经过多年发展已经比较稳定成熟，目前在多个领域中得到了比较普遍的应用。普通用户经常用到的云计算服务是云存储和云文档服务，如百度网盘和腾讯 QQ 群的在线文档编辑功能。企业和专业用户可以通过购买高性价比的云服务器满足学习和业务经营等需求。

工序 4.2　大数据概述

计算机网络尤其是互联网在社会各方面的广泛渗透产生了日益庞大的海量数据，通过对这些数据的挖掘分析发现有价值的信息，催生了大数据产业。

大数据是指无法在一定时间范围内用常规软件工具进行捕捉、管理和处理的数据集合，是需要新处理模式才能具有更强的决策力、洞察发现力和流程优化能力的海量、高增长率和多样化的信息资产。

从技术上看，大数据与云计算的联系非常紧密，就像一枚硬币的正反面一样密不可分。根据定义，大数据就是无法用单台的计算机进行处理的、必须采用分布式集群计算机进行处理的数据信息。大数据的特色就在于对海量数据进行分布式数据挖掘，具备这种能力的显然只有云计算的分布式处理、分布式数据库和云存储、虚拟化技术。如图 6-64 所示，云计算技术就像一个抽象的函数一样可以用来处理大数据并获得有价值的目标信息。

图 6-64　云计算和大数据的关系

大数据产业在当前已经得到了长足的发展，很多行业、企业和政府部门都在依赖大数据挖掘得到的高价值信息做决策规划，大数据也是人工智能的机器学习领域所需训练样本的一个重要来源。

工序 4.3　人工智能概述

最近几年，人工智能（Artificial Intelligence，AI）成了最热门的科技话题：许多国家将人工智能提升到国家战略的地位，各 ICT 公司和研究机构争相研究人工智能相关技术，各级高校争开人工智能专业，普通公众也被媒体上爆出的人工智能相关新闻吸引而加入讨论。

人工智能是研究、开发用于模拟、延伸和扩展人的智能的理论、方法、技术及应用系统的一门新的技术科学，目前是计算机科学的一个分支，目标是试图了解智能的实质，并生产出一种新的能以与人类智能相似的方式做出反应的智能机器。

人工智能的研究领域很广泛，目前大致包括机器人、自然语言处理、计算机视觉、专家系统、机器学习等，目前最火的是机器学习领域，特别是深度学习方向。

人工智能早在 20 世纪 50 年代就出现了，历史上已经出现过几次发展高峰和低潮时期，最近这次兴起可以说是技术发展和社会需求相结合的结果。首先，人工智能的理论尤其是核心算法有了一定的突破，以深度学习理论为代表。其次，过去 20 年左右，计算机网络尤其是互联网和物联网的高速发展，产生了大量数据，为人工智能的加工提炼准备好了素材。再次，计算机硬件性能的突飞猛进为人工智能运算提供了现实计算条件。最后，当前社会客观上也非常需要人工智能技术来帮助提高生产力水平，从而造福人类。

虽然人工智能目前大火，但是其总体发展并不是很成熟。人工智能是技术含量非常高的领域，在当前人类对智能的本质和如何真正让机器模拟智能等本质问题都不清楚的情况下，很多对人工智能是否被过誉宣传的质疑也有合理之处。目前，所有已经实现的人工智能技术都可以归属于所谓的弱人工智能。弱人工智能其实并不弱，在能够表现出智能的领域，其功能甚至超过人类，例如，AlphaGo 碾压人类围棋高手，机器图像识别准确率超过人类。弱指的是不具备与人类相当的智力水平和思维模式，因此人工智能无法自动在多个领域中学习，不会自主进行探索。至于理论上能够像人类一样进行独立思考的所谓"强人工智能"甚至"超人工智能"，在可预见的未来可能很难实现。

虽然不应该神话人工智能，但不可否认的是，当前已经有多项人工智能相关技术得到了比较广泛的应用，带来了各种效率的提高。根据普遍预测，一些正在进行的人工智能研究项目，如自动驾驶，有希望在不久的将来获得突破，带动人类社会获得显著进步。作为普通用户，学习及了解人工智能，积极应用体现人工智能技术的应用程序很有必要。

6-4 小知识：人工智能应用领域

任务5 练习

工序 5.1 选择题

1. 所有与 Internet 相连接的计算机必须遵守的共同协议是（　　　）。

    A. HTTP   B. IPX   C. TCP/IP   D. IEEE 802.11

2. 计算机网络最突出的优点是（　　　）。

    A. 运算速度快   B. 存储容量大   C. 使用方便   D. 可以实现资源共享

3. 计算机网络按地理范围可分为（　　　）。

    A. 广域网、城域网和局域网   B. 广域网、因特网和局域网

    C. 因特网、城域网和局域网   D. 因特网、广域网和对等网

4. 下列各项中，非法的 IP 地址是（　　　）。

    A. 33.112.78.6   B. 45.99.12.147   C. 77.25.9.233   D. 166.279.13.97

5. 下列域名书写正确的是（　　　）。

    A. jvic.edu.cn   B. jvic.edu..cn   C. jvic，edu，cn   D. jvic..edu.cn

6. 以下选项表示域名的是（　　　）。

    A. 47.11.8.33   B. www.abc.com

    C. http://www.abc.spp.1n.cn   D. user1@abc.com

7. 根据域名代码规定，域名为 exam.com.cn 表示网站的类别是（　　　）。

    A. 教育机构   B. 国际组织   C. 商业组织   D. 政府机构

8. HTML 的正式名称是（　　　）。

    A. 主页制作语言   B. 超文本标识语言

    C. 网络编程语言   D. Web 脚本语言

9. 超文本的含义是（　　　）。

    A. 该文本包含图像   B. 该文本中有链接到其他文体的链接点

    C. 该文本包含声音   D. 该文本包含二进制字符

10. 下列 URL 的表示方法中，正确的是（　　　）。

    A.　http://www.×××.com/index.html　　　　B.　http:\\www.×××.com/index.html

    C.　http://www.×××.com\index.html　　　　D.　http//www.×××.com/index.html

11. Internet 提供的服务中，用于网页浏览的是（　　　）。

    A.　E-mail　　　　B.　FTP　　　　C.　WWW　　　　D.　BBS

12. 下列电子邮件地址的书写格式正确的是（　　　）。

    A.　admin@test.com　　　　　　　　B.　admin，@test.com

    C.　admin@，test.com　　　　　　　　D.　test.com

13. 某主机的电子邮件地址为 zs@public1.js.net.cn，其中 zs 代表（　　　）。

    A.　用户名　　　　B.　网络地址　　　　C.　域名　　　　D.　主机名

14. Internet 是一个覆盖全球的大型互联网络，其用于连接多个远程网和局域网的互连设备主要是（　　　）。

    A.　路由器　　　　B.　交换机　　　　C.　网桥　　　　D.　集线器

15. 因特网属于（　　　）。

    A.　局域网　　　　B.　城域网　　　　C.　广域网　　　　D.　万维网

16. 下列不属于网络拓扑结构形式的是（　　　）。

    A.　星形　　　　B.　环形　　　　C.　总线型　　　　D.　分支型

17. 从系统的功能来看，计算机网络主要由（　　　）组成。

    A.　资源子网和通信子网　　　　　　B.　数据子网和通信子网

    C.　模拟信号和数字信号　　　　　　D.　资源子网和数据子网

18. 下列选项中，不属于计算机病毒特征的是（　　　）。

    A.　破坏性　　　　B.　潜伏性　　　　C.　传染性　　　　D.　免疫性

19. 相对而言，下列类型文件中，不容易感染计算机病毒的是（　　　）。

    A.　TXT 文件　　　　B.　DOCX 文件　　　　C.　COM 文件　　　　D.　EXE 文件

20. 计算机病毒是指（　　　）。

    A.　编译出现错误的计算机程序

    B.　设计不完善的计算机程序

    C.　遭到人为破坏的计算机程序

    D.　以危害计算机软/硬件系统为目的而设计的计算机程序

工序 5.2　实训题

组建计算机网络。

【实训目的】

通过实践操作掌握组建、管理和应用计算机网络的基本技能。

【实训内容】

（1）将至少包含两台计算机的设备通过交换机连接成小型局域网。

（2）通过配置使组建的小型局域网互连互通，并接入互联网。

（3）通过网络，利用局域网中的一台计算机从另一台计算机下载文件。

（4）安装并配置防火墙和杀毒软件，保护网络中的计算机安全。